电工电子技术与技能

（第2版）

陈显明　主　编
杨亚东　副主编

清華大学出版社
北　京

内容简介

本书为了适应当前中等职业教育教学改革需要，根据教育部颁布的《中等职业学校电工电子技术与技能教学大纲》的要求以及中等职业教育人才培养目标而编写。

本书主要内容包括认识电及安全用电、认识直流电路、电容和电感、单相正弦交流电路、三相正弦交流电路、用电技术及常用电器、三相异步电动机控制电路、常用半导体器件性能与测试、线性放大电路制作与测试、集成运算放大器电路制作与测试、电源电路制作与测试、基本逻辑电路、组合逻辑电路和时序逻辑电路。本书配套在线题库、多媒体课件等丰富的教学资源，可免费获取。

本书既可作为中等职业学校工科类专业学生的教材，也可作为岗位培训用书。

图书在版编目(CIP)数据

电工电子技术与技能/陈显明主编．—2版．—北京：清华大学出版社，2021.2(2024.8重印)
ISBN 978-7-302-54507-1

Ⅰ．①电…　Ⅱ．①陈…　Ⅲ．①电工技术 ②电子技术　Ⅳ．①TM ②TN

中国版本图书馆 CIP 数据核字(2019)第 265851 号

责任编辑：刘翰鹏
封面设计：傅瑞学
责任校对：李　梅
责任印制：曹婉颖

出版发行：清华大学出版社
网　　址：https://www.tup.com.cn，https://www.wqxuetang.com
地　　址：北京清华大学学研大厦 A 座　　**邮　　编**：100084
社 总 机：010-83470000　　**邮　　购**：010-62786544
投稿与读者服务：010-62776969，c-service@tup.tsinghua.edu.cn
质量反馈：010-62772015，zhiliang@tup.tsinghua.edu.cn
课件下载：https://www.tup.com.cn，010-83470410
印 装 者：三河市人民印务有限公司
经　　销：全国新华书店
开　　本：185mm×260mm　　**印　　张**：14　　**字　　数**：312 千字
版　　次：2016 年 6 月第 1 版　2021 年 2 月第 2 版　　**印　　次**：2024 年 8 月第 8 次印刷
定　　价：39.00 元

产品编号：086554-01

FOREWORD

前言

本书为了适应当前中等职业教育教学改革需要，根据教育部颁布的《中等职业学校电工电子技术与技能教学大纲》的要求以及中等职业教育人才培养目标而编写。

本书配套了丰富的教学资源，主要有在线题库、多媒体课件等，可免费获取。在线题库可通过扫描书中二维码直接在手机上练习。

本书在编写时努力贯彻教学改革的有关精神，严格依据教学大纲的要求，努力体现以下特色。

1. 立足职业教育，突出实用性和指导性

(1) 教材编写内容紧扣大纲要求，定位科学、合理、准确，力求降低理论知识的难度；正确处理好知识、能力和素质三者之间的关系，保证学生全面发展，适应培养高素质劳动者需要；以就业为导向，既突出学生职业技能的培养，又保证学生掌握必备的基本理论知识，使学生达到既具有操作技能，又懂得基本的操作原理知识；贯彻课程建设综合化思想，合理协调基础理论知识与基本技能之间的密切关系，尽量将不同的知识有机地连贯起来，培养一专多能、复合型人才，体现学生的"柔性"发展需要，更好地适应学生在就业过程中的转岗需要以及二次就业需要，适应终身学习需要，为学生工作后进一步发展奠定必要的基本知识与基本技能。

(2) 教材内容立足体现为专业培养目标服务，注重"通用性教学内容"与"特殊性教学内容"的协调配置，体现出新编教材对不同专业既有"统一性"要求，又有选择上的"灵活性"和"差异性"，尽量满足不同专业的培养目标需要。例如，认识电及安全用电、认识直流电路、电容和电感等应体现为"通用性教学内容"，适应大多数专业的教学需要，而三相异步电动机控制电路、电源电路制作与测试技能部分则应体现为"特殊性教学内容"，适应个别专业的培养目标和培养方向。

(3) 教材内容通俗易懂、标准新、内容新、指导性强、趣味性强，尽可能多地介绍基础理论和技能，突出实践性和指导性，丰富学生的感性认识。

2. 以学生为中心，创新编写体例

(1) 针对部分教学内容，在教材中设置具有直观性和带有感情色彩的引导文、实物图片、对比性表格等。以此激发学生对该课程的学习热情和兴趣，缩短理论与实际应用之间的差距，构建理论与应用之间的“桥梁或纽带”，培养学生的创新能力和自学能力。

(2) 设置练习题类型与考电工证相同的习题（如判断题、选择题），降低难度，突出针对性和实用性，立足加强学生对知识点和基本技能的理解和掌握。改变单一的“考学生”的教学观念，树立如何引导、服务和帮助学生掌握知识的新理念。

(3) 在部分教学内容上设置参观活动、现场教学、演示分析、专题探讨、调研等活动内容，引导学生积极主动地交流与探讨，创造创新与探讨的开放式教学环境。以此提高学生的探索兴趣，加深学生对相关知识的理解和应用。

3. 重视学生个性发展需要，渗透科技创新、科技强国、爱国教育等

(1) 体现以人为本，面向学生个性发展需要，创造相互交流、相互探讨的学习氛围，激发学生的学习兴趣，培养学生的分析能力和自学能力。

(2) 党的二十大报告强调：“完善科技创新体系。坚持创新在我国现代化建设全局中的核心地位。”在课程学习和实践教学活动中注重渗透科技创新思想，以课程相关的科技前沿知识介绍加强学生的创新意识。

(3) 党的二十大报告指出：“青年强，则国家强。当代中国青年生逢其时，施展才干的舞台无比广阔，实现梦想的前景无比光明。”在本课程范围内的电气节能方面，正需要进一步加强技术突破，课程中以此激发学生的家国情怀、科学精神和民族担当，深刻认识党情、国情，从而尊重专业、敬畏专业、钻研专业并热爱专业。

本书建议学时为96学时，具体学时分配见下表。

项目	建议学时	项目	建议学时	项目	建议学时
项目1	4	项目6	8	项目11	8
项目2	8	项目7	6	项目12	8
项目3	6	项目8	8	项目13	8
项目4	8	项目9	8		
项目5	8	项目10	8		
总计	96				

本书由陈显明担任主编并编写项目1～项目7，杨亚东担任副主编并编写项目8～项目11。

本书在编写过程中参考了大量的文献资料，在此向文献资料的作者致以诚挚的感谢。由于编写时间较短及编者水平有限，书中难免有不妥之处，恳请广大读者批评、指正。

编　者

2022年12月

CONTENTS

目录

第1单元　电路基础

第2单元　电工技术

第3单元　模拟电子技术

第 1 单元　电路基础

项目1

认识电及安全用电

任务 1.1 了解生活中的电

1. 静电

静电是一种处于静止状态的电荷。当电荷聚集在物体表面时就形成了静电。正电荷聚集在某个物体上时形成正静电，负电荷聚集在某个物体上时形成负静电。无论是正静电还是负静电，带静电物体接触零电位物体或与其有电位差的物体时都会发生电荷转移。例如，北方冬天天气干燥，人体容易带上静电，当接触他人或金属导电体时就会出现放电现象。人会有触电的针刺感，夜间脱衣服时能看到火花，这是化纤衣物与人体摩擦，人体带上正静电的原因。如图 1-1 所示为辉光球放静电现象。

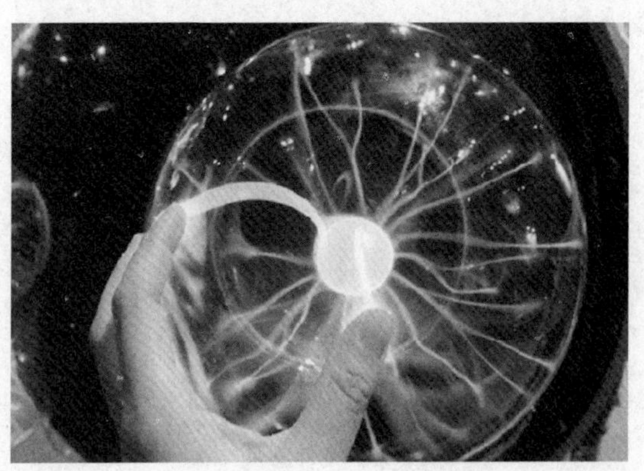

图 1-1 辉光球放静电现象

2. 雷电

雷电是伴有闪电和雷鸣的一种雄伟壮观而又令人生畏的放电现象。雷电一般产生于对流发展旺盛的积雨云中，因此常伴有强烈的阵风和暴雨，有时还伴有冰雹和龙卷风。积雨云顶部一般较高，可达 20km，云的上部常有冰晶。冰晶的凇附，水滴的破碎以及空气对流等过程，使云中产生电荷。云中电荷的分布较复杂，云的上部以正电荷为主，下部以负电荷为主。因此，云的上、下部之间形成一个电位差。当电位差达到一定程度后，就会产生放电，这就是我们常见的闪电现象。闪电的平均电流是 3×10^4 A，最大电流可达 3×10^5 A。闪电的电压很高，为 $10^8\sim10^9$ V。一个中等强度雷暴的功率可达 10^{11} W，相当于一座小型核电站的输出功率。放电过程中，由于闪电通道中温度骤升，使空气体积急剧膨胀，从而产生冲击波，导致强烈的雷鸣。带有电荷的雷云与地面的突起物接近时，它们之间就发生激烈的放电。在雷电放电地点会出现强烈的闪光和爆炸的轰鸣声。这就是人们见到和听到的闪电雷鸣。如图 1-2 所示为闪电。

3. 生活中的电

随着科学技术的发展和人们生活水平的不断提高，电成为一种不可或缺的能源，它是人类实现现代化的重要基础，它源源不断地为各行各业的发展提供支持。如图 1-3 所示为家庭照明灯，如图 1-4 所示为城市夜景，如图 1-5 所示为家用电器。

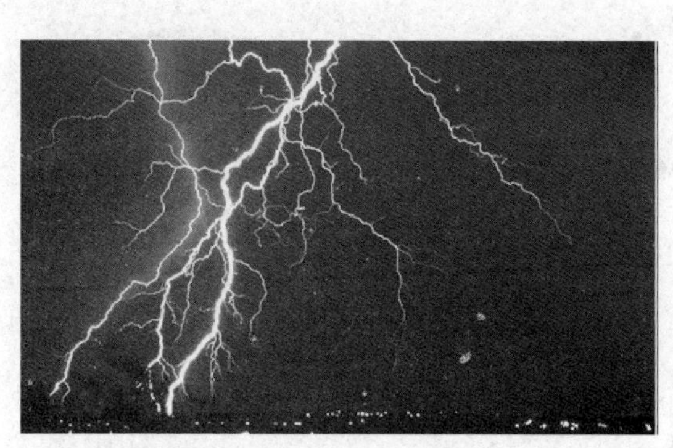

图 1-2 闪电

图 1-3 家庭照明灯

图 1-4 城市夜景

图 1-5 家用电器

4. 常用电工仪表和工具

在安装和维修各种供配电线路或电气设备时，常用到各种工具，例如尖嘴钳、钢丝钳、电工刀、剥线钳、螺丝刀、手锤、测电笔等。电工工具是电气操作的基本工具，可分为通用电工工具、线路装修工具和设备装修工具三类。

（1）通用电工工具

通用电工工具是电工随时都要使用的常备工具，如图 1-6 所示为通用电工工具。

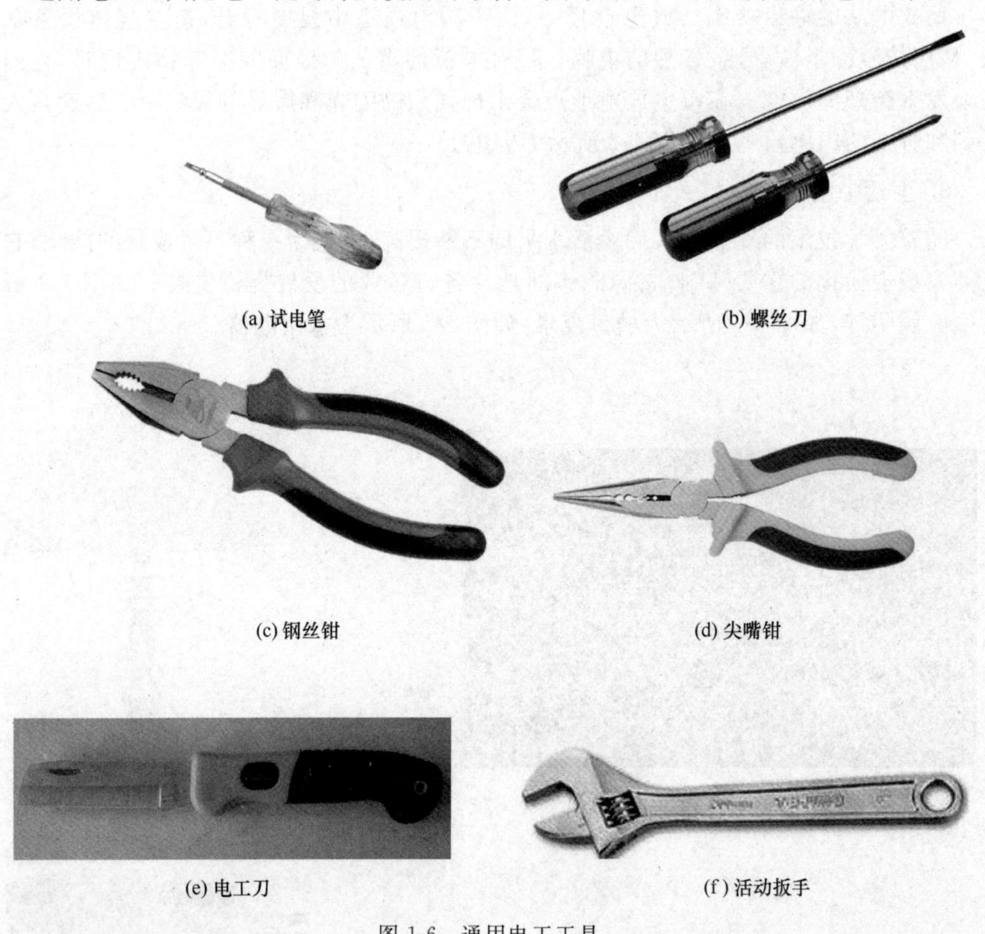

(a) 试电笔　(b) 螺丝刀　(c) 钢丝钳　(d) 尖嘴钳　(e) 电工刀　(f) 活动扳手

图 1-6　通用电工工具

常用的通用电工工具有：

① 试电笔　用来测试导线、开关、插座等电气设备是否带电的工具。

② 螺丝刀　用来旋紧或起松螺钉的工具，有十字和一字两种。

③ 钢丝钳　用来钳夹、剪切电工器材的常用工具。

④ 尖嘴钳　用途与钢丝钳相仿。

⑤ 电工刀　用来剖削电工材料绝缘层的工具。

⑥ 活动扳手　用来拧紧或拆卸六角螺母、螺栓的专用工具。

（2）线路装修工具

线路装修工具是电力内外装修工程必备的工具，如图 1-7 所示为常用线路装修工具。

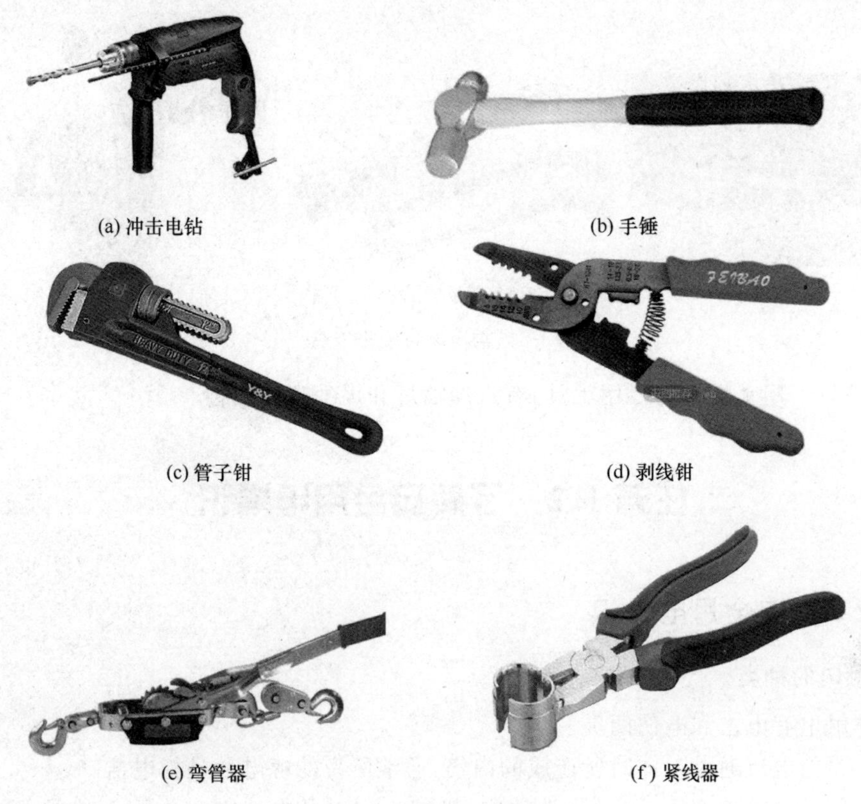

(a) 冲击电钻　(b) 手锤　(c) 管子钳　(d) 剥线钳　(e) 弯管器　(f) 紧线器

图 1-7　常用线路装修工具

常用的线路装修工具有：

① 冲击电钻　用来钻孔的工具，既可用麻花钻头在金属材料上钻孔，又可用冲击钻头在砖墙、混凝土等处钻孔。

② 手锤　手锤又称铁锤，是用来锤击的工具。

③ 管子钳　用于电气管道装修或在给排水工程中用于旋转接头及圆形金属工件的专用工具。

④ 剥线钳　用来剥削直径在 6mm 以下的塑料、橡胶电线线头的绝缘层的工具。

⑤ 弯管钳　用于管道配线中将管道弯曲成形的专用工具。

⑥ 紧线器　紧线器又名收线器，在室内、外架空线路的安装中用以收紧固定在绝缘体上的导线，以便调整弧垂的专用工具。

(3) 设备装修工具

设备装修工具是维修机电产品(如电动机)的工具，如图 1-8 所示为设备装修工具。

常用的设备装修工具有：

① 拉具　拉具又称拉机，是用来拆卸电动机轴承、联轴器、皮带轮等坚固件的专用工具。

② 套筒扳手　用来旋动有沉孔或扳手不便使用部位的螺栓或螺母的专用工具，它有多种不同的规格。

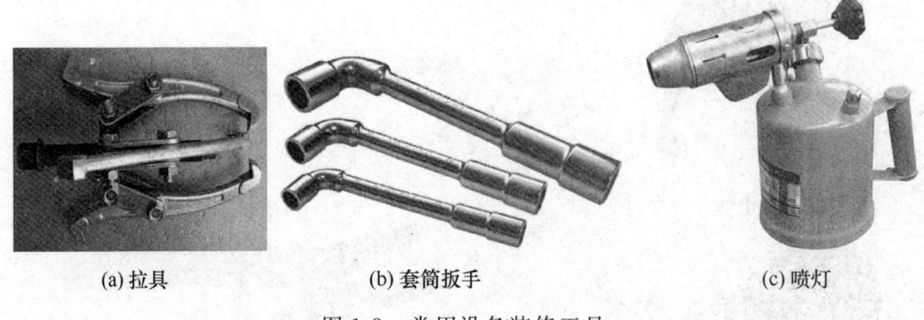

图 1-8　常用设备装修工具

③ 喷灯　用来加热的专用工具，有汽油喷灯和煤油喷灯两种。

任务 1.1 在线练习

任务 1.2　了解安全用电常识

1.2.1　安全用电常识

1. 触电的种类

人体触电有电击和电伤两类。

电击是指电流通过人体时所造成的内伤，通常所说的触电就是指电击。

电伤则是在电流的热效应、化学效应、机械效应以及电流本身作用下造成的人体外伤。常见的有灼伤、烙伤和皮肤金属化等现象。

2. 触电方式

在低压电力网中，常见的触电方式有单相触电、两相触电和跨步电压触电。

（1）单相触电

人体直接接触带电体的一相时，就形成带电体、人体、大地构成的回路，这样造成的触电称为单相触电，如图 1-9 所示为单相触电。

（2）两相触电

人体的两个不同部分同时接触两相电源而引起的触电称为两相触电，它比单相触电更危险，如图 1-10 所示为两相触电。

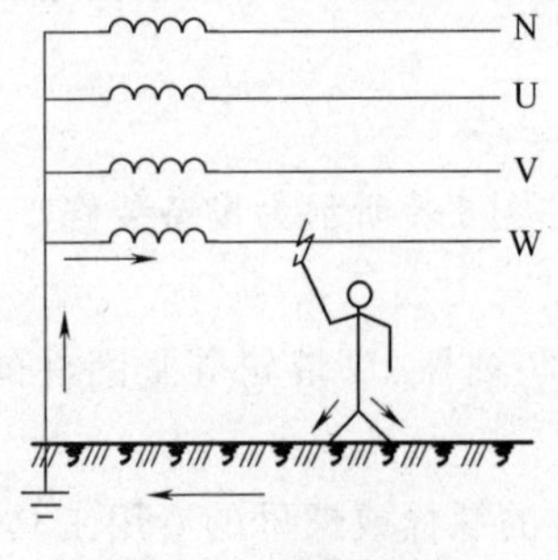

图 1-9　单相触电

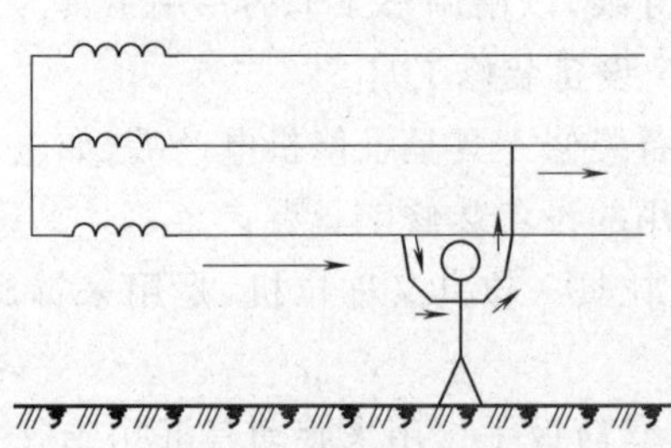

图 1-10　两相触电

(3) 跨步电压触电

当导线断落在地面时，会在导线周围形成强电场，此时如果走近导线，两脚间就形成跨步电压，从而造成触电，如图 1-11 所示为跨步电压触电。

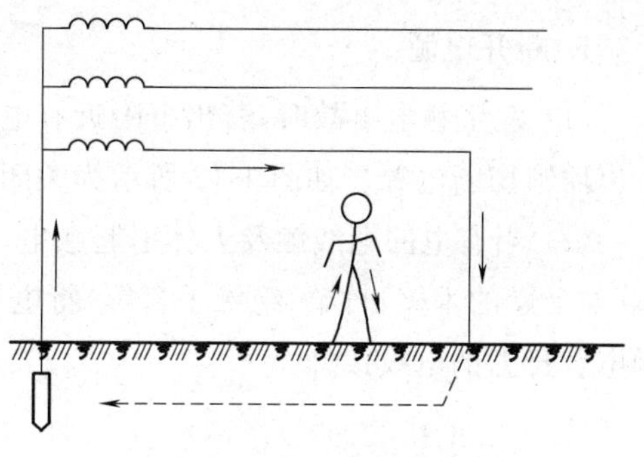

图 1-11 跨步电压触电

3. 触电的原因

(1) 电气设备安装不合理，多存在装置性违章现象。如导线间的交叉跨越距离不符合规程要求；电力线路与弱电流线路同杆架设；导线与建筑物的水平或垂直距离不够；拉线不加装绝缘子；用电设备的接地不良造成漏电；电灯开关未控制火线及临时用电不规范等。

(2) 缺乏安全用电意识，对用电知识掌握少。如在线路下盖房、打井；在电线上晾晒衣服；用电捕鱼；带电修开关，带电安装灯泡等。

(3) 不遵守安全工作制度。如工作人员在检修用电设备时，违反规程，不办理工作票、操作票，擅自拉合刀闸；在没有确认现场情况下，用电话通知、约时停送电；在工作现场和配电室不验电、不装设接地线、不挂标示牌等。

(4) 对电气设备维护不及时，设备带病运行。如触电保护器失灵，强行送电；绝缘电线破皮露芯；电机受潮，绝缘值降低，致使外壳带电；电杆严重龟裂，导线老化松弛等都是导致触电事故的诱因。

4. 预防触电的措施

触电的原因和具体情况是多种多样的，因此，防止触电的方法也是多样的。

(1) 在思想上高度重视，加强安全用电教育，严格遵守安全操作规程。

(2) 在电气系统正常运行情况下，要设置绝缘栏、绝缘防护罩、箱匣、避雷等隔离措施，防止人与带电体接触。

(3) 在电气系统可能发生事故的情况下，要做好自动断电的防护措施，如设置熔断器、断路器、漏电开关等。

(4) 为了防止错误操作、违章操作，维护电气系统的正常安全运行，应制定行之有效的各种安全管理制度和安全用电规章。如电气安全制度、操作票制度、施工报告制度、电器维护保养制度等，都是预防触电事故发生的行之有效的办法。

(5) 安全电压

我国规定，12V、24V 和 36V 三个电压等级为安全电压，不同场所所选用的安全电压等级不同。

在湿度大、狭窄、行动不便、周围有大面积接地导体的场所使用的手提照明灯，应采用 12V 安全电压。

1.2.2 触电急救知识

人体触电后，应及时采取急救措施。抢救首先是要使触电者脱离电源，其次是迅速对症救治。

1. 断开电源

(1) 发生触电事故时，若出事附近有电源开关和电源插销，可立即将电源开关打开或拔出插销切断电源。如图 1-12 所示为关闭电源。

(2) 当有电的电线触及人体引起触电，不能采用其他方法脱离电源时，可用绝缘的物体(如干燥的木棒、竹竿、绝缘手套等)将电线移开，使人体脱离电源。如图 1-13 所示为将触电者身上的电线拨开。

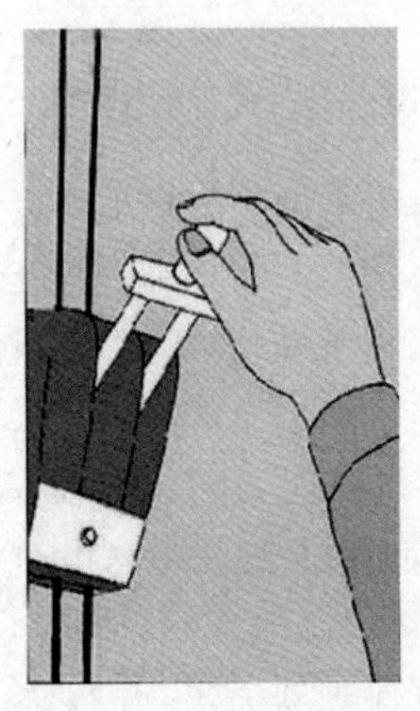

图 1-12　关闭电源

图 1-13　将触电者身上的电线拨开

(3) 必要时可用绝缘工具(如带绝缘柄的电工钳、木柄斧头等)切断电线，以切断电源。

2. 现场救护方法

(1) 如果触电者所受的伤害不严重，神志尚清醒，只是心悸、头晕、出冷汗、恶心、呕吐、四肢发麻、全身乏力，甚至一度昏迷，但未失去知觉，则应让触电者在通风暖和的处所静卧休息，并派人严密观察，同时请医生前来或送往医院诊治。

(2) 如果触电者已失去知觉，但呼吸和心跳尚正常，则应使其舒适地平卧着，解开衣服以利呼吸，四周不要围人，保持空气流通。冷天应注意保暖，同时立即请医生前来或送往医院诊察。若发现触电者呼吸困难或心跳失常，应立即施行人工呼吸或胸外心脏按压。

3. 人工急救方法

口对口人工呼吸法如图 1-14 所示，其步骤如下。

步骤 1：使触电者仰卧，头部后仰，松开其衣领、裤带，清理口腔内异物。

步骤 2：救护者一手捏紧触电者鼻孔，另一只手掰开触电者口腔。

步骤 3：救护者做深吸气后，紧贴触电者嘴往里吹气。

步骤 4：松开触电者鼻孔、嘴，让其自行呼气约 3s。

步骤 5：此过程做到至触电者能自主呼吸为止。

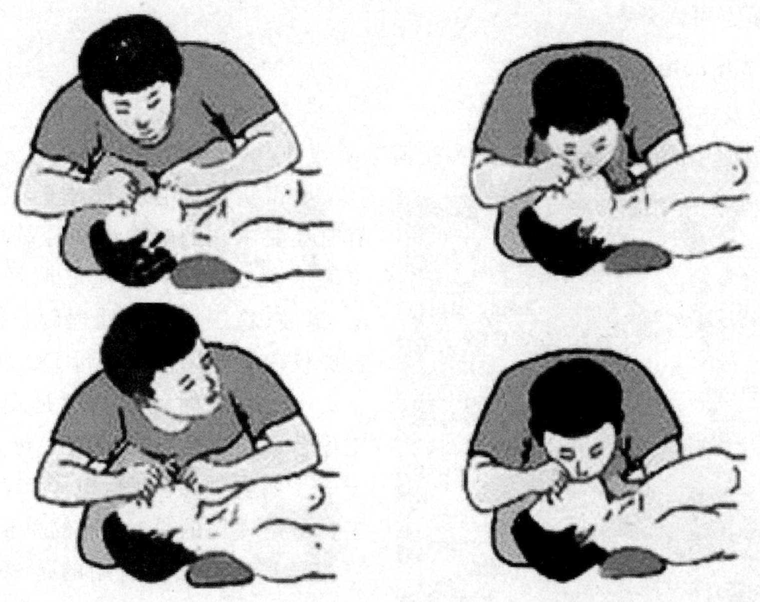

图 1-14 口对口人工呼吸法

任务 1.3 认识电工实训室

任务 1.2 在线练习

1. 实训室整体认知

实训室场地清洁明亮,实训设备布局合理,并悬挂安全文明操作规程或规章制度。在实训过程中,必须严格遵守安全文明操作规程、规章。

(1) 学生实训前必须穿好工作服,按规定的时间进入实训室,到达指定的工位,未经同意,不得私自调换。

(2) 不得穿拖鞋进入实训室,不得携带食物、饮料等进入实训室,不得让无关人员进入实训室,不得在室内喧哗、打闹、随意走动,不得乱摸乱动有关电气设备。

(3) 室内的任何电气设备,未经验电,一般视为有电,不准用手触及,接、拆线必须切断电源后方可进行。

(4) 设备使用前要认真检查,如发现不安全情况,应停止使用并立即报告老师,以便及时采取措施;电气设备安装检修后,须经检验后方可使用。

(5) 实践操作时,思想要高度集中,操作内容必须符合教学内容,不准做与实训无关的事。

(6) 要爱护实训工具、仪表、电气设备和公共财物,凡在实训过程中损坏仪器设备者,应主动说明原因并接受检查,填写报废单或损坏情况报告表。

(7) 凡因违反操作规程或擅自动用其他仪器设备造成损坏者,由事故人做出书面检查,视情节轻重进行赔偿,并给予批评或处分。

(8) 保持实训室整洁,每次实训后要清理工作场所,做好设备清洁和日常维护工作。

经老师同意后方可离开。

2. 认识常用的电工仪器仪表

(1) 电源及电工电子仪表认识

实训室中使用的电源有直流电源和交流电源两种。

图 1-15 实训室工作台

电工实训时往往使用的是直流电源，有时还要求它的输出电压连续可调。直流电源一般由 220V 交流电源经过降压、整流、滤波、稳压等特殊处理后获得。在工作台或仪表盘上用英文字母 DC 表示直流电。

电工实训时使用的则是交流电源，在工作台或仪表盘上用英文字母 AC 表示交流电。如实训室照明、电子产品装配焊接工具电烙铁用的是 220V 的单相交流电源，三相异步电机实训时用的是 380V 三相交流电源。此外，在部分电工电子实训中还要用到电压可调的交流电源。

实训室工作台如图 1-15 所示，学生实训电源如图 1-16 所示。

图 1-16 学生实训电源

(2) 实训中常用的电工电子仪表

① 万用表。万用表又称复用表、多用表、三用表、繁用表，是电力电子等部门不可缺少的测量仪表，一般用于测量电压、电流和电阻。万用表按显示方式分为指针万用表和数字万用表。万用表是一种多功能、多量程的测量仪表，一般可测量直流电流、直流电压、交流电流、交流电压、电阻和音频电平等，有的还可以测交流电流、电容量、电感量及半导体的一些参数等。

② 直流电压表、直流电流表。直流电压表是测量直流电压的一种仪器，常用电压表的符号为 V。直流电流表是测量直流电路中电流的仪器，常用电流表的符号为 A。

③ 交流电压表、交流电流表。交流电压表是测量交流电压的一种仪器。交流电流表是测量交流电路中电流的仪器。

任务 1.3 在线练习

④ 兆欧表。兆欧表是用来测量变压器、电动机、导线、电缆线绝缘电阻的专用电工仪表。

⑤ 钳形电流表。钳形电流表是在不断电情况下测量交流电流的专用电工仪表。

任务 1.4 拓展与训练:常见工具的使用

实训目的:学会螺丝刀、钢丝钳、活络扳手、电工刀和试电笔等常用电工工具的使用。

实训器材:螺丝刀、钢丝钳、活络扳手、电工刀、试电笔,以及螺丝、螺母、钢丝、皮线等。

1. 螺丝刀的使用

螺丝刀的结构如图 1-17 所示。

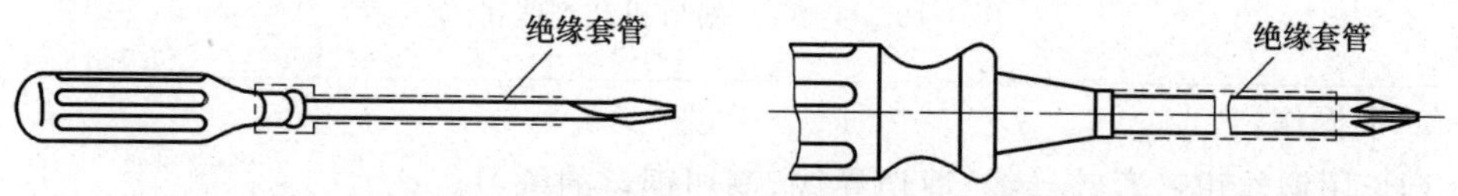

图 1-17 螺丝刀的结构

使用时,应按螺钉的规格选择适当的刀口。用螺丝刀紧固或拆卸带电螺钉时,手不能触及螺丝刀的金属杆。为了避免金属杆触及皮肤或邻近的带电体,应在金属杆上穿套绝缘管。

动手操作:用螺丝刀在木板上做旋紧木螺钉的练习,要求旋紧的木螺钉平整、紧固。

2. 钢丝钳的使用

钢丝钳的外形结构及使用方法如图 1-18 所示。

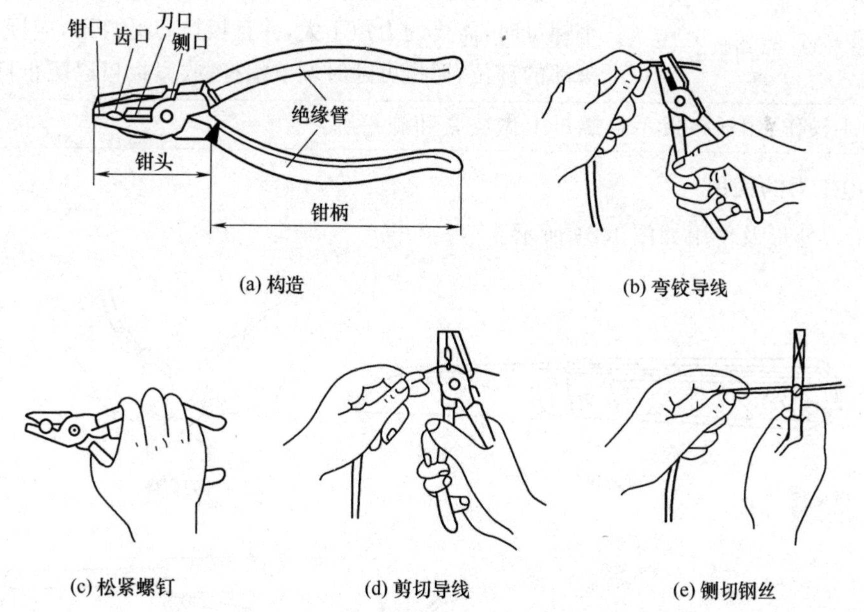

(a) 构造 (b) 弯铰导线

(c) 松紧螺钉 (d) 剪切导线 (e) 铡切钢丝

图 1-18 钢丝钳的外形结构及使用方法

使用钢丝钳前应检查手柄绝缘套是否完好,在切断导线时,不得将相线(火线)和中性线(零线)同时在一个钳口处切断,使用时应把刀口的一侧面向操作者。

与钢丝钳功用相近的还有尖嘴钳、斜口钳和剥线钳,如图 1-19 所示。尖嘴钳适用于狭小的工作空间；斜口钳又称断线钳，适用于剪断小线径导线和电子元件的引线；剥线钳适用于剥削小直径导线的绝缘层。

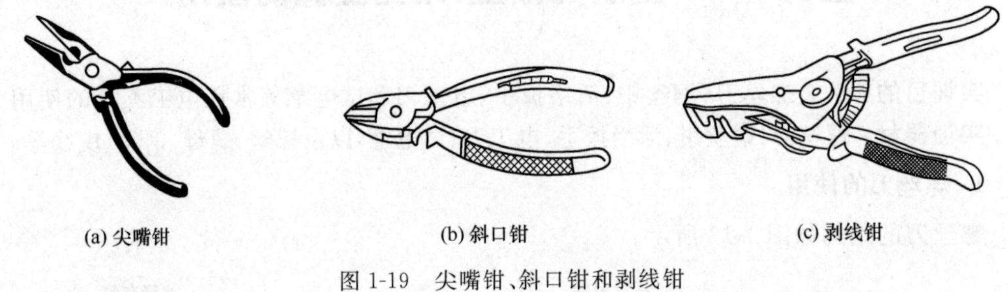

图 1-19　尖嘴钳、斜口钳和剥线钳

动手操作：
(1) 用钢丝钳做弯铰导线、剪切导线、铡切钢丝的练习。
(2) 用尖嘴钳将单股导线弯成一定圆弧的接线鼻子。
(3) 用剥线钳做剥削导线绝缘层的练习。

3. 活络扳手的使用

活络扳手的外形结构如图 1-20 所示。

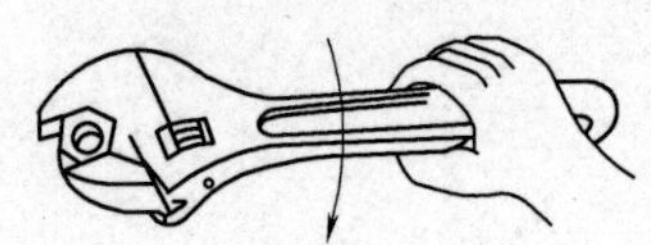

图 1-20　活络扳手

使用时，旋动蜗轮使扳口卡在螺母上，然后扳动手柄即可把螺母旋紧或旋松。

扳动大螺母时，需用大力矩，手应握在手柄尾端处；扳动小螺母时，需要的力矩不大，并且扳口容易打滑，应握在靠近头部的部位，拇指可随时调节蜗杆，收紧扳口以防止打滑。

动手操作：用活络扳手在螺母上做旋紧和旋松练习。

4. 电工刀的使用

电工刀外形及使用如图 1-21 所示。

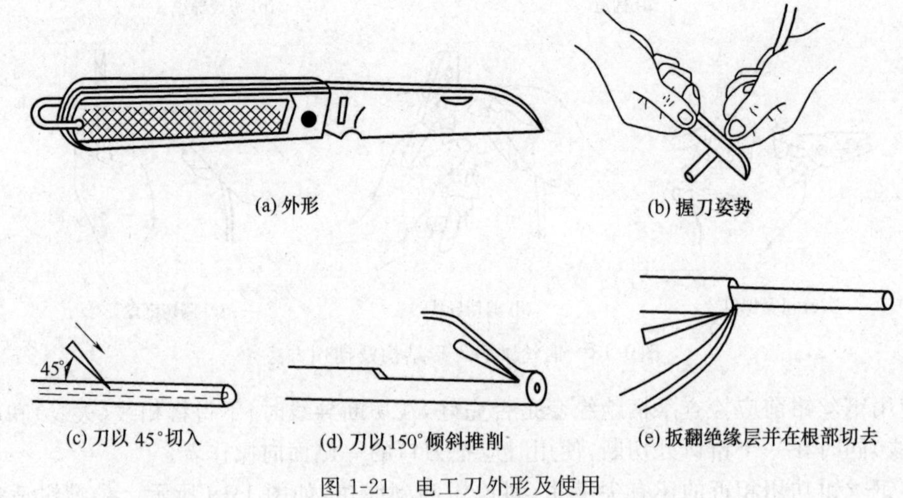

图 1-21　电工刀外形及使用

使用时应使刀口向外进行剖削，用毕随即把刀身折入刀柄；电工刀刀柄不带绝缘装置，不能进行带电操作。

动手操作：用电工刀对单芯硬线做剖削绝缘层的练习。

5. 试电笔的使用

试电笔有钢笔式和螺丝刀式两种，其结构及使用方法如图 1-22 所示。

使用试电笔时，手指必须接触金属笔挂或试电笔顶部的金属螺钉，使电流由被测带电体经测电笔和人体与大地构成回路。只要被测带电体与大地之间的电压超过 60V，氖管就会启辉发光，观察时应将氖管窗口背光面向操作者。

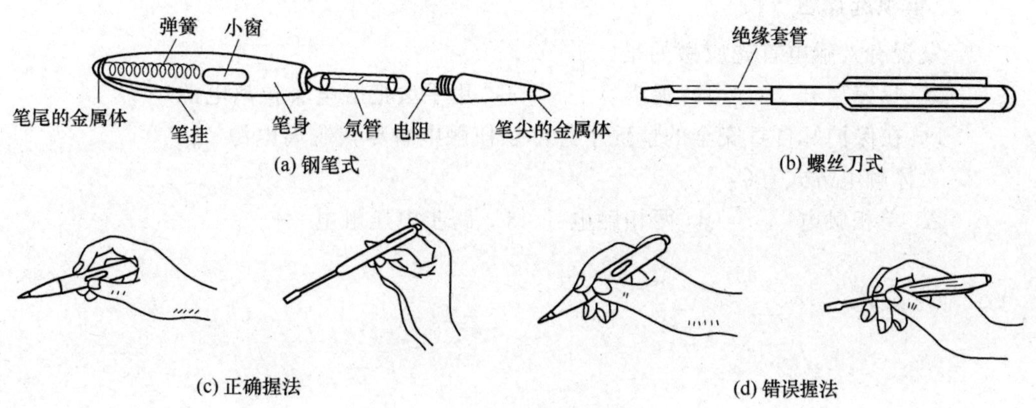

(a) 钢笔式　(b) 螺丝刀式

(c) 正确握法　(d) 错误握法

图 1-22　试电笔结构及使用

动手操作： (1) 用试电笔做区别相线与中性线的练习。 (2) 用试电笔做区别直流电正、负极的练习。

实训评分：任务 1.4 评分参考表 1-1。

表 1-1　任务 1.4 评分表

序号	考核内容与要求	考核情况记录	评分标准	得分
1	(1) 使用工具时注意安全，严禁带电操作。 (2) 按照要求完成螺丝刀、钢丝钳、扳手、电工刀、试电笔的正确使用		10	
2	能正确使用各种电工工具进行操作		5	
3	能正确回答各种工具使用的相关知识和安全注意事项		5	

习　题

一、判断题

1. 学生在实训过程中,必须严格遵守安全文明操作规程。（　　）
2. 只要电源电压小于36V就是安全电压,对人就没有危险。（　　）
3. 电路图是用元件的实物图连接起来的。（　　）

二、单项选择题

1. 发现有人触电首先应做的是(　　)。
   A. 迅速离开　B. 观望　C. 用手去把触电者拉离电源
   D. 在保护好自身安全的情况下想办法使触电者尽快脱离电源
2. 人体触电方式有(　　)。
   A. 单相触电　B. 两相触电　C. 跨步电压触电

项目2

认识直流电路

任务 2.1 认识电路的组成

2.1.1 电路的组成

电路是电流流过的路径。一个完整的电路通常至少由电源、负载、连接导线和控制装置四部分组成，如图 2-1 所示为简单电路。

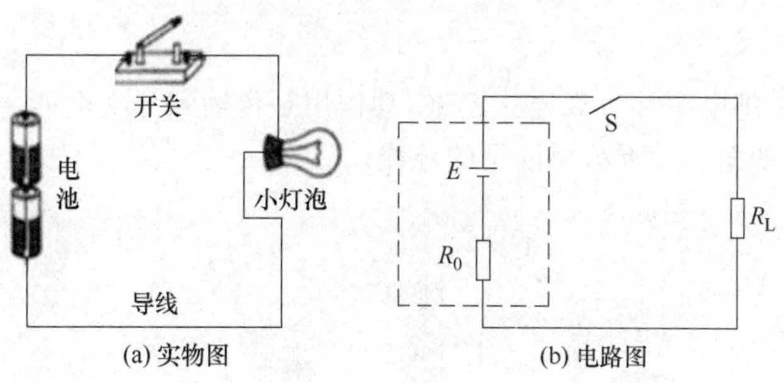

图 2-1 简单电路

1. 电源

向电路提供能量的设备称为电源，它能把其他形式的能量转换成电能。常见的电源有干电池、蓄电池、光电池、发电机等。如图 2-2 所示为常见的电源。

2. 负载

负载是指连接在电路中的电源两端的电子元件。电路中不应没有负载而直接把电源两极相连，此连接称为短路。常用的负载有电阻、电动机和灯泡等可消耗功率的元件。把电能转换成其他形式的能的装置叫作负载。电动机能把电能转换成机械能，电阻能把电

(a) 干电池

(b) 蓄电池

图 2-2　常见的电源

能转换成热能，电灯泡能把电能转换成热能和光能，扬声器能把电能转换成声能。电动机、电阻、电灯泡、扬声器等都叫作负载。如图 2-3 所示为常见的负载。

(a) 灯泡

(b) 电动机

图 2-3　常见的负载

3. 连接导线

连接导线用于把电源和负载连接起来，其作用是传输和分配电能。常用的导线有铜、铝、锰铜合金等。如图 2-4 所示为常见的导线。

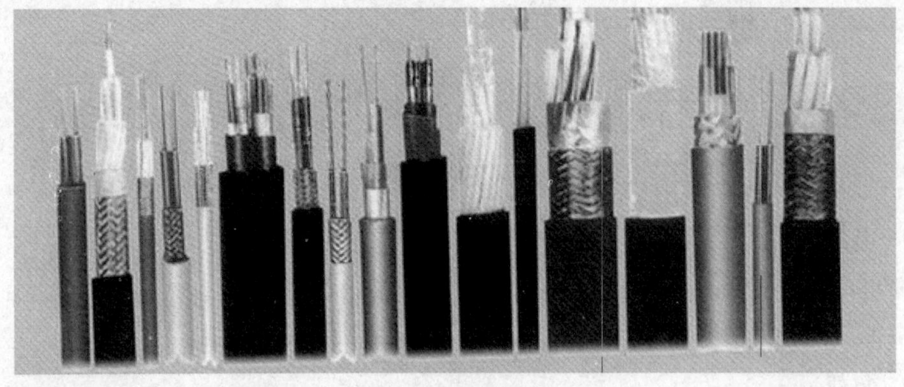

图 2-4　常见的导线

4. 控制装置

控制装置的作用是接通、断开电路或保护电路不被损坏等。常见的控制和保护装置有开关、低压断路器、熔断器等。如图 2-5 所示为常见的控制装置。

(a) 常用开关

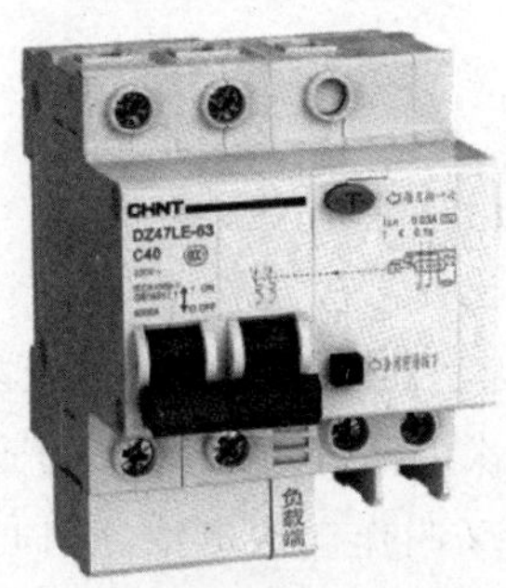

(b) 低压断路器

(c) 熔断器

图 2-5 常见的控制装置

电路都可用电路图来表示。为了方便起见，用国家标准统一规定的图形符号来代替实物，以此表示电路的各个组成部分。常用的电路元器件符号见表 2-1。

表 2-1 常用的电路元器件符号

名　称	符　号	名　称	符　号
直流电压源电池		可变电容	
电压源	+ −	理想导线	
电流源		互相连接的导线	
电阻元件		交叉但不相连接的导线	
电位器		开关	
可变电阻		熔断器	
电灯		电流表	A
电感元件		电压表	V
铁心电感		功率表	W
电容元件		接地	

2.1.2 电路的状态

电路通常具有以下三种工作状态。

1. 通路

通路是指正常工作状态下的闭合电路。此时，开关闭合，电路中有电流流过，负载能正常工作。

2. 开路

开路是指电源与负载之间未接成闭合电路，即电路中有一处或多处是断开的。

3. 短路

短路是指电源不经负载直接被导线连接。

2.1.3 认识直流电源

1. 电池

常用电池分为干电池和蓄电池两种，都是将化学能转变为电能的元器件。干电池是不可逆的，即只能由化学能变为电能，故又叫作一次电池；而蓄电池是可逆的，既可以由化学能转变为电能，又可以由电能转变为化学能，故又叫作二次电池。因此，蓄电池对电能有储存和释放的功能。

2. 直流稳压电源

直流稳压电源是能为负载提供稳定直流电源的电子装置。其供电电源大都是交流电源，当交流供电电源的电压或负载电阻变化时，稳压器的直流输出电压都会保持稳定。直流稳压电源随着电子设备向高精度、高稳定性和高可靠性的方向发展，对电子设备的供电电源提出了更高的要求。如图 2-6 所示为直流稳压电源。

3. 直流发电机

直流发电机是把机械能转化为直流电能的机器。它主要作为直流电动机、电解、电镀、电冶炼、充电及交流发电机的励磁等。虽然在需要直流电的地方也用电力整流元器件，把交流电变成直流电，但从使用方便、运行的可靠性及某些工作性能方面来看，交流电整流还不能和直流发电机相比。如图 2-7 所示为直流发电机。

任务 2.1 在线练习

图 2-6　直流稳压电源

图 2-7　直流发电机

任务 2.2 电流和电压的测量

2.2.1 认识电流和电压

1. 电流

(1) 电流的形成

电荷的定向移动形成电流。习惯上规定正电荷的运动方向为电流的方向,事实上,金属导体内部的电流是由带负电的自由电子定向运动形成的。

电流是一种物理现象,电流在量值上等于通过导体横截面的电荷与通过这些电荷所用的时间的比值。用公式表示为

$$I=\frac{q}{t} \tag{2-1}$$

式中,q ——通过导体横截面的电荷,在国际单位制中,其单位为 C(库);

t ——通过电荷所用的时间,在国际单位制中,其单位为 s(秒);

I ——电流,在国际单位制中,其单位为 A(安)。

对于很小的电流,电流常用的单位还有 mA(毫安)和 μA(微安)

$$1\text{A}=10^3\text{mA}=10^6\mu\text{A}$$

例 2-1 在 5min 内通过某导体横截面的电荷为 4.8C,求电流是多少 A? 合多少 mA?

解:根据电流的定义式

$$I=\frac{q}{t}=\frac{4.8}{5\times 60}=0.016(\text{A})=16(\text{mA})$$

(2) 电流的方向

电流的参考方向是任意设定的,在电路图中一般用箭头表示。分析和计算电路时,应设定电路中各个电流的参考方向,并在电路图上标出。若电流的计算结果为正值,则表示电流的实际方向与参考方向一致;若电流为负值,则表示实际方向与参考方向相反。

2. 电压

(1) 电压的形成

电压是衡量单位电荷在静电场中由于电势不同所产生的能量差的物理量。其大小等于单位正电荷因受电场力作用从 a 点移动到 b 点所做的功 W_{ab} 与电荷量 q 的比值,叫作 a、b 两点间的电压,用 U_{ab} 表示,则有公式

$$U_{ab}=\frac{W_{ab}}{q} \tag{2-2}$$

电压的方向规定为从高电位指向低电位的方向。电压的国际单位制为伏特,符号为 V,常用的单位还有 μV(微伏)、mV(毫伏)、kV(千伏)等。

（2）电位

电场力将单位正电荷从电场内的 a 点移动至无限远处所做的功，称为 a 点的电位 U_a。由于无限远处的电场为零，所以电位也为零。因此，电场内两点间的电位差也就是 a、b 两点间的电压，如图 2-8 所示。

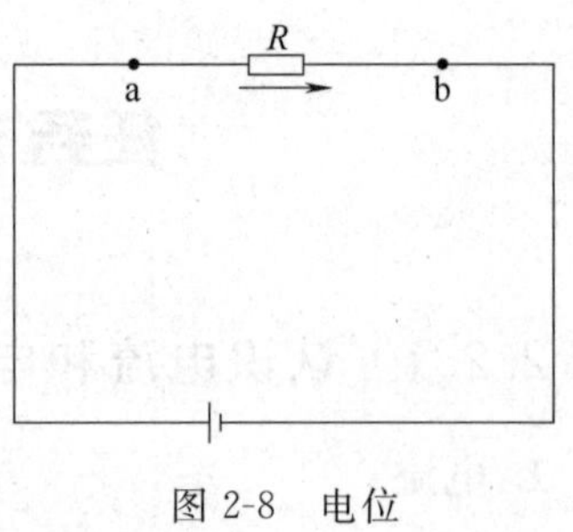

图 2-8　电位

电压方向规定为由高电位指向低电位，即电位降低的方向。在电路分析中也可选取电压的参考方向。电压的参考方向可用箭头表示，即设定沿箭头方向电位是降低的；也可以用"+"、"−"表示；还可用双下标表示。

（3）电压与电位间的关系

如果知道各点的电位，就能求出任意两点间的电压。任意两点间的电压等于这两点之间的电位差。

（4）电动势

电动势是反映电源把其他形式的能转换成电能的本领的物理量。电动势使电源两端产生电压。在电路中，电动势常用 E 表示。单位是 V(伏)。

在电源内部，非静电力把正电荷从负极板移到正极板时要对电荷做功，这个做功的物理过程是产生电源电动势的本质。非静电力所做的功，反映了其他形式的能量有多少变成了电能。因此在电源内部，非静电力做功的过程是能量相互转化的过程。

2.2.2　电流表的正确使用

测量长度可以用刻度尺，测量时间可以用秒表，测量电流要用电流表。电流表种类很多，如图 2-9 所示为几种电流表的外形。

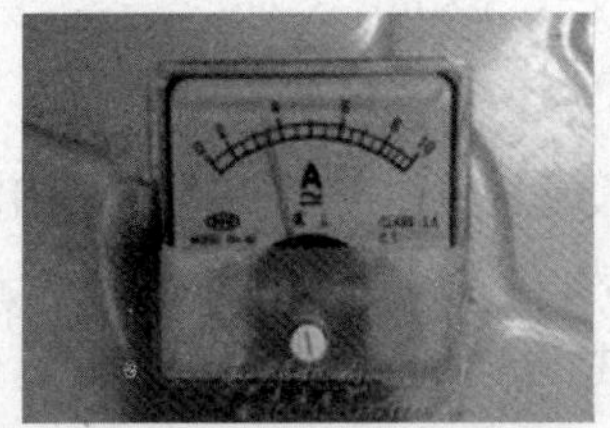

图 2-9　电流表的外形

电流表的使用步骤如下。

1. 用前校零

使用机械式电流表前要校零，同时弄清电流表的量程和最小刻度值。

2. 串联接入

电流表要串联在被测电路中。

3. 正进负出

电流要从电流表的正接线柱流入，负接线柱流出。如果正、负接线柱接反，则电流表的指针会反向偏转，容易造成指针碰弯或损坏电流表。

4. 选择量程,快速试触

被测电流不能超过电流表的量程。

5. 禁接电源

因为电流表实际上相当于一根导线,若把电流表直接接到电源两极上,将会造成电源短路,会烧坏电源和电流表。

2.2.3　电压表的正确使用

测量电压要用电压表。电压表的种类很多,如图 2-10 所示为几种电压表的外形。

图 2-10　电压表的外形

电压表使用的正确步骤如下。

1. 用前校零

使用前检查指针是否指在零刻度线,如不在则需要调零。

2. 并联接线、正进负出

必须把电压表并联在待测电路中,正进负出,电流从电压表的正接线柱流入,负接线柱流出。

3. 选择量程、快速试触

与电流表的量程选择相同,先试触大量程。

4. 正确读数

与电流表的读数方法相同。

2.2.4　测量简单电路的电流和电压

1. 测量简单电路中的电压

步骤(1):按图 2-11 连接电路,闭合开关 S,测出 U_{cf}、U_{cd}、U_{de},将测量值填入表 2-2 中。

步骤(2):将 c、e 两点用短路线连接,重复步骤(1)。

步骤(3):将 R_3 与 c 点断开,重复步骤(1)。

2. 测量简单电路中的电流

步骤(1):按图 2-11 连接电路,闭合 S,测出 I_1、I_2、I_{34},将测量值填入表 2-3 中。

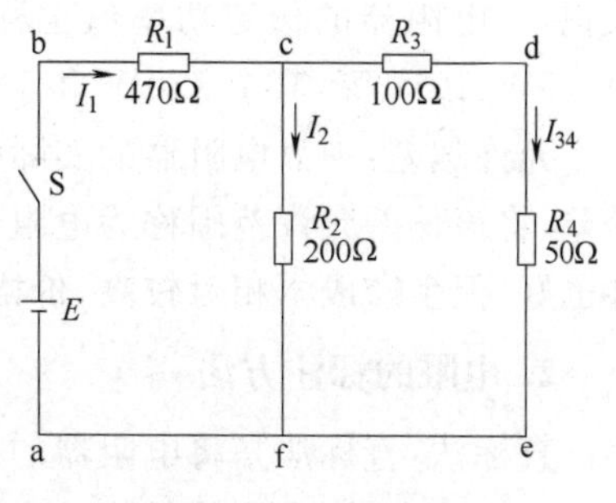

图 2-11　简单电路

步骤(2):将 c、e 两点用短路线连接,重复步骤(1)。

步骤(3):将 R_3 与 c 点断开,重复步骤(1)。

表 2-2 电压的测量

电路状态	被测电压		
	U_{cf}	U_{cd}	U_{de}
步骤(1)测量结果			
步骤(2)测量结果			
步骤(3)测量结果			

表 2-3 电流的测量

电路状态	被测电流		
	I_1	I_2	I_{34}
步骤(1)测量结果			
步骤(2)测量结果			
步骤(3)测量结果			

任务 2.2 在线练习

任务 2.3 电阻识别与测量

2.3.1 认识电阻

1. 电阻的主要参数

电阻器的参数较多,这里我们只讨论技术上经常使用的标称阻值、额定功率及允许偏差。

标称阻值:标称阻值通常是指电阻器上标注的电阻值。电阻值的基本单位是欧姆(简称欧),用“Ω”表示。在实际应用中,还常用 kΩ(千欧)和 MΩ(兆欧)来表示。

额定功率:额定功率是指电阻器在交流或直流电路中,在特定条件下(在一定大气压下和产品标准规定的温度下)长期工作时所能承受的最大功率(即最高电压和最大电流的乘积)。电阻器的额定功率值也称标称值,一般分为 1/8W、1/4W、1/2W、1W、2W、3W、4W、5W、10W 等,其中 1/8W 和 1/4W 的电阻器较为常用。

允许偏差:一只电阻器的实际阻值不可能与标称值绝对相等,两者之间会存在一定的偏差,将该偏差允许范围称为电阻器的允许偏差。允许偏差小的电阻器阻值精度高,稳定性也好,但生产成本相对较高,价格也贵。电阻器常用偏差表示法见表 2-4。

2. 电阻的标注方法

直标法:直标法是将电阻器的标称值用数字和文字符号直接标在电阻体上,其允许偏差用百分数表示,未标偏差值的为±20%。

表 2-4 电阻器常用偏差表示法

色标	棕色	红色	金色	银色	无色
文字符号	F	G	J	K	M
罗马数字			Ⅰ	Ⅱ	Ⅲ
阿拉伯数字	±1%	±2%	±5%	±10%	±20%

数码标示法：数码标示法主要用于贴片等小体积的电阻器，在三位数码中，从左至右第一、二位数表示有效数字，第三位表示 10 的倍幂。例如，472 表示 $47\times10^2\Omega$。

色环标注法：色环标注法使用最多，普通的色环电阻器用 4 环表示，精密电阻器用 5 环表示，紧靠电阻体一端的色环为第一环，露着电阻体本色较多的另一端头为末环。

如果色环电阻器用 4 环表示，前面两位数字是有效数字，第三位是 10 的倍幂，第四环是色环电阻器的偏差范围。如图 2-12 所示为两位有效数字阻值的色环表示法。

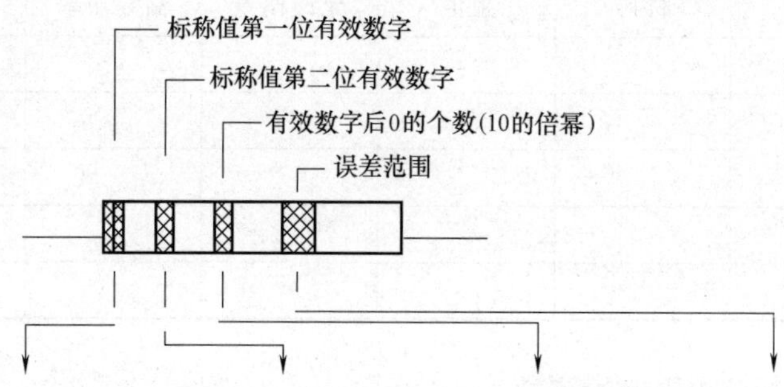

颜色	第一位有效值	第二位有效值	倍幂	偏差范围
黑	0	0	10^0	
棕	1	1	10^1	±1%
红	2	2	10^2	±2%
橙	3	3	10^3	
黄	4	4	10^4	
绿	5	5	10^5	±0.5%
蓝	6	6	10^6	±0.25%
紫	7	7	10^7	±0.1%
灰	8	8	10^8	
白	9	9	10^9	−20% ～ +50%
金			10^{-1}	±5%
银			10^{-2}	±10%
无色				±20%

图 2-12 两位有效数字阻值的色环表示法

2.3.2 使用万用表测量电阻

1. 测量方法

(1) 选择合适的电阻挡量程。

(2) 调零。

(3) 将两表笔跨接在电阻两端。

(4) 读数。

2. 直接标注电阻器的测量

从直接标注的电阻器中随意取出5个,按要求将识别和测量的结果记录在表2-5中。

表2-5 直接标注法电阻的测量

序号	识别				测量	
	材料	阻值	允许偏差	额定功率	量程	阻值
1						
2						
3						
4						
5						

3. 色环标注电阻器的测量

从色环标注的电阻器中随意取出5个,按要求将识别和测量的结果记录在表2-6中。

表2-6 色环标注法电阻的测量

序号	识别			测量	
	色环颜色(按顺序填写)	阻值	允许偏差	量程	阻值
1					
2					
3					
4					
5					

任务2.3在线练习

任务2.4 电能与电功率的测量

1. 电能

电能是指电以各种形式做功(即产生能量)的能力。电能广泛应用在动力、照明、冶金、化学、纺织、通信、广播等领域,是科学技术发展、国民经济飞跃的主要动力。用公式表示为

$$W = UIt \tag{2-3}$$

电能的单位是“度”，它的学名叫作千瓦时，符号是 kW·h。在物理学中，电能的国际单位是焦耳，简称焦，符号是 J。

千瓦时和焦耳的关系是：

$$1\text{kW}\cdot\text{h} = 3.6\times10^6\text{J}$$

2. 电功率

通常用电功率衡量电流做功的快慢。电功率简称功率，等于单位时间内电路产生或消耗的电能，用 P 表示，记为

$$P = \frac{W}{t} \tag{2-4}$$

在国际单位制中，功率的单位是 W(瓦)，工程中常用 kW(千瓦)做单位，$1\text{kW}=10^3\text{W}$。

3. 电能表的正确使用

电流做功的多少可以用电能表来测量，电能表是我们每个家庭都很熟悉的电能计量仪表，它是把一段时间内的用电量累积计数的仪表，又叫电度表、千瓦时表。根据工作原理、精度等级、适用场合的不同，电能表有很多种，如图 2-13 所示为单相感应式电能表，如图 2-14 所示为单相插卡式电能表。

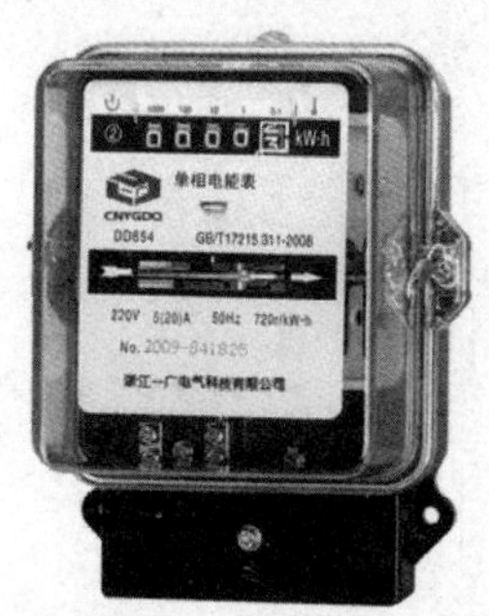

图 2-13 单相感应式电能表

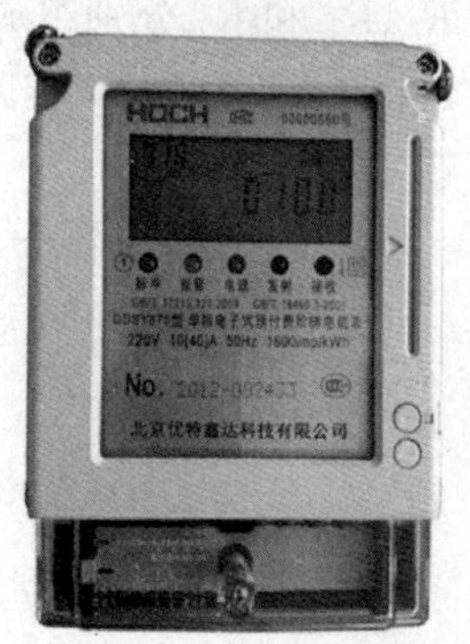

图 2-14 单相插卡式电能表

4. 功率表的正确使用

和电能一样，电功率也可以用仪表来测量，测量功率的电工仪表叫功率表或功率计，如图 2-15 所示为几种常见的功率表。

图 2-15 常见的功率表

任务 2.4 在线练习

任务 2.5 探究电路的基本定律

1. 探究全电路欧姆定律

一个由电源和负载组成的闭合电路，叫作全电路，即全部电路。闭合电路中，电流与电动势成正比，与电路的总电阻成反比，这就是全电路欧姆定律。公式为

$$I=\frac{E}{R+r} \tag{2-5}$$

式(2-5)中，Ir 是电源内阻上的电压，叫作内电压；IR 是整个外电路的电压，也是电源两端的电压，叫作路端电压，用 U 表示。所以

$$U=E-Ir \tag{2-6}$$

2. 探究基尔霍夫电流定律

复杂电路是指不能用电阻串并联的计算方法化简的电路。下面先来了解一下复杂电路中的几个概念。

支路：电路中有元器件无分支的电路部分叫支路。在图 2-16 所示电路中，E_1 和 R_1、R_2，E_2 和 R_3、R_4 和 R_5 分别组成三条支路。根据支路中有无电源，把支路分为有源支路(有电源，如 acb、adb)和无源支路(无电源，如 aeb)两种。

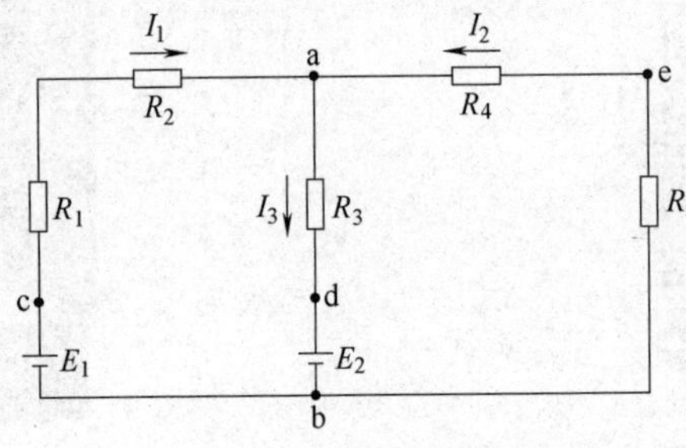

图 2-16 复杂电路

节点：三条或三条以上支路的连接点称为节点。在如图 2-16 所示电路中，a 和 b 都是节点，而 c、e 和 d 不是节点。

回路：电路中的任一闭合路径都称为回路。在图 2-16 所示电路中，aebda、aebca、adbca 都是回路。

网孔：内部不含有支路的回路叫网孔。在图 2-16 所示电路中，aebda 和 adbca 都是网孔，而回路 aebca 中含有由 E_2 和 R_3 组成的支路，因而不是网孔。

3. 探究基尔霍夫电压定律

实验证明：在任意瞬间，沿电路中任一回路，各段电压的代数和恒为零，这就是基尔霍夫电压定律，简称 KVL 定律，又名回路电压定律、基尔霍夫第二定律，用于确定复杂电路中的电压关系。即

$$\sum U=0 \tag{2-7}$$

在应用 KVL 定律列电压方程时，应注意：

(1) 选取回路绕行方向。可按顺时针方向，也可按逆时针方向，通常选择前者。

(2) 确定各段电压的参考方向。我们规定，凡电压的参考方向和回路绕行方向一致时，该电压取正值；反之，取负值。

例如，在图 2-17 所示电路中，按顺时针绕行方向和图中所规定的各段电压的参考方向，KVL 定律可表示为

$$U_{ab}+U_{bc}+U_{cd}+U_{da}=0 \tag{2-8}$$

由于 $U_{ab}=U_1$，$U_{bc}=-U_2$，$U_{cd}=U_3$，$U_{da}=U_4$，分别代入式(2-7)可得

$$U_1-U_2+U_3+U_4=0$$

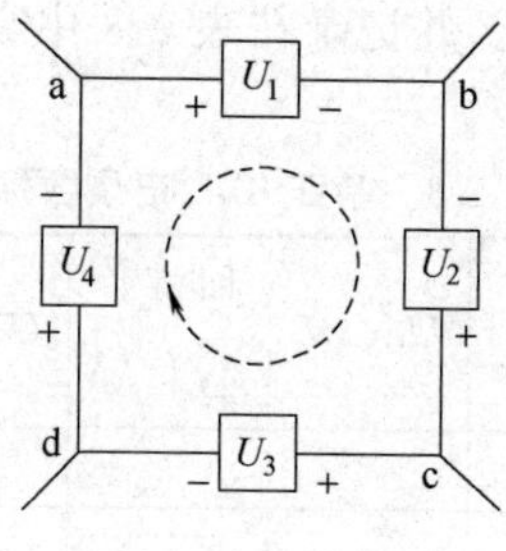

图 2-17 KVL 定律

任务 2.5 在线练习

任务 2.6 拓展与训练：基尔霍夫定律的验证

实训目的：

(1) 加深对基尔霍夫定律的理解，提高应用能力。

(2) 加深对电压与参考点之间关系的理解。

实训器材：万用表、电阻箱、电阻、双稳态电源。

(1) 按图 2-18 所示在实验电路板上搭接电路(注意直流稳压电源和直流电流表的极性)，调节稳压电源使 $U_{S1}=15\text{V}$、$U_{S2}=3\text{V}$。经检查无误后方可接通电源。

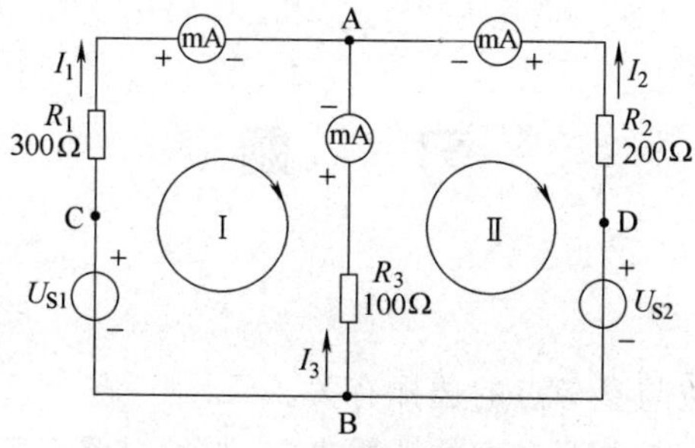

图 2-18 基尔霍夫定律实验电路

(2) 由电路中的已知参数及电流的参考方向，计算各支路电流 I_1、I_2、I_3，并记录在表 2-7 中，以备与测量值进行比较。

表 2-7 验证 KCL 记录数据

U_{S1}/V	U_{S2}/V	I_1/mA		I_2/mA		I_3/mA		$(I_1+I_2+I_3)$/mA
		计算值	测量值	计算值	测量值	计算值	测量值	测量值
15	3							
	6							
	9							

(3) 用直流电流表分别测量各支路的电流，记录在表 2-7 中。改变 U_{S2}，测量三组数据，验证 KCL，并将各支路电流的测量值与计算值进行比较。

(4) 用导线代替直流电流表，并用万用表的直流电压挡（或直流电压表）分别测量 U_{AB}、U_{BC}、U_{CA}、U_{AD}、U_{DB}、U_{BA} 的值，并记录在表 2-8 中，调节 U_{S2}，测量三组数据，并对回路Ⅰ、回路Ⅱ分别验证 KVL。

表 2-8 验证 KVL 记录数据

U_{S1}/V	U_{S2}/V	U_{AB}/V	U_{BC}/V	U_{CA}/V	回路Ⅰ $\sum U$/V	U_{AD}/V	U_{DB}/V	U_{BA}/V	回路Ⅱ $\sum U$/V
15	3								
	6								
	9								

实训评分：任务 2.6 评分参考表 2-9。

表 2-9 任务 2.6 评分表

序号	考核内容与要求	考核情况记录	评分标准	得分
1	(1)注意安全，严禁带电操作。 (2) 在实验电路板上正确搭接电路。 (3) 通电前，应认真检查，并确认无误		10	
2	能正确识别电路中各元器件，并能准确说出名称和符号		5	
3	能正确回答电路中的各元器件相关知识和安全注意事项		5	

习 题

一、判断题

1. 电路中某点的电位与参考点的选择有关。 （ ）

2. 电源电动势的大小由电源自身的性质决定，与外电路无关。 （ ）

3. 电路中参考点改变，各点的电位也将改变，两点间的电压也随之改变。（ ）

4. 电路中电流的方向与电压的方向总是相同的。（ ）

5. 根据 $P=UI$，当加在电阻 R 上的电压减小一半时，功率也对应减小一半。（ ）

6. 如果电路中某两点电位都很高，则该两点间的电压一定大。（ ）

7. 功率大的电灯一定比功率小的电灯亮。（ ）

8. 利用支路电流法列方程，有几个网孔就可以列几个电压方程。（ ）

9. 每条支路至少有一个电源和一个电阻串联。（ ）

10. 在复杂电路中，各支路中元件是串联的，流过它们的电流是相等的。（ ）

11. 两个电阻并联时，其电流分配与电阻大小成正比。（ ）

12. 110V、60W 的白炽灯在 220V 的电源上能正常使用。（ ）

13. 导体的长度和横截面积都增大一倍，其电阻值也增大一倍。（ ）

14. 110V、60W 的白炽灯可以接在电压 110V，功率为 1kW 的电网上使用。（ ）

15. 在电阻分流电路中，电阻越大，电阻消耗的功率也就越大。（ ）

16. 负载大是指负载的电阻大。（ ）

二、单项选择题

1. 在如图 2-19 所示的电路中，当电阻 R_2 增加时，电流 I 将（ ）。

A. 增加　　B. 减小　　C. 不变

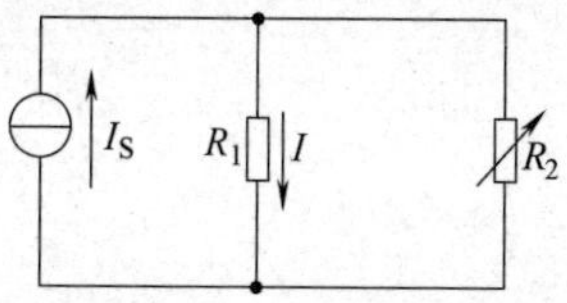

I_S　R_1　I　R_2

图 2-19

2. 两只白炽灯的额定电压为 220V，额定功率分别为 100W 和 25W，下面结论正确的是（ ）。

A. 25W 白炽灯的灯丝电阻较大

B. 100W 白炽灯的灯丝电阻较大

C. 25W 白炽灯的灯丝电阻较小

3. 通常电路中的耗能元件是指（ ）。

A. 电阻元件　　B. 电感元件　　C. 电容元件　　D. 电源元件

4. 用具有一定内阻的电压表测出实际电源的端电压为 6V，则该电源的开路电压比 6V（ ）。

A. 稍大　　B. 稍小　　C. 严格相等　　D. 不能确定

5. 通常所说负载减小，是指负载的（ ）减小。

A. 功率　　B. 电压　　C. 电阻

6. 如图 2-20 所示电路的输出端开路，当电位器滑动触点移动时，输出电压 U 变化的范围为（ ）V。

A. 1～4　　B. 1～5　　C. 0～4　　D. 0～5

7. 在下列规格的电灯泡中，电阻最大的是（　　）。

A. 100W、220V　　B. 60W、220V　　C. 40W、220V　　D. 15W、220V

8. 如图 2-21 所示电路中 A 点的电位为（　　）。

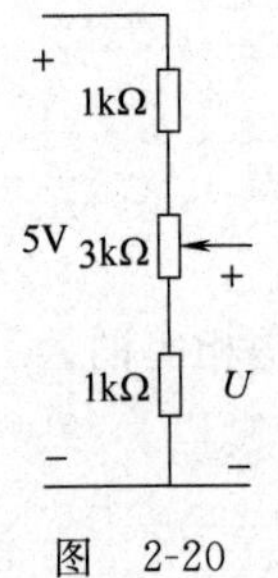

图　2-20

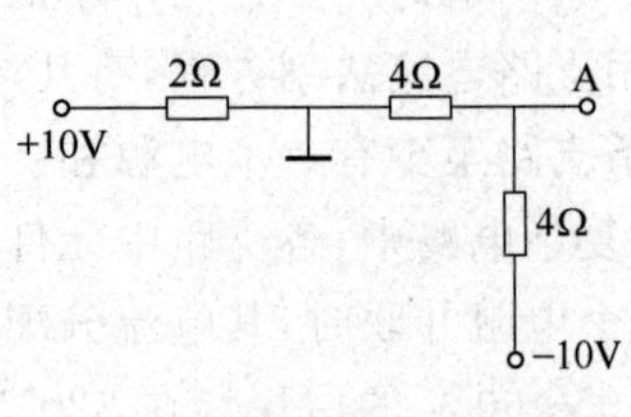

图　2-21

A. −5V　　B. 5V　　C. −10V　　D. 10V

9. 如图 2-22 所示电路中 A 点的电位为（　　）。

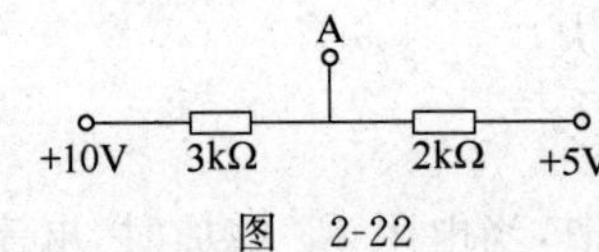

图　2-22

A. 7V　　B. −7V　　C. 15V　　D. −15V

项目3

电容和电感

任务3.1 认识电容

电容器是一种储能元器件，在电子设备中应用十分广泛，能起到平滑滤波、退耦、调谐回路、能量转换等作用。

3.1.1 电容器的基本知识

1. 电容器

电容器简称电容，是基本电子元器件之一。任何两个彼此绝缘而又相互靠近的导体都可看成一个电容器。

电容器的结构就像三明治一样，如图3-1所示，两个导体称为电容器的极板，中间的绝缘材料称为电容器的介质。常见的介质有纸、塑料、云母、玻璃、空气等。如图3-2所示的是纸介电容器，它是在两块锡箔之间插入纸介质，然后卷成圆柱形制成的。电容器广泛应用于电子设备中，如音响、计算机、电视机、手机等，如图3-3所示为电子线路板中的电容器。

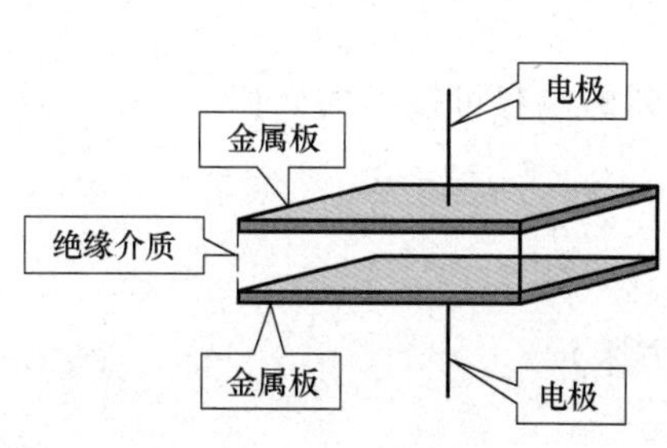

图3-1 电容器的结构

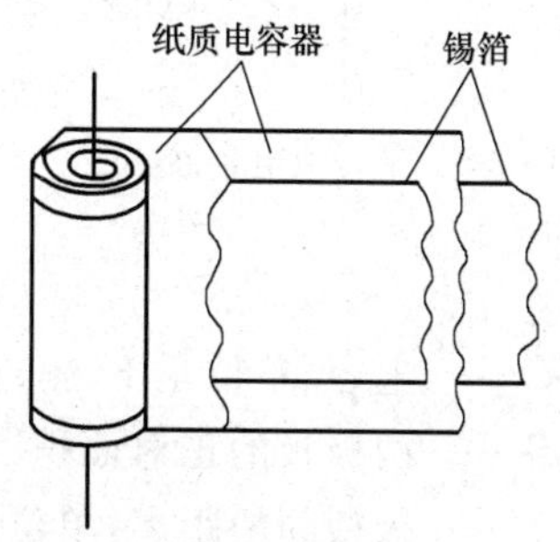

图3-2 纸介电容器

电容器在电路图中的图形符号如图 3-4 所示。

图 3-3 电子线路板中的电容器

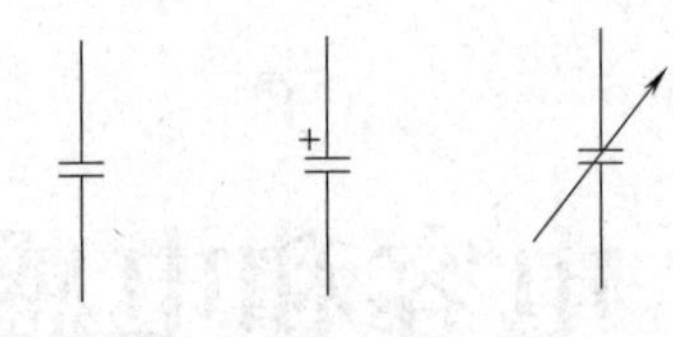

图 3-4 电容器的图形符号

2. 电容的概念

顾名思义,电容器就是一种用来储存电荷和电能的"容器"。就像杯子盛水受杯子本身的容量限制一样,电容器储存电荷多少也不是无限制的,由其容量来决定,用符号 C 表示。电容器的电容量简称电容,电容的国际单位是法拉,用符号 F 表示。但是在实际使用中,一般电容器的电容都比较小,因而常用较小的单位,如 μF(微法)和 pF(皮法)。它们之间的关系为

$$1\text{F}=10^6\mu\text{F}=10^{12}\text{pF}$$

对于确定的电容器,其电容等于单位电压作用下储存的电荷量。

$$C=\frac{Q}{U} \tag{3-1}$$

式中,Q ——极板储存的电荷量,单位是 C(库);

U ——两极板间的电压,单位是 V(伏);

C ——电容器的电容,单位是 F(法)。

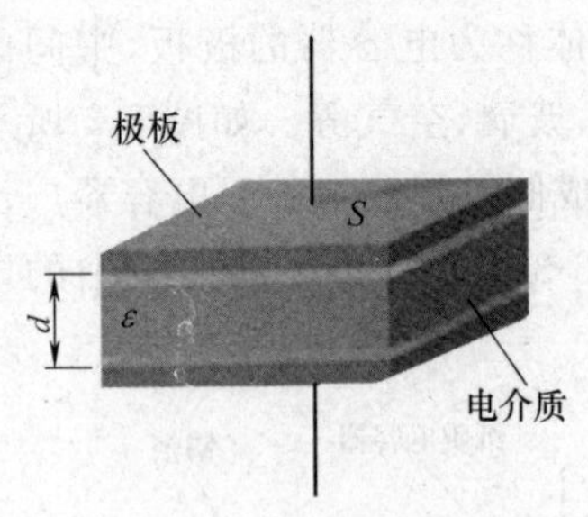

图 3-5 平行板电容器

根据生活经验,如果用不同的杯子盛水,杯子的容积与它实际装多少升的水是无关的。同样的道理,电容是电容器的固有属性,反映了其储存电荷能力的大小,与该电容器是否带电、带电多少、极板间电压的高低等因素无关。以两个极板相互平行的平行板电容器为例,它的电容与两极板的正对面积、极板间距和介质的种类有关,如图 3-5 所示。

平行板电容器的电容可按下式计算

$$C=\varepsilon\frac{S}{d} \tag{3-2}$$

式中,C ——电容,单位是 F(法);

S ——两极板的正对面积,单位是 m^2(平方米);

d ——极板间的距离,单位是 m(米);

ε ——介质的介电常数,单位是 F/m(法/米)。

介电常数又叫介质常数，是表征介质或绝缘材料绝缘能力的一个重要数据，用 ε 表示。介电常数愈小绝缘性愈好，真空中的介电常数 $\varepsilon_0 \approx 8.86\times10^{-12}$ F/m。其他介质的介电常数 ε 与 ε_0 之比，称为该介质的相对介电常数，用 ε_r 表示。空气的相对介电常数约为1，石蜡、油、云母相对介电常数 ε_r 较大，将其作为电容器的电解质可显著增大电容，而且能做成很小的极板间隔，因而应用较广。通常是把纸浸入石蜡或油中使用。

实际上，任何两个导体之间都存在着电容，称为分布电容。输电线之间、输入线与大地之间存在电容；电子元器件的引脚之间、导线与仪器的金属外壳之间都存在电容，只是由于它们两“极板”之间距离较大，而且空气的介电常数 ε 又很小，所以这个电容很小，一般可以忽略不计。

3.1.2　电容器的分类、选用及连接

1. 电容器的分类

电容器按容量是否可调分为固定电容器和可变电容器两大类。固定电容器按介质材料不同，可分为金属化纸介电容器、聚苯乙烯电容器、涤纶电容器、玻璃釉电容器、云母电容器、瓷片电容器、独石电容器、铝电解电容器、钽电解电容器等。

2. 电容器的选用

电容器在装入电路前要检查有没有短路、断路、漏电等现象，并且核对它的电容值和额定电压。安装的时候，要使电容的类别、容量、耐压等符号容易看到，以便核实，如图 3-6 所示。

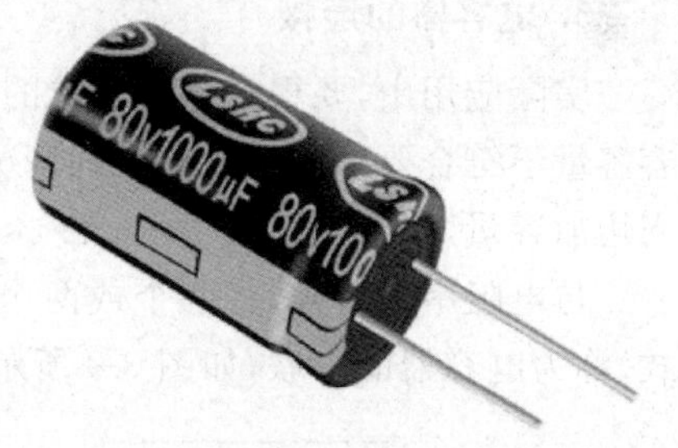

图 3-6　电容器的标称值及额定电压

(1) 电容器的标称和允许误差

大多数电容器的电容值都直接标在电容器的表面上。瓷介电容器体积较小，往往只标数值，不标单位。通常数值为几十、几百、几千时，单位均为 pF，当数值小于 1 时，单位均为 μF，如图 3-7 所示。

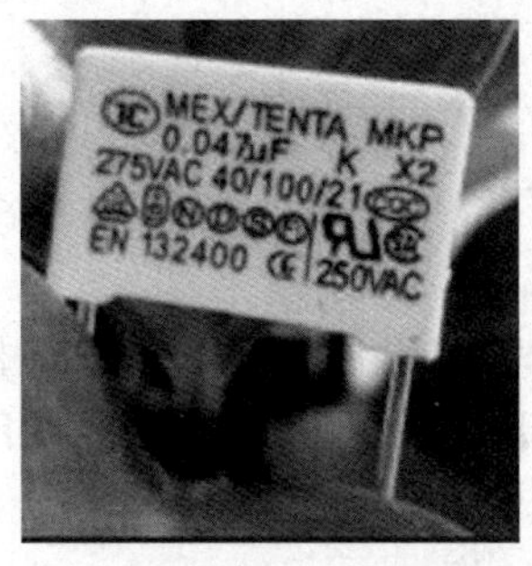

图 3-7　常见电容器的标称值

还有一些电容器用三位数字表示电容量的大小，前两位表示电容量的有效数字，最后一位数字表示有效数字后“0”的个数，单位是 pF，如图 3-8 所示。

还有一些电容器用不同的颜色表示不同的数字，其颜色和识别方法与色环电阻相同，

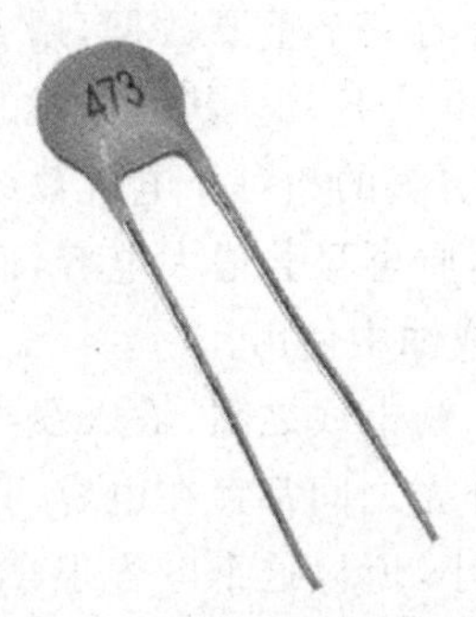

图 3-8 三位数表示的电容量

单位为 pF。色环的读取方向为:从电容器的顶部向引脚方向读取。

电容器的允许误差,按其精度可以分为 00 级(±1%)、0 级(±2%)、Ⅰ级(±5%)、Ⅱ级(±10%)和Ⅲ级(±20%)。

(2) 电容器的额定工作电压

电容器的额定工作电压是指电容器在电路中能长期可靠工作而不被击穿的直流电压,又称耐压。如果电容器工作在交流电路中,应保证所加交流电压的最大值不超过电容器的额定工作电压。

电容器在电路中实际要承受的电压不能超过它的耐压值。在滤波电路中,电容的耐压值不要小于交流有效值的 1.42 倍。使用电解电容的时候,还要注意正极接高电位端,负极接低电位端。

不同电路应该选用不同种类的电容器。谐振回路可以选用云母、高频陶瓷电容,隔直流可以选用纸介、涤纶、云母、电解、陶瓷等电容器,滤波可以选用电解电容,旁路可以选用涤纶、纸介、陶瓷、电解等电容器。

3. 电容器的连接

实际应用中,要根据电路要求的电容量和耐压值选择所需的电容器,如果遇到现有电容容量不符合要求或耐压不足的情况时,可以通过串联电容器来提高耐压值,并联电容器来增加容量。

与电阻串联一样,将两个或两个以上电容器首尾依次相连,形成一条通路的连接方式,称为电容器的串联,如图 3-9 所示。串联后电路具有以下性质。

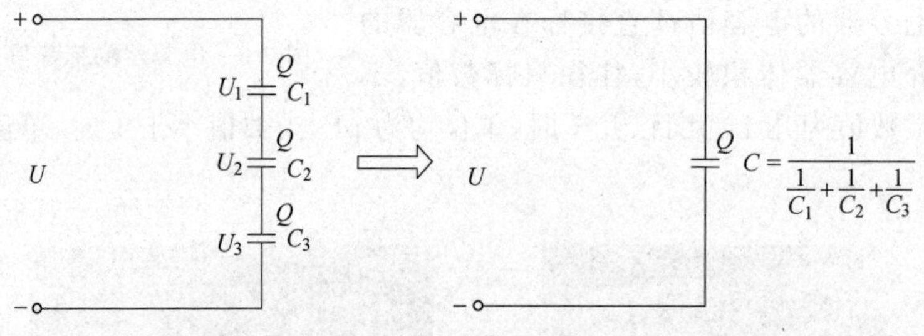

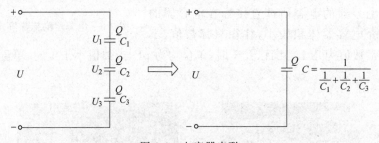

图 3-9 电容器串联

(1) 电量

当电容器接入电源后,电源会对电容 C_1 充电,使得该电容的上极板带 Q 库的正电荷,而其下极板会静电感应出 Q 库的负电荷。由于 C_2 的上极板与 C_3 的下极板相连,C_2 的上极板上也会感应出 Q 库的正电荷。以此类推,串联电容的相邻极板上都带有等量的异种电荷,因此,串联的各个电容所带电量均相等。即

$$Q=Q_1=Q_2=Q_3 \tag{3-3}$$

(2) 电压

与电阻串联电路相似,电容串联电路中的总电压等于各个电容上电压之和,即

$$U=U_1+U_2+U_3 \tag{3-4}$$

(3) 电容

由于 $Q=Q_1=Q_2=Q_3$，将式(3-4)两侧同除以电量 Q，可得

$$\frac{U}{Q}=\frac{U_1}{Q}+\frac{U_2}{Q}+\frac{U_3}{Q} \tag{3-5}$$

根据 $C=\frac{Q}{U}$ 可得

$$\frac{1}{C}=\frac{1}{C_1}+\frac{1}{C_2}+\frac{1}{C_3} \tag{3-6}$$

电容串联电路的特点与电阻并联电路的特点类似，即电路中的等效电容的倒数等于各个分电容的倒数之和。电容器串联后总电容减小，但耐压值提高。所以当单个电容的耐压值小于总电压时，可以通过串联多个电容来获得更高的耐压值。

(4) 电压分配

由于 $Q=Q_1=Q_2=Q_3$，因此 $C_1U_1=C_2U_2=C_3U_3$。根据公式可以发现：电容器串联时各电容两端的电压与电容量成反比，即当不同容量的电容串联后，容量小的电容器承受的电压最高。

3.1.3 电容器的充电和放电

电容器能够储存电荷，而它储存电荷和释放电荷是通过充电过程和放电过程来实现的。电容器的充、放电与容器(如水池)的蓄、排水过程非常相似。当电容接通电源时(水池接通水源)，由于电容极板和电源存在电位差(水位差)，充电电流流入电容器(蓄水水流流入水池)，电容两端的电压(水池中的水位)不断升高，电荷被储存在电容器中(水被储存于水池中)。放电时，将电容切断电源并接入其他回路(关闭阀门并接入其他水路)，电容两端的电压与接入回路存在电位差(水位差)，电容充当电源(水池充当水源)向周围电路放出电流(水流)，电容两端的电压(水池中的水位)不断降低，电荷从电容中释放出来(水流从水池中流出)。如图 3-10 所示为电容器充、放电实验电路图，电压表 V 分别用于测量电容器两端电压和电源电压，S 为单刀双掷开关。当 S 打到 1 时，电源对电容器充电；当 S 打到 2 时，电容器对电路放电。

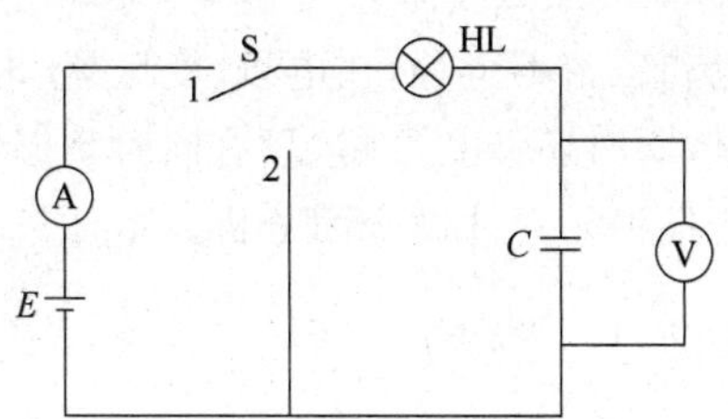

图 3-10 电容器充、放电实验

1. 电容器的充电

当开关置于接点“1”，电源开始向电容器充电。开始时，电源与电容器间电位差较大，电流较大，灯泡较亮，随着充电过程的持续，电容器上电压不断升高，电位差减小，电流较刚接入时减小，灯泡逐渐变暗。直至电容器电压与电源电动势相等时，电位差为零，充电结束，灯泡熄灭。从电流表可以观察到充电电流由大到小的变化，从电压表可以观察到电容器两端电压由小到大的变化。

2. 电容器的放电

电容器充电结束后，将开关置于接点"2"，电容器接通放电回路。可以观察到小灯泡亮了一下又熄灭了。这是由于电容器相当于一个等效电源。在电容器两极板间电场力的作用下，负极板的负电荷不断与正极板的正电荷中和，随着极板上电荷量的减少，电容器两端的电压和电流也随之下降，直至两极板上电荷完全中和。这时电容器两极板间电压为零，电路中电流也为零，灯泡熄灭。

任务 3.1 在线练习

任务 3.2 了解电磁感应

两千多年前，我国劳动人民发现有一种特殊的"石头"，它能够吸引铁质的物体，这就是天然磁铁。随后，战国时期又利用它制成了能够指引方向的"司南"，如图 3-11 所示。而在工厂中，拖动各种设备运转的电动机将电能转换成机械能输出，如图 3-12 所示为电动机。这一切都与磁有着密切的关系。

图 3-11 司南

图 3-12 电动机

电和磁密不可分，在电机、变压器、电磁测量仪表、继电器及其他电磁元器件中，既包括电路，同时还涉及磁路，只有同时掌握了磁路的基本知识以及电与磁之间的关系，才能对上述各种元器件做全面分析。本任务是后续专业知识的基础。

3.2.1 磁场

1. 磁性、磁体和磁极

物体具有吸引铁、钴、镍等物质的性质叫磁性。具有磁性的物体称为磁体。根据磁性的来源不同，磁体可以分为天然磁体和人造磁体，如图 3-13 所示。

磁体两端磁性最强的区域叫作磁极。可以在水平面内自由转动的磁针，静止后总是一个磁极指南，另一个指北。指北的一端称为北极，用字母 N 来表示；指南的一端称为南极，用字母 S 来表示。任何磁体都具有两个磁极，而且无论把磁体怎样分割，总会保持有两个异性磁极，如图 3-14 所示。

与电荷间的相互作用力相似，当两个磁极靠近时，它们之间也会产生相互作用的力：同名磁极相互排斥，异名磁极相互吸引。

图 3-13 常见的磁体

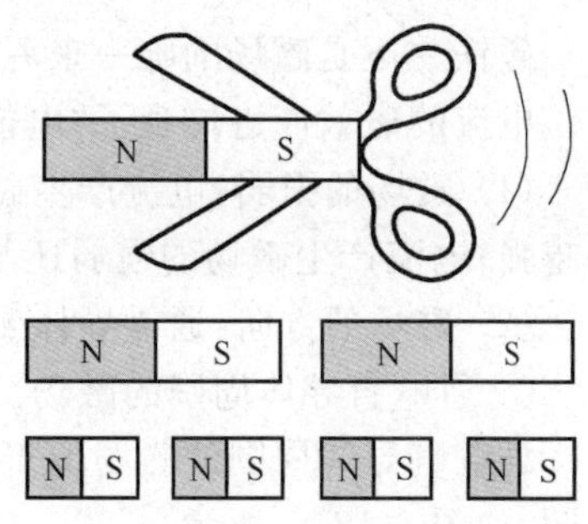

图 3-14 磁极成对出现

2. 磁场

通过实验,我们可以发现,铁屑静止后有规则地排列起来,说明在磁铁周围的空间中存在着一种特殊的物质,称为磁场。蹄形磁铁的磁场如图 3-15 所示。磁极之间的相互作用力就是通过磁场传递的,这就是为何两个磁极互不接触却能够受到对方的作用力的原因。

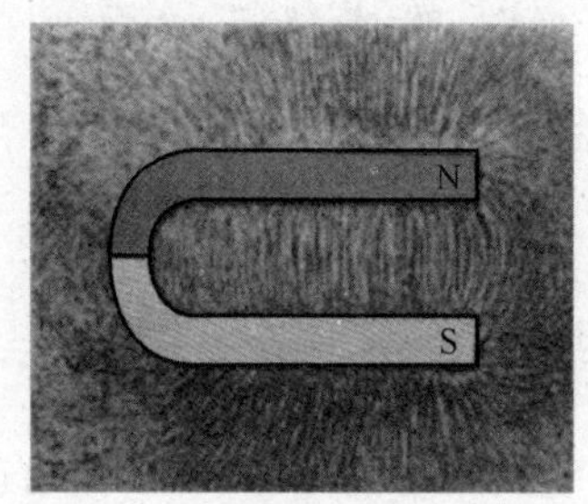

图 3-15 用铁屑模拟磁场分布

3. 磁感线

仔细观察蹄形磁铁周围空间磁场的分布,可以发现:轻敲玻璃板时,铁屑逐步靠拢,聚集成曲线分布在两磁极周围,将这些曲线在纸上描绘出来,如图 3-16 所示,就是磁感线。磁感线也叫"磁力线"。

它具有以下性质。

(1) 磁感线是互不相交的闭合曲线,在磁体外部由 N 极指向 S 极,在磁体内部由 S 极指向 N 极。

(2) 磁感线的疏密程度反映了磁场的强弱,空间某处磁感线越密集表示该处磁场越强,磁感线越稀疏表示该处磁场越弱。

(3) 磁感线上每一点的切线方向就是该点的磁场方向,即在该点放上小磁针后,磁针 N 极所指的方向。

如果在磁场的某一区域内,磁感线的方向相同、分布均匀、彼此平行,这一区域称为匀强磁场(或均匀磁场)。相互靠近的两个异性磁极之间的磁场,除边缘部分外,可以近似为匀强磁场,如图 3-17 所示。

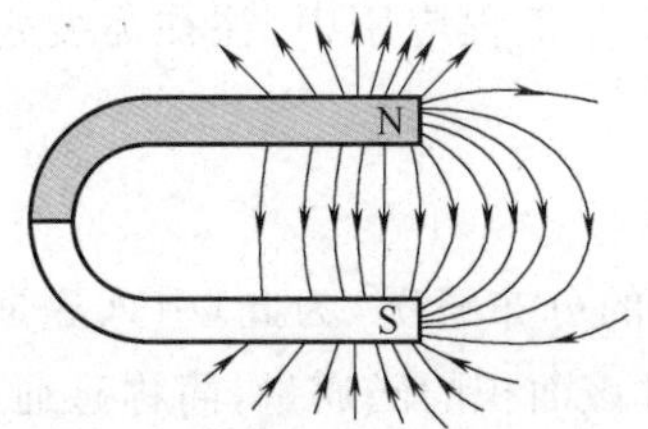

图 3-16 蹄形磁铁的磁感线

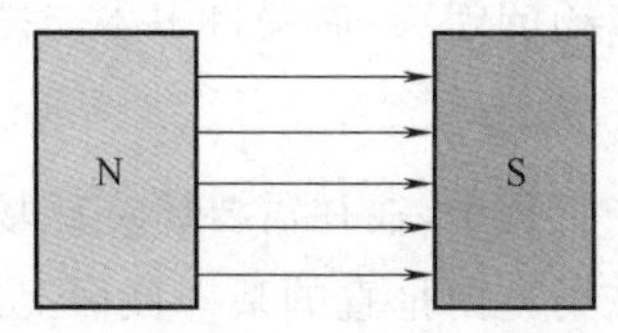

图 3-17 匀强磁场

4. 电流的磁效应

磁铁并不是磁场的唯一来源，通电的导体周围也存在磁场，这种现象称为电流的磁效应。电流的磁效应也体现了“电能够生磁”。

(1) 磁场的强弱：电流产生磁场的强弱与通电导体中电流的大小有关，电流越大，磁场越强；电流产生磁场的强弱还与距离导体的远近有关，离导体越近，磁场越强。

(2) 磁场的方向：通电导体磁场的方向可用安培定则来判断。

① 通电直导体周围的磁场。

通电直导线周围的磁场位于与该导体垂直的平面上，其形状是一个个环绕导体的同心圆，如图 3-18(a)所示。

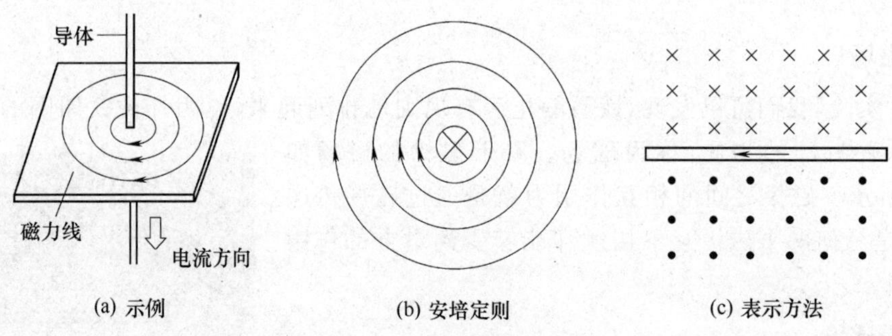

图 3-18　通电直导体周围的磁场

安培定则：右手握住通电直导线，大拇指指向与电流方向一致，四指环绕方向就是该电流产生的磁场方向，如图 3-18(b)所示。

为了表示方便，规定电流若垂直流入纸面，记为“×”，仿佛射箭时箭尾离我们远去；规定电流若垂直流出纸面，记为“·”仿佛箭头朝我们射来。因此，直导线产生的磁场也可以如图 3-18(c)所示那样。

② 通电螺线管周围的磁场。

通电螺线管产生的磁场类似于条形磁铁，一端是 N 极，另一端是 S 极，其产生的磁场方向可以用安培定则判断。如图 3-19 所示为通电螺线管周围的磁场及安培定则。右手握住螺线管，弯曲的四指指向与电流方向一致，大拇指的指向就是该螺线管的 N 极。

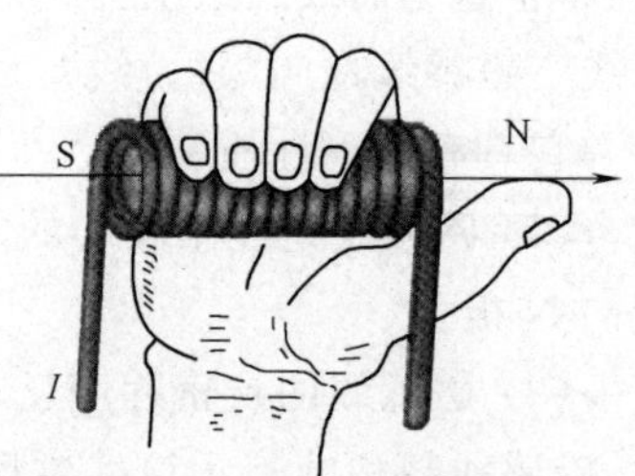

图 3-19　通电螺线管周围的磁场及安培定则

3.2.2　磁场的主要物理量

磁感线描述磁场，形象且直观，但是只能做定性分析。工程应用中，往往需要定量地研究磁场的强弱，需要再引入一些物理量。

1. 磁通

在工程中，往往需要研究磁场在空间中一定面积上的分布情况，为此，引入磁通。通过与磁场方向垂直的某一截面上的磁感线总数叫作通过该面积的磁通量，简称磁通，用字母 Φ 表示，如图 3-20 所示。

磁通的国际单位是韦伯，简称韦，用 Wb 表示。磁通是一个标量，只有大小没有方向。当面积 S 一定时，通过该面积的磁通越大，磁场越强。这一概念在电气工程上有极其重要的意义，如选用变压器、电动机、电磁铁等的铁心材料时，就要尽可能让全部磁感线通过铁心截面，以达到最高的工作效率。

2. 磁感应强度

磁感应强度能定量地描述磁场中各点磁场的强弱和方向。

磁感应强度是单位面积上垂直穿过的磁感线数，也就是单位面积内的磁通，如图3-21所示，因此磁感应强度也叫磁通密度，用字母 B 表示，单位为特斯拉，简称特，符号为 T。

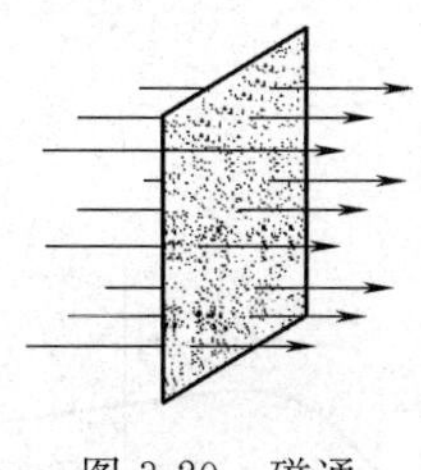

图 3-20　磁通

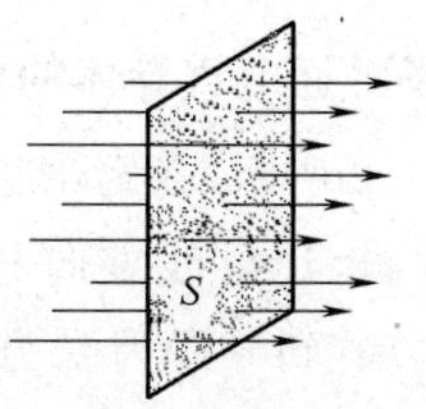

图 3-21　磁感应强度

在匀强磁场中，磁感应强度和磁通存在以下关系。

$$B=\frac{\Phi}{S} \tag{3-7}$$

式中，Φ——磁通，单位为 Wb(韦伯)；

B——磁感应强度，单位为 T(特斯拉)；

S——与磁场垂直的某一截面的面积，单位为 m^2(平方米)。

3. 磁导率

就像不同物质导电能力可以用电阻率来衡量一样，不同物质的导磁能力也可以用一个物理量来衡量，这就是磁导率。

磁导率是表示物质导磁性能的物理量，用字母 μ 表示，单位为 H/m(亨/米)。磁导率越大，导磁性能越好。真空中的磁导率是一个常数，$\mu_0=4\pi\times10^{-7}$ H/m。为了便于比较各种物质的导磁能力，把物质的磁导率与真空中磁导率的比值称为相对磁导率，用 μ_r 表示，则

$$\mu_r=\frac{\mu}{\mu_0} \tag{3-8}$$

根据相对磁导率的大小，可以将物质分为三类：顺磁物质，如空气、铜、铝等，μ_r 略大于 1；反磁物质，如氢、铜等，μ_r 略小于 1；铁磁物质，如铁、钴、镍、硅钢、坡莫合金等，μ_r 远大于 1，且不是常数。铁磁物质广泛应用在电工技术及计算机技术等方面。

4. 磁场强度

磁感应强度与介质有关，相同电流激发的磁场通过不同的介质，感应出的强度是不同的，这样常常使得磁场的分析过于复杂。为简化分析，我们引入一个物理量去除介质的影响，仅单纯关注磁场某点的强弱，称为磁场强度，用符号 H 表示。

磁场中某点的磁场强度等于该点磁感应强度与磁导率的比值，即

$$H=\frac{B}{\mu} \tag{3-9}$$

式中，H ——磁场强度，单位为 A/m（安/米）；

B ——磁感应强度，单位为 T（特斯拉）；

μ ——磁场中介质的磁导率，单位为 H/m（亨/米）。

磁场强度是磁感应强度去除了介质的影响，因此它的大小与周围介质无关，仅与电流和空间位置有关。磁场强度的方向与磁感应强度的方向一致，也可用安培定则确定。

3.2.3 磁场对电流的作用

1. 磁场对通电直导体的作用

如图 3-22 所示，在蹄形磁体两极形成的磁场中，悬挂一段直导线，让导线方向与磁场方向保持垂直，导线通电后，可以看到导线因受力而发生运动。通常把通电导体在磁场中受到的力称为电磁力，也称安培力。

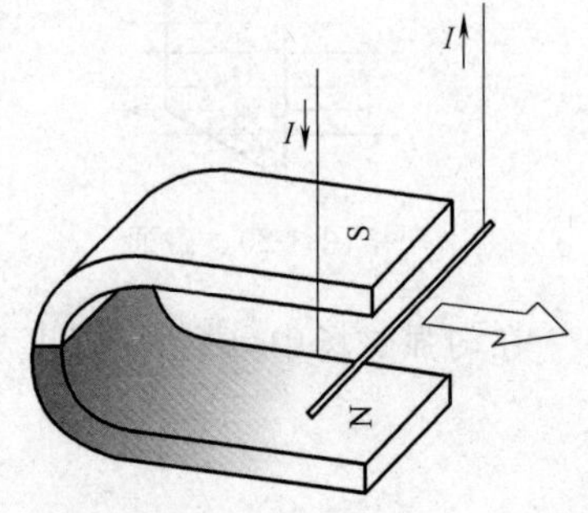

图 3-22 通电导体在磁场中受力

先保持导线通电部分的长度不变，改变电流的大小；然后保持电流不变，改变导线通电部分的长度。比较两次实验结果发现，通电导线长度一定时，电流越大，导线所受电磁力越大；电流一定时，通电导线越长，电磁力越大。由精确的实验，可以得到电磁力的计算公式。

当电流方向与磁场方向垂直时，导线所受的电磁力最大。电磁力的计算公式为

$$F=BIL \tag{3-10}$$

式中，F ——导体受到电磁力的大小，单位为 N（牛顿）；

B ——磁感应强度，单位为 T（特斯拉）；

I ——导体中电流的大小，单位为 A（安培）；

L ——导体在磁场中的有效长度，单位为 m（米）。

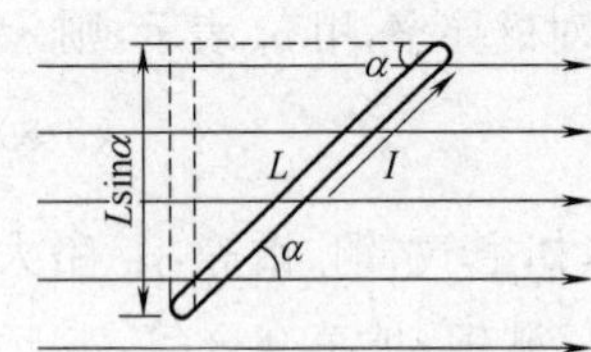

图 3-23 电流与磁场有夹角 α

当电流方向与磁场方向不垂直，而是有一个夹角 α，如图 3-23所示，这时通电导线的有效长度为 $L\sin\alpha$。电磁力的计算公式为

$$F = BIL\sin\alpha \tag{3-11}$$

由式(3-11)可知，当 $\alpha=90°$ 时。电磁力最大；当 $\alpha=0$ 时，则 $\sin\alpha=0$，电磁力最小；当电流方向与磁场方向斜交时，电磁力介于最大值和最小值之间。

通过实验，我们发现导体所受电磁力方向与磁极和电流方向有关，可用左手定则来判断。如图 3-24 所示，伸开左手，拇指与其他四指垂直，并与手掌在同一平面内，手心对准 N 极，让磁感线垂直穿过手心，四指指向电流方向，大拇指所指的方向就是安培力的方向。

2. 磁场对矩形线圈的作用

如图 3-25 所示，磁场对通电矩形线圈也有力的作用。在磁感应强度为 B 的匀强磁场中，放入一个矩形线圈 $abcd$。当线圈平面与磁感线平行时，电流从 ab 边流入，从 cd 边流出，电流与磁感线垂直。利用左于定则可以判断，ab 边受力 F 向上，cd 边受力 F 向下，这样，线圈在力矩的作用下，绕轴线 OO' 顺时针旋转。

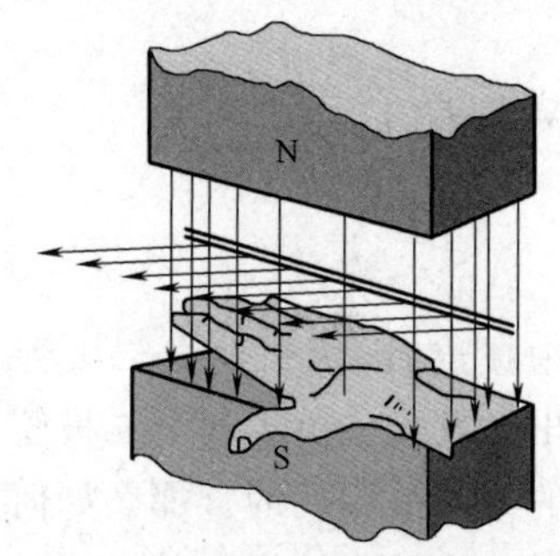

图 3-24 左手定则

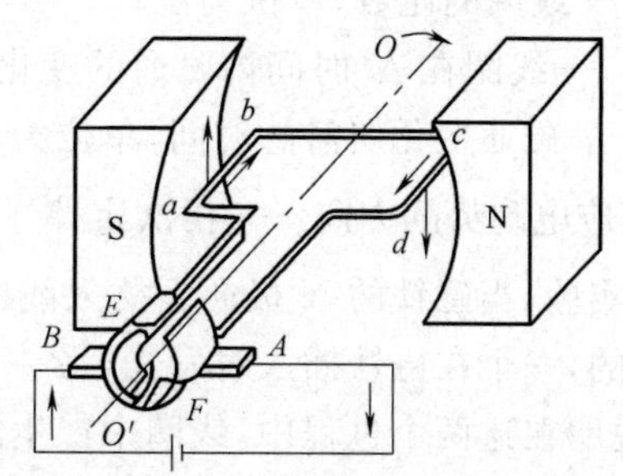

图 3-25 磁场对通电矩形线圈的作用力

工程中常用的直流电动机就是应用磁场对通电矩形线圈的作用原理制成的。常用的直流电流表、直流电压表、万用表等磁电系仪表也都是应用磁场对通电矩形线圈的作用原理制成的。

3.2.4 电磁感应现象

1. 电磁感应现象

电和磁是密不可分的，导体通入电流后就会在导体周围激发出磁场。既然电流能够产生磁场，那么磁场能否产生电流呢？19 世纪，英国物理学家法拉第进行了电磁感应实验，发现了磁场产生电流的条件和规律。利用磁场产生电流的现象称为电磁感应现象。

通过观察实验，我们可以得到这样的结论：将磁体插入和拔出时，检流计的指针都发生偏转，说明此时线圈中会产生电流；而当磁铁静止在线圈中时，检流计指针一直指向 0，并不发生偏转，说明磁铁静止在线圈中时，线圈中不会有电流产生。同样，当磁铁不动，只有线圈移动时，线圈中才会有电流产生。

将这样的实验现象归纳，我们可以知道：只有磁铁或线圈移动时，线圈中才会有电流产生。而二者无论如何移动最终改变的是穿过线圈平面的磁通量。也就是说发生电磁感应现象的条件是：闭合回路内的磁通发生变化。

在电磁感应现象中产生的电流称为感应电流，产生感应电流的电动势称为感应电动势。

2. 感应电动势的大小——法拉第电磁感应定律

通过实验发现，条形磁铁迅速插入线圈时，二极管发光较强，说明此时产生的感应电流较大；而条形磁铁缓慢插入线圈时，二极管仅仅是微微发光，说明此时产生的感应电流较小。磁铁移动的快慢直接影响了线圈闭合平面内磁通变化的快慢，因此，我们可以得到：电磁感应现象中产生的感应电流及电动势的大小与磁通变化的快慢（磁通的变化率）成正比，磁通变化得越快，磁通变化率越大，产生的感应电动势和感应电流也就越大，这就是法拉第电磁感应定律，用公式表示为

$$e=N\frac{\Delta\Phi}{\Delta t} \tag{3-12}$$

式中，e——线圈在 Δt 时间内产生的感应电动势，单位为 V（伏特）；

N——线圈的匝数，单位为匝；

$\Delta\Phi$——线圈在 Δt 时间内磁通的变化量，单位为 Wb（韦伯）；

Δt——磁通变化所需的时间，单位为 s（秒）。

3. 感应电动势的方向——楞次定律

观察实验，当磁铁的 N 极向下插入线圈和从线圈中拔出时，两个发光二极管并不是同时发光的，一个在磁铁插入时发光，另一个在磁铁拔出时发光。由于两个二极管是反向连接的，说明在这两个过程中，线圈中产生的感应电流的方向是相反的。那么如何判断其方向呢？楞次定律给出了答案：感应电流产生的磁通总是阻碍原磁通的变化。

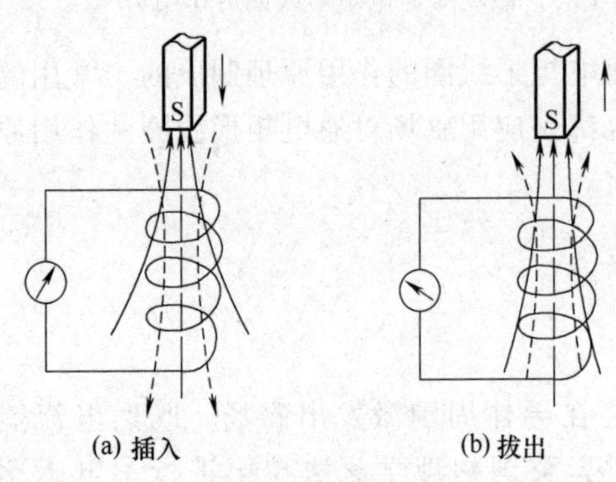

图 3-26 楞次定律

如图 3-26(a)所示，当条形磁铁插入线圈时，线圈中的磁通会增加，将会产生感应电流。由楞次定律可知，感应电流产生的磁通要阻碍原磁通的增加，因而感应电流产生的磁通方向（虚线）与磁铁产生的原磁通的方向（实线）相反，再利用右手定则可判断出感应电流会使检流计反偏。

如图 3-26(b)所示，当把条形磁铁拔出时，线圈中的磁通会减少，将会产生感应电流。由楞次定律可知，感应电流产生的磁通要阻碍原磁通的减小，因而感应电流产生的磁通方向（虚线）与磁铁产生的原磁通的方向（实线）相同，再利用右手定则可判断出感应电流会使检流计正偏。

综上所述，楞次定律也可以总结为“增反减同”。即当原磁通增加时，感应电流产生的磁场与原磁场方向相反，阻碍原磁通的增加；当原磁通减少时，感应电流产生的磁场与原磁场方向相同，阻碍原磁通的减少。

4. 直导体切割磁感线的电磁感应现象

直导体切割磁感线实验电路如图 3-27 所示，L 为闭合电路中的一段导线，当 L 在匀强磁场中以速度 v 向右或向左运动时，L 要切割磁感线，造成穿过闭合电路的磁感线条数减少或增多，这种情况下，检流计指针也会发生偏转，说明电路中产生了感应电动势和感应电流。如果 L 沿磁感线方向移

图 3-27 直导体切割磁感线运动实验

动，则不切割磁感线，穿过回路的磁感线条数不变。

在电磁感应现象中产生的电动势叫作感应电动势，用字母 e 表示。

通过实验分析可知：直导体切割磁感线产生的感应电动势的大小可用如下公式计算。

$$e = BLv\sin\theta \tag{3-13}$$

式中，e ——线圈在 Δt 时间内产生的感应电动势，单位为 V(伏特)；

B——磁场的磁感应强度，单位为 T(特斯拉)；

L——导体切割磁感线的有效长度，单位为 m(米)；

θ ——速度 v 方向与磁场方向间的夹角。

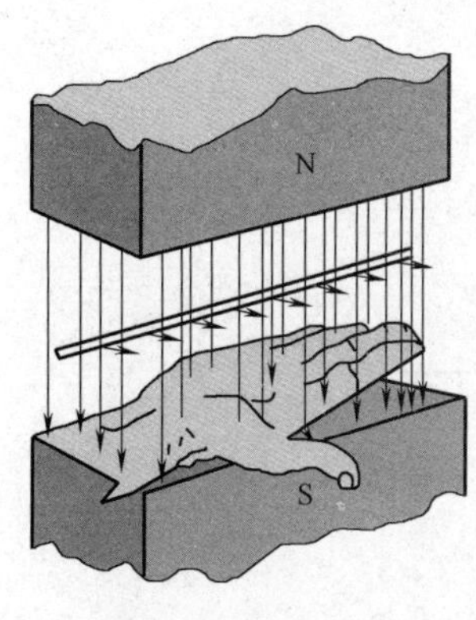

图 3-28 右手定则

式(3-13)说明，闭合电路中的一段导体在磁场中切割磁感线时，导体内产生的感应电动势与磁场的磁感应强度、直导体的长度和导体切割磁感线的有效速度的乘积成正比。当导体、导体运动方向与磁感线方向三者互相垂直时，导体产生的感应电动势最大。

闭合电路中一部分导体做切割磁感线运动时，感应电动势的方向可用右手定则判断。如图 3-28 所示，平伸右手，大拇指与其余四指垂直，让磁感线垂直穿入掌心，大拇指指向导体运动方向，则其余四指所指的方向就是感应电动势的方向。

任务 3.2 在线练习

任务 3.3 认识电感

电感器和电容器、电阻器是组成电路的三种基本元器件。将一些绝缘导线(如漆包线、纱包线等)一圈接一圈地缠绕在铅笔或圆柱形物体上，然后把铅笔抽出来，就得到了最简单的电感器，因此电感也称为电感线圈，如图 3-29 所示。

图 3-29 电感线圈

3.3.1 自感现象与电感

1. 电感器的分类

线圈统称电感线圈，也称电感器，简称电感。电感这个名词和电阻、电容一样包含了双重含义，一方面表示电感元器件，另一方面表示电感器的一个电气参数。

电感器的种类繁多，按照有无磁心可分为空心电感线圈和铁心电感线圈两大类。空心电感线圈中不另加介质材料，铁心电感线圈中有铁心或磁心。电感器在电路中统一用“L”表示。常见电感器的外形及图形符号如图 3-30 和图3-31 所示。

图 3-30　常见电感器

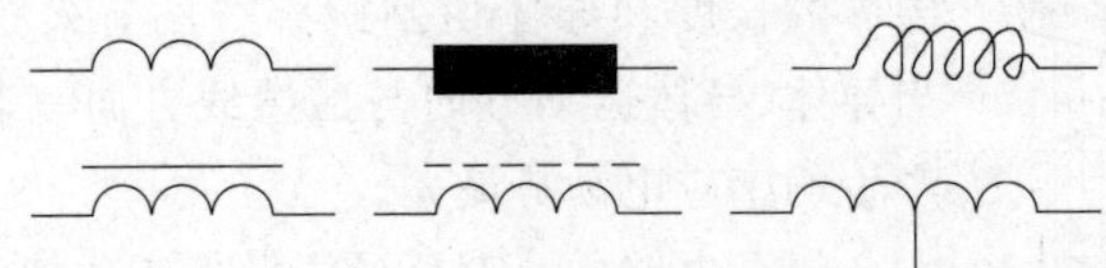

图 3-31　常见电感器的图形符号

2. 电感及自感电动势

（1）电感

感应电流产生的磁通称为自感磁通。当同一电流通入结构不同的线圈时，产生的自感磁通量是不相同的。为了衡量不同线圈产生自感磁通的能力，引入自感系数这一物理量，自感系数简称电感，用 L 表示，它在数值上等于一个线圈中通过单位电流产生的自感磁通，即

$$L=N\frac{\Phi}{I} \tag{3-14}$$

式中，L ——自感系数，单位为 H(亨)；

N——电感线圈的匝数，单位为匝；

Φ ——每匝线圈中磁通，单位为 Wb(韦伯)；

I ——导体中电流的大小，单位为 A(安培)。

电感 L 的单位是亨利，用 H 表示。实际应用中亨利太大，常采用较小的单位，如 mH(毫亨)和 μH(微亨)。

$$1\text{H}=10^3\,\text{mH}=10^6\,\mu\text{H}$$

（2）自感电动势

自感现象是电磁感应现象的一种特殊情况，它必然遵从法拉第电磁感应定律。将 $N\Phi=LI$ 代入 $e_L=-N\frac{\Delta\Phi}{\Delta t}$，可得自感电动势的计算公式为

$$e_L=-L\frac{\Delta I}{\Delta t} \tag{3-15}$$

式中，$\frac{\Delta I}{\Delta t}$为电流变化率，表示单位时间内电感线圈中电流的变化量，即自感电动势与电感线圈中电流的变化率成正比。

式(3-15)中的负号表示自感电动势的方向总是企图阻碍原电流的变化，即原电流减小，线圈中就会产生与原电流同向的感应电流阻碍其减小；原电流增大，线圈中就会产生与原电流反向的感应电流阻碍其增大，也可以总结为“增反减同”。

3.3.2 电感器的参数和质量检测

电感器的参数主要有两个——电感量和品质因数，一般都直接标注在电感器上。电感量、品质因数等参数可用电感测量仪检测，也可用万用电桥检测。线圈绕组之间、绕组与铁心、屏蔽层之间的绝缘电阻可用兆欧表(摇表)检测。

用万用表可对电感器做初步检测，方法是用万用表的电阻挡测量线圈的直流电阻，根据直流电阻值来判断电感器绕组有无短路、断路故障，初步判断它的好坏。电感器的直流电阻一般很小，只有几欧姆，甚至更小。对于匝数较多、线径较细的线圈，直流电阻会达到几十欧姆。在用万用表检测电感器时，将万用表置于 $R\times1$ 挡，红、黑表笔分别接线圈的两个引脚，此时根据测出的阻值大小可以分为三种情况进行鉴别。

阻值为零：说明电感器内部短路。

阻值无穷大：说明电感器内部开路。

有一定阻值：如果测出的阻值在正常范围内，而外形、外表颜色又无变化，则可认为被测电感线圈是正常的。

任务3.3在线练习

任务3.4 拓展与训练：电容器和电感器的识别与检测

实训目的：

(1) 了解常用电容器和电感器的种类、结构、性能。

(2) 掌握常用电容器和电感器的识别与检测方法。

实训器材：万用表、镊子、尖嘴钳、电容表、电感表、电容器、电解电容器、可变电容器、电感等。

1. 电容器

电容器是一种储能元件，具有隔直流、通交流等特性，常用来组成耦合、滤波、旁路、振荡等电路。电容器按结构可分为固定、可变和半可变(微调)电容器三种，其外形如图3-32所示。按介质材料不同，电容器可分为纸介、瓷介、云母、有机薄膜和电解电容器等。

2. 电容器的检测

(1) 非电解电容器的检测

用万用表的电阻挡可判断电容器的短路、断路、漏电等故障。

检测 $0.1\mu F$ 以下的电容器可用万用表的 $R\times1k\Omega$ 或 $R\times10k\Omega$ 挡位，检测 $1\mu F$ 以上的电容器用万用表的 $R\times100\Omega$ 或 $R\times10\Omega$ 挡位。检测时，将表笔接触电容器的两个电极，如图 3-33 所示。若表笔接触瞬间，指针先向顺时针方向摆动一下(1000pF 以下的电容器则几乎看不到指针的摆动)，然后逐渐逆时针方向复原，即回到“∞”位置，则说明电容

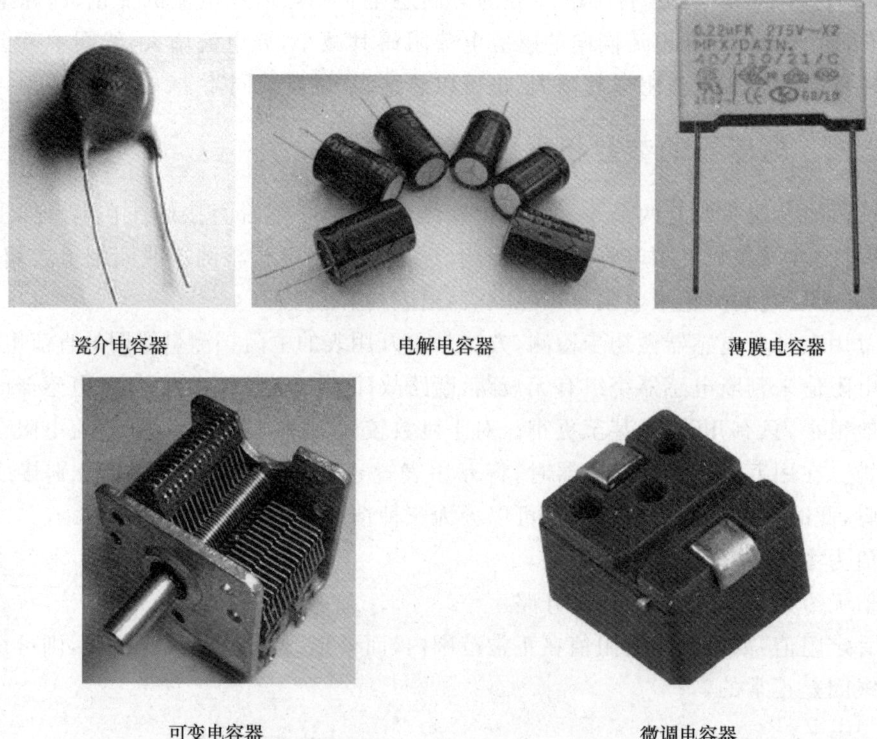

图 3-32　常见的电容器

器是好的。容量越大，指针摆动的角度也越大。测试时，若表针根本不动（小容量的电容器除外），则说明电容器已断路；若表针一直停在“0”位置不向回摆，说明电容器已击穿短路；若表针摆动后，虽然向“∞”位置回摆，但始终不能达到“∞”（大容量的电容器除外），则说明电容器漏电，阻值越小，漏电越严重。

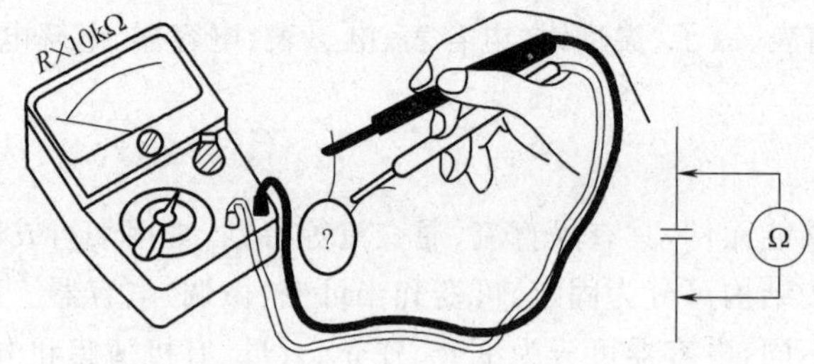

图 3-33　检测电容器的方法

（2）电解电容器的极性检测

用万用表的 $R\times100\Omega$ 或 $R\times1\text{k}\Omega$ 挡测量电解电容器两极间的漏电电阻，记下第一次测量的阻值，然后调换表笔再测一次。两次检测到的漏电电阻中，阻值大的那次，黑表笔接的是电解电容器的正极，红表笔接的是负极。

（3）可变电容器碰片的检测

将万用表拨到 $R\times10\text{k}\Omega$ 挡，两表笔分别搭在可变电容器的动片和定片上，缓慢地来回旋转可变电容器的转轴，若指针始终静止不动，则无碰片现象，也不漏电；若旋转到某一角度时，指针突然指到"0"，说明此处碰片；若指针有一定指示或细微摆动，说明有漏电现象。

3. 电感器

电感器也是一种储能元件，电感器又称线圈或电感线圈。电感器的种类很多，概括起来可以分为两大类：一类是具有自感作用的线圈；另一类是具有互感作用的变压器。常用电感器的外形如图 3-34 所示。

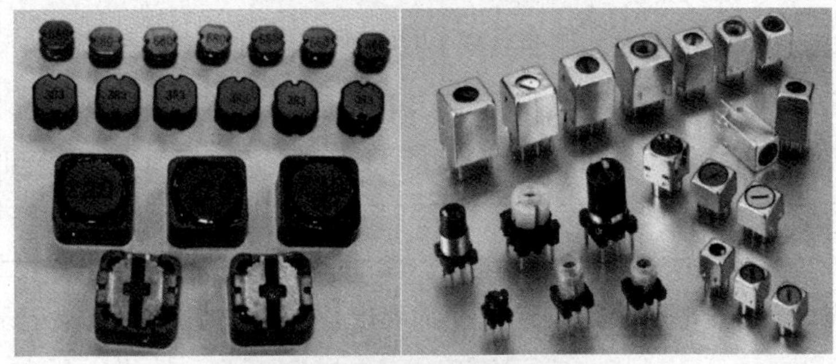

图 3-34　常用电感器的外形

电感器的参数主要有两个，即电感量和品质因数，一般都直接标注在电感器上。

4. 电感器的检测

用万用表可对电感器做初步检测，方法是用万用表的电阻挡测量线圈的直流电阻，根据直流电阻值判断电感线圈绕组有无短路、断路故障，初步判断它的好坏。电感量和品质因数等参数可用电感测量仪检测，也可用万用电桥检测，线圈绕组之间、绕组与铁心、屏蔽层之间的绝缘电阻可用兆欧表(摇表)检测。

(1) 从 5 个不同规格的非电解电容器中每次任意取出 1 个，按表 3-1 中的要求，将识别和测量的结果记录在表 3-1 中。

（2）从 3 个电解电容器中，每次任意取出 1 个，按表 3-2 中的要求，将识别和测量的结果记录在表 3-2 中，并在每只电容器上做出极性标记。

表 3-1 常用非电解电容器的识别和检测

识别检测 / 序号	标称容量	耐压	万用表量程	漏电电阻
1				
2				
3				
4				
5				

表 3-2 电解电容器的识别和检测

识别检测 / 序号	标称容量	耐压	万用表量程	正向电阻	反向电阻	极性（注上标记）
1						
2						
3						

（3）任选 1 个可变电容器，按表 3-3 中的要求，将识别和测量的结果记录在表3-3中。

表 3-3 可变电容器的识别和检测

识别检测 / 序号	标称容量	耐压	万用表量程	有无碰片
1				
2				
3				
4				
5				

（4）认识常用的电感器，并按表 3-4 中的要求，将识别和检测的结果记录在表3-4中。

表 3-4 常用电感器的识别和检测

识别检测 / 序号	电感器上的标记	名称	规格	直流电阻	绝缘电阻	是否可用
1						
2						

续表

识别检测 序号	电感器上的标记	名称	规格	直流电阻	绝缘电阻	是否可用
3						
4						
5						

实训评分：任务 3.4 评分参考表 3-5。

表 3-5 任务 3.4 评分表

序号	考核内容与要求	考核情况记录	评分标准	得分
1	(1) 注意安全，严禁带电操作。 (2) 能正确使用万用表检测电容器和电感器。 (3) 能用万用表对不同种类的电容器进行检测		10	
2	能正确识别不同种类的电容器，并能准确说出名称和符号		5	
3	能正确回答电路中不同种类的电容器和电感器的相关知识和安全注意事项		5	

习 题

一、判断题

1. 在磁体周围的空间里，一定存在着一种特殊的物质——磁场。（ ）
2. 在通电线圈中插入一个铜心，会增加该线圈的磁场。（ ）
3. 磁感应强度 B 与磁场强度 H 是完全相同的表示磁场强弱的物理量。（ ）
4. 相对磁导率 μ_r 接近 1 的物质均为铁磁物质。（ ）
5. 只要回路没有闭合，就不会出现电磁感应现象。（ ）
6. 感应电流的磁通量总是阻碍引发感应电流的原磁场。（ ）
7. 磁力线是磁场固有的表现磁场状况的一系列带箭头曲线。（ ）
8. 磁场方向总是从 N 极指向 S 极。（ ）
9. 电流和磁场的方向关系可用右手定则来判断。（ ）
10. 穿过某一截面积的磁力线数叫磁通，也叫磁通密度。（ ）
11. 变动的磁场一定会在导体中产生感应电流。（ ）
12. 感应磁场方向总是与原磁场方向相反。（ ）
13. 如果通过某截面上的磁通量为零，则该截面上 B 也为 0。（ ）
14. 铁磁材料的磁导率是一常数。（ ）
15. 在电磁感应中，如果有感应电流就一定有感应电动势。（ ）
16. 有电流必有磁场，有磁场必有电流。（ ）

17. 磁场强度 H 的大小决定于磁导率 H。 (　　)

18. 在相同的条件下,磁导率越大线圈产生的磁场就越强。 (　　)

二、单项选择题

1. 下列装置中应用电磁感应现象工作的是(　　)。
   A. 发电机　　B. 电磁继电器　　C. 电热器　　D. 直流电动机
2. 通电线圈插入铁心后,它的磁场将(　　)。
   A. 增强　　B. 减弱　　C. 不变　　D. 不能确定
3. 铁磁材料的相对磁导率是(　　)。
   A. $\mu_r>1$　　B. $\mu_r<1$　　C. $\mu_r\gg1$　　D. $\mu_r\ll1$
4. 判断电流产生的磁场方向用(　　)。
   A. 右手定则　　B. 左手定则　　C. 安培定则
5. 当线圈中的磁场增加时,产生感应电流的磁通(　　)。
   A. 与原磁通方向相反　　B. 与原磁通方向相同
6. 磁感应强度的单位是(　　)。
   A. 韦伯　　B. 安/米　　C. 特斯拉　　D. 高斯
7. 在自感现象中,自感电动势的大小与(　　)成正比。
   A. 通过线圈的原电流　　B. 通过线圈的原电流的变化
   C. 通过线圈原电流的变化量　　D. 通过线圈的原电流的变化率
8. 关于磁感线的下列说法中,正确的是(　　)。
   A. 磁感线是磁场中客观存在的有方向的曲线
   B. 磁感线始于磁铁北极而终止于磁铁南极
   C. 磁感线上的箭头表示磁场方向
   D. 磁感线上某点处小磁针静止时北极所指的方向与该点切线方向一致
9. 如图 3-35 所示,当线圈沿磁场方向向右移动时,下列说法正确的是(　　)。
   A. 电动势方向垂直进入纸里　　B. 电动势方向垂直穿出纸外
   C. 无电动势　　D. 电动势方向向上
10. 如图 3-36 所示,当条形磁铁插入线圈时,流过电阻 R 的电流方向为(　　)。
   A. 从上到下　　B. 从下到上　　C. 无电流　　D. 无法确定

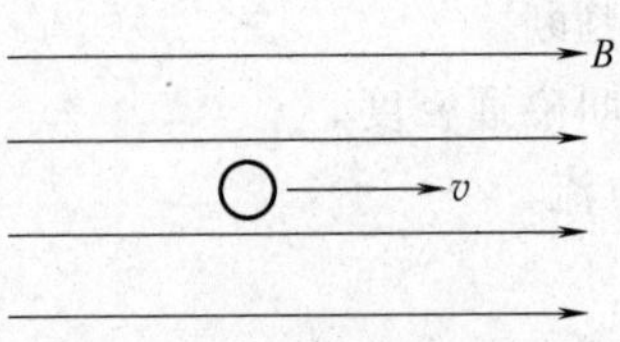

图 3-35

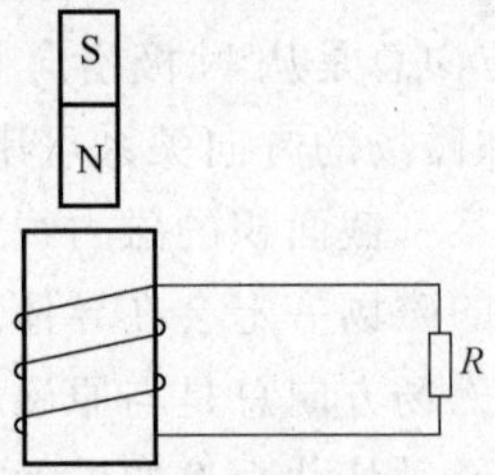

图 3-36

项目 4

单相正弦交流电路

任务 4.1 认识正弦交流电

交流电是指大小和方向随时间变化的电流、电压和电动势。通常家庭使用的就是交流电，而且是正弦交流电。正弦交流电是按正弦规律变化的交流电。正弦交流电有哪些特征呢？我们可以通过一种仪器来观察和测量，这种仪器就是示波器。本任务先从示波器开始，来认识交流电。

4.1.1 示波器的组成

示波器是用于直接观察测量信号波形的仪器，可以测量信号的幅度、频率、相位。示波器主要由三部分组成：显示部分、X 轴系统、Y 轴系统，如图 4-1 所示。下面逐一介绍。

1. 显示部分

电源开关：仪器的总电源开关，接通后，指示灯亮表明仪器进入工作状态。

辉度旋钮：调节示波器屏幕上的亮度，顺时针转动旋钮，屏幕变亮，反之屏幕变暗直至消失。

聚焦旋钮和辅助聚焦旋钮：二者配合调节，可以使屏幕显示的光点变为清晰的小圆点，使显示的波形清晰。

2. X 轴系统

(1) t/div 微调开关：扫描时间选择开关，表示 X 轴方向每小格代表的时间。

(2) 扩展×10 开关：扫描扩展开关，按下为常态，弹起时，X 轴扫描。

(3) 内外开关：触发源选择开关，置于“内”时，触发信号取自本机 Y 通道，置于“外”时，触发信号直接由同轴插孔输入。

(4) AC、AC(H)、DC 开关：触发信号耦合开关。

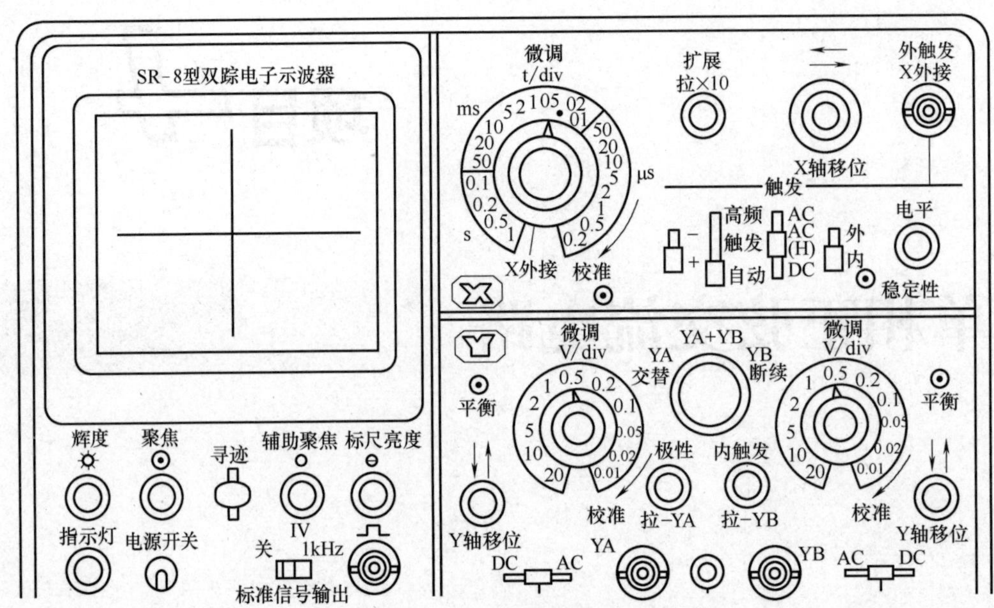

图 4-1　示波器面板

（5）高频、触发、自动开关：触发方式开关，“高频”在观察高频信号时使用，“触发”在观察脉冲信号时使用，“自动”在观察低频信号时使用。

3. Y轴系统

（1）显示方式选择开关：对于双踪示波器，通常有五种显示方式。

（2）交替：实现双踪交替显示（一般在输入频率较高时使用）。

（3）YA：单独显示 YA 通道信号波形（相当于单踪示波器）。

（4）YB：单独显示 YB 通道信号波形（相当于单踪示波器）。

（5）YA＋YB：显示 YA 通道和 YB 通道叠加的信号波形。

（6）断续：实现双踪交替显示（一般在输入频率较低时使用）。

（7）极性 YA 开关：按下时显示 YA 通道的输入波形，弹起时显示倒相的 YA 通道信号波形。

（8）内触发开关：内触发源选择开关，按下时用于单踪显示，弹起时可比较两信号的时间和相位关系。

（9）V/div 微调开关：垂直输入灵敏度选择开关及微调开关，表示屏幕上 Y 轴方向每一小格代表的电压信号幅度。

4.1.2　正弦交流电的三要素

数学中正弦波可用正弦函数式表示，同样，如图 4-2 所示为正弦交流电的三要素，正弦电压信号也可以用一个正弦函数式来表式，即

$$u=U_{\mathrm{m}}\sin(\omega t+\phi_0)$$

表示交流电的物理量：正弦交流电的三要素。

1. 表示交流电大小(幅度)的物理量

最大值:交流信号瞬间能达到的最大幅度,对应表达式中的 U_{m}。

瞬时值:任一时间交流信号的大小,对应表达式中的 u。

有效值:衡量交流电有效幅度的物理量。一个直流电流(或电压)与一个交流电流(或电压)分别通过同一电阻,若二者使得电阻在相同通电时间内产生的热量相同,则该直流电流(或电压)为交流电的有效值。

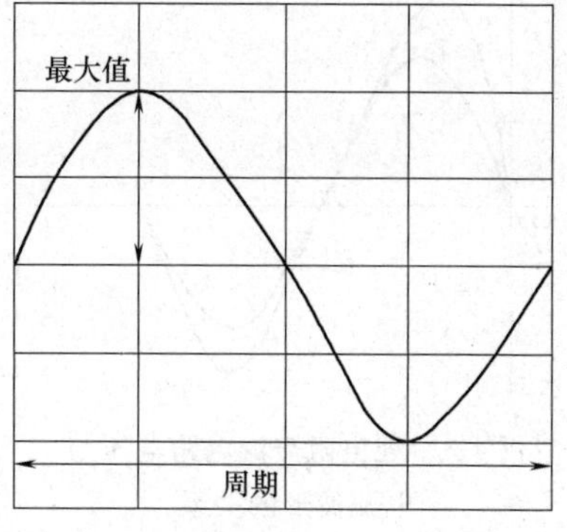

图 4-2　正弦交流电的三要素

2. 表示交流电变化快、慢的物理量

周期:一个完整的正弦波形所经过的时间,符号为 T,单位为 s(秒)。

频率:1s 时间内完成的正弦波个数,符号为 f,单位为 Hz(赫兹)。

角频率:$2\pi f$,符号为 ω,单位为 rad/s(弧度/秒)。

周期、频率、角频率三者关系为

$$T=1/f \tag{4-1}$$

$$\omega=2\pi f \tag{4-2}$$

3. 比较交流电变化步调的物理量

相位(或位相)ϕ:表达式中角度部分 $\omega t+\phi_0$,单位为 rad(弧度)。

初相位 ϕ_0:$t=0$ 时刻的相位。

任务 4.1 在线练习

任务 4.2　认识单一参数正弦交流电路的规律

在现实生活中有许多由单一元器件构成的交流电路,学会分析这些电路的性质,对于分析实际复杂电路具有很大的现实意义。

4.2.1　纯电阻电路

由交流电源和电阻组成的电路称为纯电阻电路。纯电阻电路在日常生活中的实例有很多,如白炽灯、电饭锅、电热水器等都可以看成纯电阻负载。那么纯电阻电路有什么规律呢?

1. 电压和电流的关系

在纯电阻组成的交流电路中,电流和电压的变化步调始终保持一致,同时达到最大值、零值和最小值,二者同相位。如图 4-3 所示为纯电阻交流电路电压与电流波形的关系。

在纯电阻的交流电路中,无论是电流的瞬时值、最大值和有效值都满足欧姆定律,设

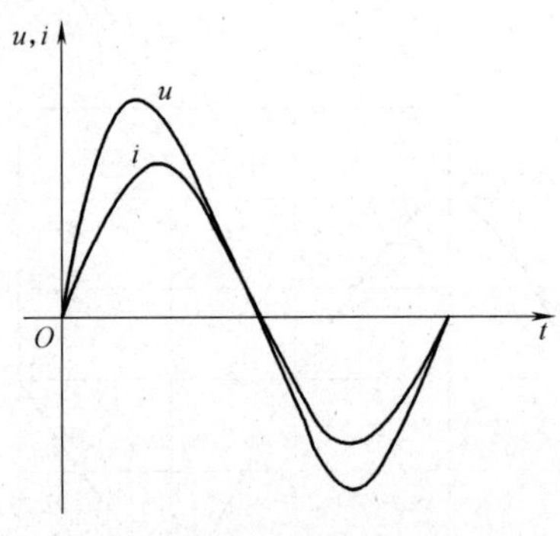

图 4-3 纯电阻交流电路电压与电流波形的关系

电阻两端的电压为 $u_R=\sqrt{2}U_R\sin\omega t$,则通过其中的电流为

$$i=\frac{u_R}{R}=\frac{\sqrt{2}U_R\sin\omega t}{R}=\sqrt{2}I\sin\omega t \tag{4-3}$$

可见,电流、电压的最大值、有效值也都符合欧姆定律。

2. 功率

(1) 瞬时功率 p。在交流电路中,电压和电流都是瞬时变化的,任一瞬间,电压与电流瞬时值的乘积叫作瞬时功率,用小写字母 p 表示,即

$$p_R=u_R i=U_{Rm}\sin\omega t\times I_m\sin\omega t=\sqrt{2}U\sin\omega t\times\sqrt{2}I\sin\omega t=2UI\ \sin^2\omega t \tag{4-4}$$

显然,瞬时功率也是随时间变化的。将电压和电流瞬间数值逐点相乘,即可画出图 4-4 所示纯电阻电路的瞬时功率曲线。从图 4-4 中可以看出,由于电流与电压同相,所以瞬时功率在任一瞬间的数值都为正值,这说明电阻始终在消耗电能,因此,电阻元器件是一种耗能元器件。

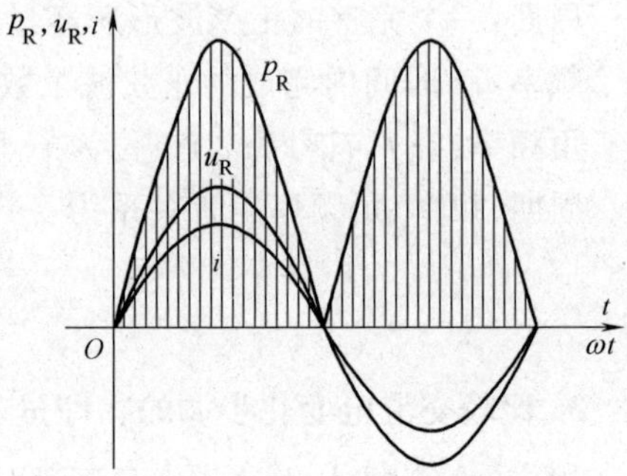

图 4-4 纯电阻电路的瞬时功率曲线

(2) 有功功率 P。通常用瞬时功率在一个周期内的平均值来衡量纯电阻电路的功率大小,这个平均值称为平均功率,它是电路中实际消耗的功率,又叫有功功率,用大写字母 P 表示,单位是W(瓦特)。数学推导可证明:平均功率等于电流和电压有效值的乘积,其数学表达式为

$$P=IU_R=I^2R=\frac{U_R^2}{R} \tag{4-5}$$

平时说某白炽灯的功率为 40W、电阻炉的功率是 1000W 都是指平均功率。

4.2.2 纯电感电路

电阻和分布电容可以忽略不计的电感线圈作为交流负载的电路,称为纯电感电路。实际的电感线圈都有一定的电阻,只是电阻很小,与电感量比较可以忽略不计,可视为纯电感电路。

1. 电压与电流的关系

如图 4-5 所示为纯电感交流电路电压与电流波形,从波形图中可以得出以下结论。

(1) 相位关系

在纯电感交流电路中,电压与电流是同频率的正弦交流电,电压超前电流 90°,或者说电流滞后电压 90°。

若设电感线圈中通过的电流为

$$i=\sqrt{2}I\sin\omega t$$

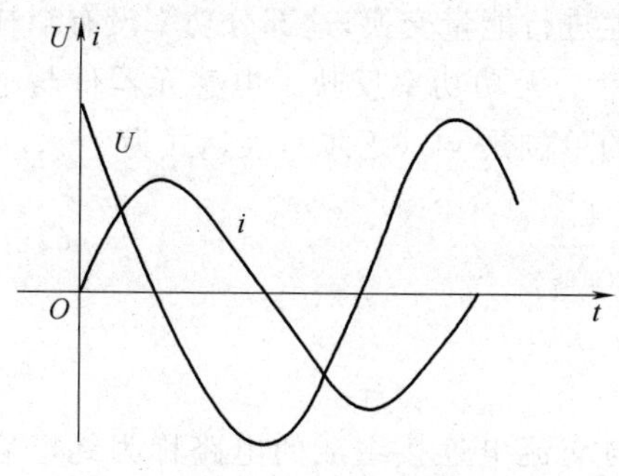

图 4-5 纯电感交流电路电压与电流波形

则

$$u_L=\sqrt{2}U_L\sin\left(\omega t+\frac{\pi}{2}\right)$$

(2) 数值关系

根据电磁感应定律，当电感线圈中的电流发生变化时，线圈中将产生感应电动势反抗电流的变化。在电工技术中，通常用感抗表征电感线圈对电流的阻力，记为 X_L，单位是 Ω(欧姆)。实验表明，感抗与电感 L 以及电源频率 f 成正比，用公式表示为

$$X_L=\omega L=2\pi fL \tag{4-6}$$

从式(4-6)中可以看出，频率越高，X_L 越大；频率越低，X_L 越小。对直流电而言，由于 $f=0$，则 $X_L=0$，电感相当于短路，因此，在电感电路中，有"通直流，阻交流"或"通低频，阻高频"的特性。感抗与频率成正比的特性在电工电子技术中有着广泛的应用。

可以证明，在纯电感电路中，线圈电压和电流的最大值和有效值之间的关系也符合欧姆定律，即

$$I_m=\frac{U_{Lm}}{X_L};\quad I=\frac{U_L}{X_L}I=\frac{U_L}{X_L} \tag{4-7}$$

2. 电路的功率

(1) 瞬时功率

电感上的电压与电流的瞬时值的乘积称为瞬时功率，即

$$\begin{aligned}p_L&=u_L i\\&=\sqrt{2}U_L\sin\left(\omega t+\frac{\pi}{2}\right)\times\sqrt{2}I\sin\omega t\\&=2U_L I\sin\omega t\cos\omega t\\&=U_L I\sin 2\omega t\end{aligned}$$

如图 4-6 所示为纯电感电路的瞬时功率曲线。

(2) 有功功率

从图 4-6 中可以看出：瞬时功率 p 以电流 i 或电压 u 的 2 倍频率变化。

当 $p=0$ 时，电感从电源吸收电能转化成磁场能储存在电感中，当 $p<0$ 时，电感中储存的磁场能转换成电能送回电源；瞬时功率 p 的波形在横轴上、下的面积是相等的，所以电感不消耗能量，是个储能元器件。因此有功功率为 0，即 $p=0$。

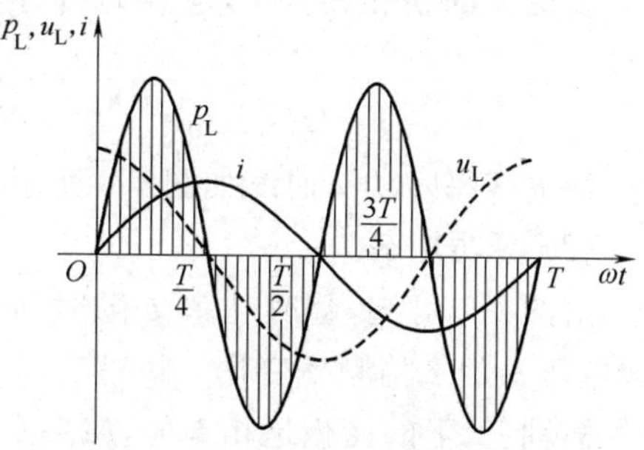

图 4-6 纯电感电路的瞬时功率曲线

(3) 无功功率

电感与电源之间有能量的往返交换，在一段时间内从电源吸收能量储存在磁场中，而

在另一段时间内则将储存的能量又送回电源,不停地进行能量交换,这部分功率没有消耗掉,把纯电感电路中瞬时功率的最大值称为无功功率。无功功率反映了电感元器件与电源之间交换能量的数量大小,用 Q_L 表示,无功功率的单位是 var(乏尔),表达式为

$$Q_L = U_L I = X_L I^2 = \frac{U_L^2}{X_L} \tag{4-8}$$

4.2.3 纯电容电路

可以忽略电阻和分布电感的理想电容元器件与交流电连接组成的电路称为纯电容电路。

1. 电压与电流的关系

纯电容交流电路电压和电流的波形如图 4-7 所示。

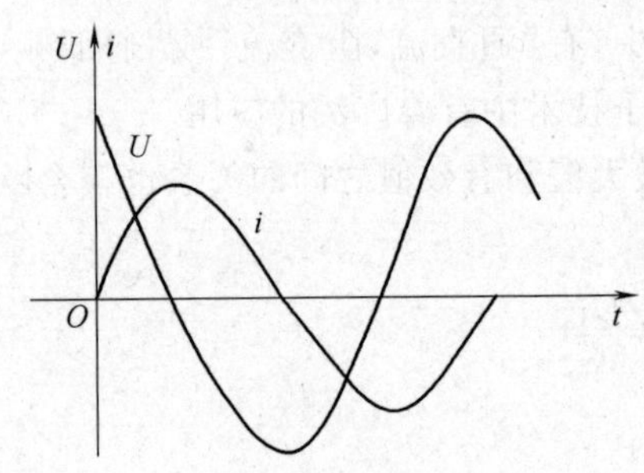

图 4-7 纯电容交流电路电压和电流的波形

从波形图可以得出以下结论。

(1) 相位关系

在纯电容交流电路中,电压与电流同频率的正弦交流电,电流超前电压 90°,或者说电压滞后电流 90°。

(2) 数值关系

在交流电路中,电容对交流电有阻碍作用,这种阻碍作用在电工技术中通常用容抗表征,记为 X_C,单位为 Ω。

实验证明,电容器的容抗 X_C 与电容器的电容量 C 和交流电的频率 f 成反比。

对于交流电,频率越高,X_C 越小;反之,频率越低,X_C 越大。对于直流电来说,$f=0$,$X_C \to \infty$,可视为断路。因此,在电容器电路中,有“通交流、隔直流,通高频、阻低频”的特性。

2. 纯电容电路的功率

(1) 瞬时功率

设电流的初相角为 0,电容的瞬时功率可写成

$$p = UI\sin 2\omega t$$

纯电容瞬时功率曲线如图 4-8 所示。

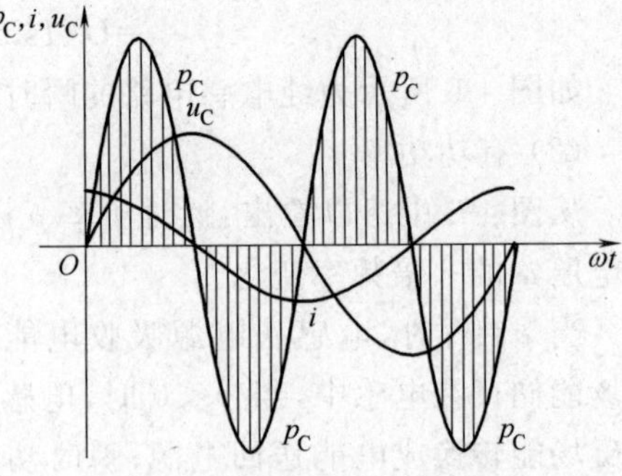

图 4-8 纯电容瞬时功率曲线

(2) 无功功率

由图 4-7 可知,瞬时功率 p 随时间以电流 i 或电压 u 的 2 倍频率变化。瞬时功率 p 的波形在横轴上、下的面积是相等的,在一个周期内的平均值等于零,所以电容不消耗能量,是储能元器件,即 $p=0$。

任务 4.2 在线练习

(3) 无功功率

纯电容电路中瞬时功率的最大值称为无功功率。

任务 4.3 认识 RL 串联电路的规律

实际的电感元器件、电容元器件均含有一定的电阻值，所以在分析时，必须考虑电阻因素，而将它们等效为电阻器与电感器、电容器的串联或并联。

4.3.1 RL 串联电路

在实际电路中，电阻 R 与电感 L 串联在交流电源上，就组成了 RL 串联电路，如图 4-9 所示。

1. 电压间的关系

当交流电通过电阻 R 时，电流 I 的相位与电阻两端的电压 U_R 相位一致；通过电感时，其两端电压的相位比电流超前 90°。因此，计算 RL 串联电路的总电压不能简单地将各部分电压的数值相加，要通过矢量叠加的方式获得。

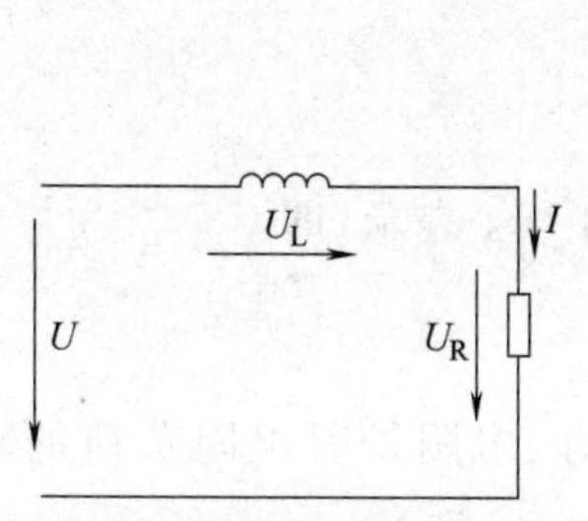

图 4-9 电阻与电感串联电路

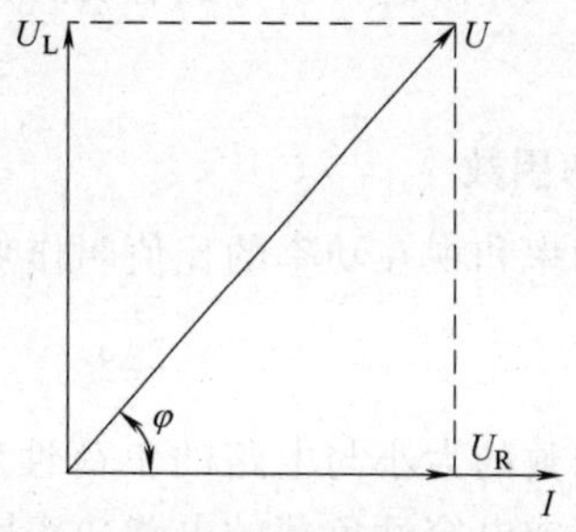

图 4-10 RL 串联电路矢量图

如图 4-10 所示，U_R表示电阻两端电压有效值矢量，它与电流矢量 I 同相位。U_L表示电感两端电压有效值矢量，它比电流矢量 I 超前 90°。U 表示电源电压，是 U_R与 U_L的矢量和。将 U_L平移到 U 末端就构成了电压相量三角形。

2. RL 串联电路的阻抗

将端电压有效值 U 与电流有效值 I 的比值定义为交流电路的阻抗 Z。

$$Z=\frac{U}{I}=\sqrt{R^2+X_L^2} \tag{4-9}$$

阻抗的基本单位是 Ω(欧姆)，根据上式 Z、R、X_L之间的关系可用一个直角三角形表示，这个直角三角形称为阻抗三角形。

3. 功率

在 RL 串联电路中既有耗能的元器件(电阻)，又有储能元器件(电感)，因此电源提供的功率一部分为有功功率，另一部分为无功功率。将电压三角形的三边 U、U_R与 U_L分别乘以电流 I，就可以得到有功功率、无功功率、视在功率组成的三角形，如图 4-11所示。

(1) 有功功率

有功功率是电阻消耗的功率，数值上等于电阻两端电压 U_R与电路中电流 I 的乘积。

RL 串联电路中，有功功率的大小不仅取决于电压 U 与电流 I 的乘积，还取决于阻抗角的余弦的大小。当电源供给同样大小的电压和电流时，余弦值越大，有功功率越大。

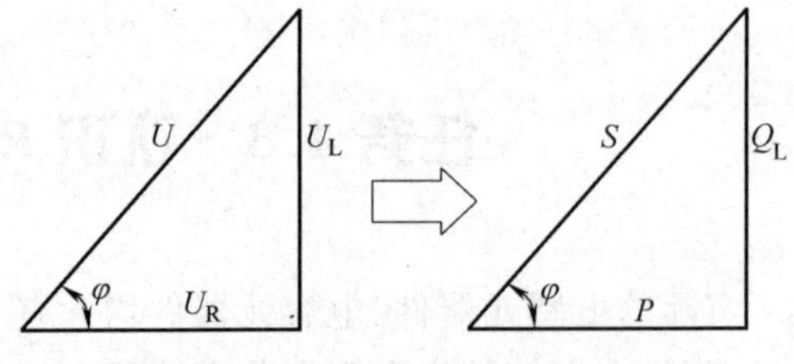

图 4-11 电压三角形与功率三角形

（2）无功功率

电路中的电感不消耗能量，它与电源之间不停地进行能量交换。

（3）视在功率

视在功率表示电源提供总功率的能力，即交流电源的容量。视在功率用 S 表示，它等于总电压的有效值 U 与电流有效值 I 的乘积，即

$$S=UI \tag{4-10}$$

式中，U ——总电压的有效值，单位是 V(伏特)；

I ——电流有效值，单位是 A(安培)；

S ——视在功率，单位是 V·A(伏·安)。

从功率三角形还可以得到有功功率 P、无功功率 Q_L 和视在功率 S 间的关系，即

$$S=\sqrt{P^2+Q_L^2} \tag{4-11}$$

4. 功率因数

有功功率和视在功率的比值叫作功率因数，用符号 λ 表示，即

$$\lambda=\frac{P}{S} \tag{4-12}$$

功率因数的大小与电路的负荷性质有关，白炽灯、电阻炉等电阻负荷的功率因数为1，一般电感或电容性负载的电路功率因数都小于 1。

4.3.2 安装日光灯电路

日光灯电路就是典型的 RL 串联电路的应用，下面介绍其工作原理，以加深对 RL 串联电路规律的理解。

1. 各元器件的作用

（1）日光灯管由玻璃管、灯丝、灯丝引脚等组成，管内抽真空后充入少量惰性气体，灯内壁涂有荧光粉。

（2）镇流器是含有铁心的电感线圈。

（3）启辉器主要由氖泡和与之并联的电容器构成。氖泡内包含一只双金属动触片和一个静触片，同时氖泡内充有氖气。在正常情况下，双金属动触片与静触片不接触，当两个触片之间有一定电压时，氖气会产生辉光放电，从而使双金属动触片受热膨胀变形而与静触片接触。

2. 工作过程

当日光灯接触电源时，电源电压全部加在启辉器两端，启辉器两个电极间产生辉光放电，使双金属动触片受热膨胀而与静触片接触。电源经镇流器、灯丝、启辉器等构成通路，使灯丝加热，约 1～2s 后，由于启辉器的两个电极接触启辉器辉光放电停止，双金属动触

片冷却回复原状使两个触片分离。在启辉器两个电极断开的瞬间,电流被突然切断,由于电磁感应作用,在镇流器两端会产生一个自感电动势,其方向与电源电压方向相同,由于启辉器两个电极的突然分开,感应电动势数值很大,因此当它与电路电压叠加后就形成一个很高的瞬间电压,这个高电压加在了预热后的日光灯两端的灯丝之间,灯丝发射大量电子,在高电压作用下使灯管内惰性气体电离而放电,产生大量的紫外线激发管壁上的荧光粉使之发出近似日光的光束,故称为日光灯。

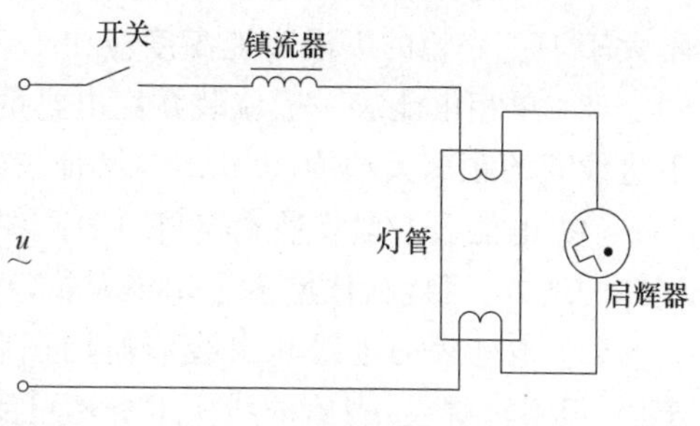

图 4-12 日光灯电路

日光灯点亮后灯管相当于一个纯电阻负载,镇流器相当于一个电感器,可以限制电路中的电流。其等效电路如图 4-12 所示。

图 4-12 中,L 为镇流器的电感,R 为日光灯灯管等效电阻+镇流器线圈电阻。这是 R 与 L 串联的电路,习惯上称为 RL 串联电路。

任务 4.3 在线练习

任务 4.4 模拟安装家庭照明电路

4.4.1 单相电能表

电能表利用电压和电流在铝盘上产生的涡流与交变磁通相互作用产生电磁力,使铝盘转动,同时引入制动力矩,使铝盘转动与负载功率成正比,通过轴向齿轮转动,由计数器计算出转盘转数而测出电能。电能表主要由电压线圈、电流线圈、转盘、转轴、制动磁铁、齿轮、计数器等组成。

1. 单相电能表的接线

单相电能表接线盒里共有四个接线柱,从左至右按 1、2、3、4 编号。直接接线方法是按编号 1、3 接进线(1 接相线,3 接零线),2、4 接出线(2 接相线,4 接零线),如图 4-13 所示为单相电能表的接线。

注意:在具体接线时,应以电能表接线盒盖内侧的线路图为准。

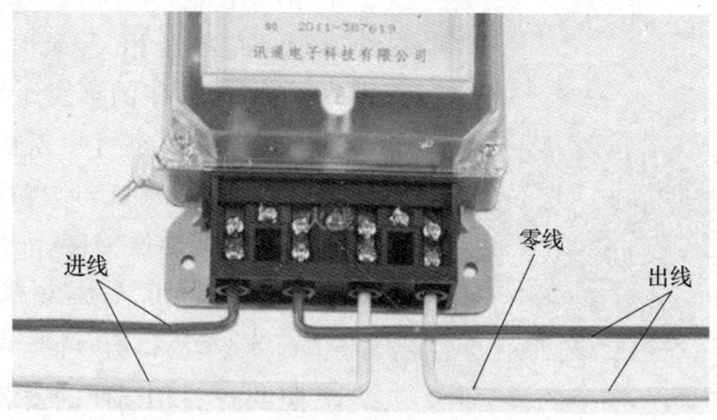

图 4-13 单相电能表的接线

2. 电能表的安装要点

(1) 电能表应安装在箱体内或涂有防潮漆的木制底盘、塑料底盘上。

(2) 为确保电能表的精度,安装时表的位置必须与地面保持垂直,其垂直方向的偏移不大于1°。表箱的下沿离地高度应在1.7～2m,暗式表箱下沿离地1.5m左右。

(3) 单相电能表一般应装在配电盘的左边或上方,而开关应装在右边或下方。与上、下进线间的距离大约为80mm,与其他仪表左右距离大约为60mm。

(4) 电能表一般安装在走廊、门厅、屋檐下,切忌安装在厨房、厕所等潮湿或有腐蚀性气体的地方。目前,住宅多采用集表箱,将电能表安装在走廊。

(5) 电能表的进线和出线应使用铜芯绝缘线,线芯截面不得小于1.5mm²。接线要牢固,但不可焊接,裸露的线头部分不可露出接线盒。

(6) 由供电部门直接收取电费的电能表,一般由其指定部门验表,然后由验表部门在表头盒上封铅封或塑料封。安装后,再由供电局直接在接线柱头盖或计量柜门上封上铅封或塑料封。未经允许,不得拆掉铅封。

4.4.2 照明设备的安装

照明电路的组成包括电源的引入、单相电能表、漏电保护器、熔断器、插座、灯头、开关、照明灯具和各类电线及配件辅料。

1. 照明开关和插座的接线

(1) 照明开关是控制灯具的电气元器件,起控制照明电灯的亮与灭的作用(即接通或断开照明线路)。开关有明装和暗装之分,家庭中一般是暗装开关。开关的接线如图4-14所示。

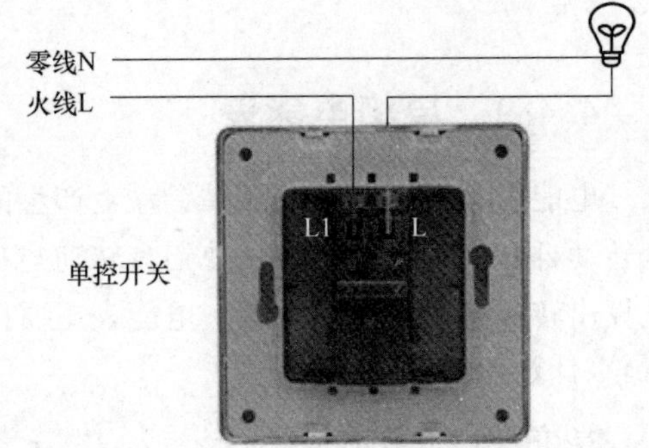

图4-14 开关的接线

注意:相线(火线)进开关。

(2) 根据电源电压的不同,插座可分为三相四孔插座和单相三孔或两孔插座。家庭一般是单相插座,实验室一般要安装三相插座。根据安装形式不同,插座又可分为明装式和暗装式。单相两孔插座有横装和竖装两种。横装时,接线原则是左零右相;竖装时,接线原则是上相下零;单相三孔插座的接线原则是左零右相上接地。另外在接线时也可根据插座后面的标识,L端接相线,N端接零线,E端接地线。如图4-15所示为单相三孔插座的接线。

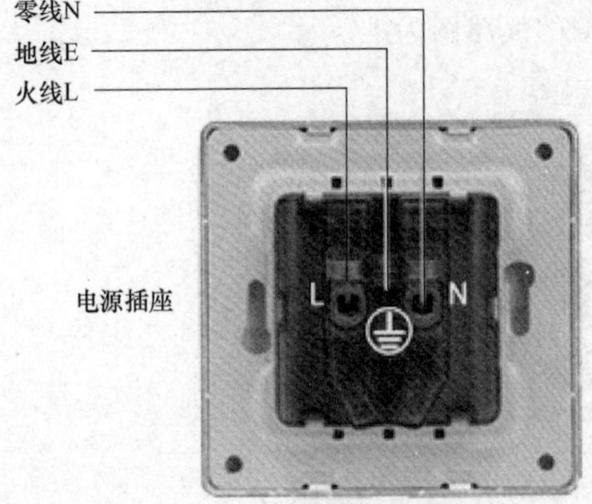

图4-15 单相三孔插座的接线

注意:根据标准规定,相线(火线)是红色的,零线(中性线)是黑色的,接地线是黄绿双色线的。

2. 照明开关和插座的安装

在准备安装开关和插座的地方钻孔,然后按

照开关和插座的尺寸安装线盒，接着按接线要求，将盒内甩出的导线与开关、插座的面板连接好，将开关或插座推入盒内对正盒眼，用螺钉固定。固定时要使面板端正，并与墙面平齐，如图 4-16 和图 4-17 所示。

图 4-16 安装好的开关

图 4-17 安装好的插座

3. 灯座(灯头)的安装

插口灯座上的两个接线端子，可任意连接零线和来自开关的相线；螺口灯座上的接线端子，必须把零线连接在连通螺纹圈的接线端子上，把来自开关的相线连接在连通中心铜簧片的接线端子上，如图 4-18 所示为灯座的接线。

4. 漏电保护器(漏电断路器)的接线与安装

漏电保护器对电气设备的漏电电流极为敏感。当人体接触了漏电的电器时，产生的漏电电流只要达到 10～30mA，就能使漏电保护器在极短的时间内跳闸，切断电源，有效地防止了触电事故的发生。漏电保护器还有断路器的功能，它可以在交、直流低压电路中手动或电动分合电路。

电源进线必须接在漏电保护器的正上方，即外壳上标有“电源”或“进线”端；出线均接在下方，即标有“负载”或“出线”端。如果进线、出线接反，将会导致保护器动作后烧毁线圈或影响保护器的接通、分断能力，如图 4-19 所示为漏电保护器的接线。

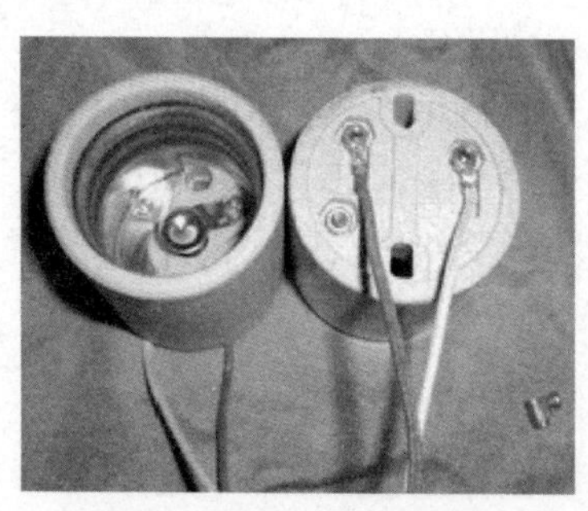

图 4-18 灯座的接线

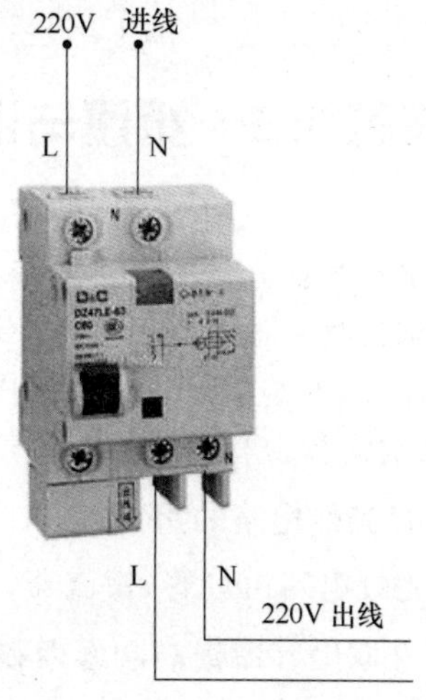

图 4-19 漏电保护器的接线

(1) 漏电保护器应安装在进户线截面较小的配电盘上或照明配电箱内。安装在电度表之后，熔断器之前。

(2) 所有照明线路导线(包括中性线在内)均必须通过漏电保护器，且中性线必须与地绝缘。

(3) 漏电保护器应垂直安装，倾斜度不得超过5°。

4.4.3 照明电路安装的技术要求

(1) 灯具安装的高度，室外一般不低于3m，室内一般不低于2.5m。

(2) 照明电路应有短路保护。照明灯具的相线必须经开关控制，螺口灯头中心触片应接相线，螺口部分与零线连接。不准将电线直接焊在灯泡的接点上使用。绝缘损坏的螺口灯头不得使用。

(3) 室内照明开关一般安装在门边便于操作的位置，拉线开关一般应离地2～3m，暗装翘板开关一般离地1.3m，与门框的距离一般为0.15～0.20m。

(4) 明装插座的安装高度一般应离地1.3～1.5m。暗装插座一般应离地0.3m，同一场所暗装的插座高度应一致，其高度相差一般应不大于5mm，多个插座成排安装时，其高度差应不大于2mm。

(5) 照明装置的接线必须牢固，接触良好，接线时，相线和零线要严格区别，将零线接灯头上，相线须经过开关再接到灯头。

(6) 应采用保护接地(接零)的灯具金属外壳，要与保护接地(接零)干线连接完好。

(7) 灯具安装应牢固，灯具质量超过3kg时，必须固定在预埋的吊钩或螺栓上。软线吊灯的质量限于1kg以下，超过时应加装吊链。固定灯具须用接线盒及木台等配件。

(8) 照明灯具须用安全电压时，应采用双圈变压器或安全隔离变压器，严禁使用自耦(单圈)变压器。安全电压额定值的等级为42V、36V、24V、12V、6V。

(9) 灯架及管内不允许有接头。

(10) 导线在引入灯具处应有绝缘保护，以免磨损导线的绝缘，也不应使其承受额外的拉力；导线的分支及连接处应便于检查。

任务4.4在线练习

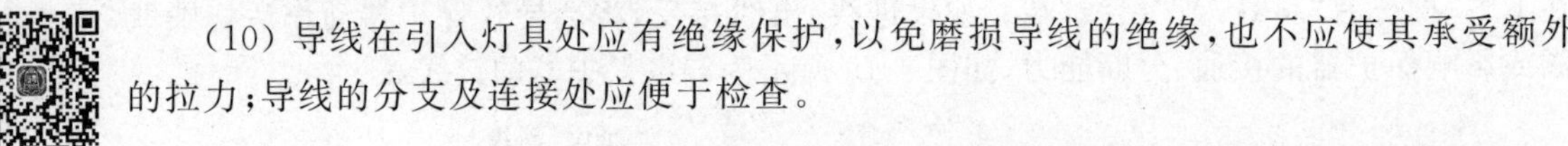

任务4.5 拓展与训练：日光灯电路及功率因数的提高

实训目的：学会安装白炽灯和日光灯，并能排除常见故障。

实训器材：通用电工工具(钢丝钳、尖嘴钳、电工刀、扳手、螺丝刀、测电笔、钢锯、手锤)，万用表，安装白炽灯用的灯座、灯头、挂线盒、开关、圆木，安装日光灯用的灯管、灯架、镇流器、启辉器、启辉器底座，皮线，软吊线，木螺丝，绝缘胶布等。

1. 日光灯电路的组成

日光灯电路由灯管、镇流器、启辉器及开关组成，如图4-20所示。

2. 并联电容器提高功率因数

电感性负载由于有电感L存在，功率因数较低，因此必须设法提高电感性负载的功率因数。常用的方法是在电感性负载两端并联一个容量适当的电容器，并联电容器后，补偿了电路中的无功功率，从而使功率因数提高。

(1) 如图 4-21 所示连接电路(电容先不接入)，检查无误后接通电源。

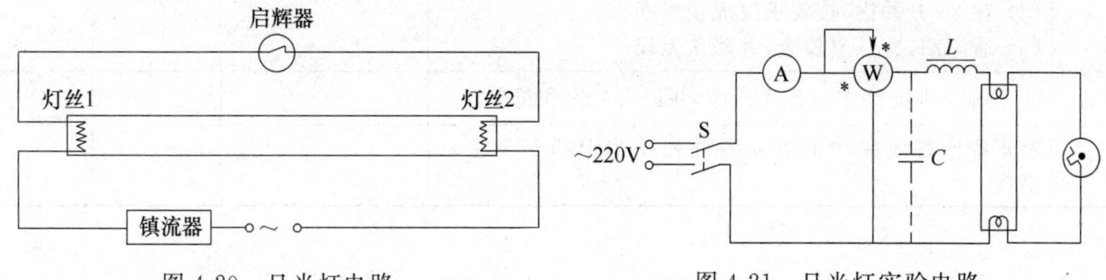

图 4-20　日光灯电路　　　图 4-21　日光灯实验电路

(2) 合上开关 S，观察日光灯管的点亮过程。

(3) 灯管点亮后，将电流表和功率表的读数记录在表 4-1 中。

(4) 用交流电压表(或万用表的交流电压挡)分别测量电源端电压 U、灯管两端电压 U_R 和镇流器两端电压 U_L，并将测量结果记录在表 4-1 中。

表 4-1　日光灯电路记录数据

测量值	电源端电压 U	有功功率 P	总电流 I	灯管端电压 U_R	镇流器端电压 U_L
计算值	视在功率 $S=UI$		无功功率 $Q=U_LI$		功率因数 $\cos\varphi=P/S$

(5) 根据测量结果，计算视在功率 S、无功功率 Q 和功率因数，并将计算结果记录在表 4-1 中。

(6) 并联电容 C，接通电源，在保持电源电压为 220V 的情况下，将电容按 1μF，3μF、5.75μF、7.75μF 逐渐增大，观察电流 I 和功率 P 的变化情况，并将数据记录在表 4-2 中。

(7) 计算每次的视在功率 S 和功率因数，将计算结果记录在表 4-2 中，并将结果与未并联电容时进行比较。

表 4-2　并联电容器提高功率因数

测量值	电容量 C	1μF	3μF	5.75μF	7.75μF
	电流 I				
	有功功率 P				
计算值	视在功率 $S=UI$				
	功率因数 $\cos\varphi=P/S$				

实训评分：任务 4.5 评分参考表 4-3。

表 4-3　任务 4.5 评分表

序号	考核内容与要求	考核情况记录	评分标准	得分
1	(1) 注意安全，严禁带电操作。 (2) 在 20 分钟内，按要求完成接线操作。 (3) 通电前，应认真检查，并确认无误		10	
2	能正确识别电路中的各元器件，并说出名称和符号		5	
3	能正确回答电路中的各元器件相关知识和安全注意事项		5	

习　题

一、判断题

1. 正弦交流量的振幅随时间变化。（　）

2. 直流电流为 10A 和交流电流有效值为 10A 的两电流，在相同的时间内分别通过阻值相同的两个电阻，则两个电阻的发热量是相等的。（　）

3. 交流电气设备的铭牌上给出的电流、电压均为有效值。（　）

4. 纯电感交流电路中，电流的相位超前电压 90°。（　）

5. 在单相交流电路中，测得日光灯管两端电压和镇流器两端电压之和大于电源电压。（　）

6. 交流电的频率增加时，电感的感抗 X_L 将会增加，而电容的容抗将会减小。（　）

7. 在感性电路中，并联电容后，可提高功率因数，电流增大，有功功率也增大。（　）

8. 视在功率等于有功功率与无功功率数量和。（　）

9. 在三相四线制供电线路中，零线(地线)允许接熔断器。（　）

10. 在感性负载电路中，加接电容器，可补偿提高功率因数，其效果是减少了电路总电流，使有功功率减少，节省电能。（　）

11. 把 100Ω 电阻接在 220V 直流电路中，或接在有效值为 220V 的交流电路中，其发热效应是相同的。（　）

12. 在纯电感交流电路中，电压的相位超前电流 90°。（　）

13. 在交流供电线路中，常用并联电容的方法提高功率因数。（　）

14. 在三相四线制中，当三相负载不平衡时，三相电压值仍相等，但中线电流不等于零。（　）

15. 在感性负载两端并联适当的电容器后，可使电路中总电流减少，并使总电流与电压之间相差小于未并联电容时电流与电压间的相差，因此提高了功率因数。（　）

16. 正弦交流电的频率提高时，通电线圈的感抗增大。（　）

17. 由于纯电感电路不含电阻，所以当外加交流电压以后，电路是短路的。 ( )

18. 电容器在电路接通的瞬间，电流很大。 ( )

19. 电感线圈在电路接通瞬间，电流为零。 ( )

20. 对感性电路，若保持电源电压不变而增大电源的频率，则此时电路中的电流将减小。 ( )

21. 正弦交流电路的最大值和有效值随时间变化。 ( )

22. 正弦交流电的最大值和有效值与频率、初相位有关。 ( )

二、单项选择题

1. 通常交流仪表测量的交流电流、电压值是( )。

A. 平均值　　B. 有效值

C. 最大值　　D. 瞬时值

2. 若电路中某元件两端的电压 $u=10\sin(314t+450)$，电流 $i=5\sin(314t+1350)$，则该元件是( )。

A. 电阻　　B. 电容

C. 电感　　D. 不能确定

3. 某灯泡上写着额定电压 220V，这是指电压的( )。

A. 最大值　　B. 瞬时值

C. 有效值　　D. 平均值

4. 在纯电感电路中，电压有效值不变，提高电源频率时，电路中电流( )。

A. 增大　　B. 减小

C. 不变　　D. 不能确定

5. 正弦电路中的电容元件( )。

A. 频率越高，容抗越大　　B. 频率越高，容抗越小

C. 容抗与频率无关　　D. 不能确定

6. 在纯电容电路中，提高电源频率时，其他条件不变，电路中电流将( )。

A. 增大　　B. 减小

C. 不变　　D. 不能确定

项目5 三相正弦交流电路

生活中我们发现学校教室里和家里用电是一样的:只用了一根相线,一根中性线。单独看的确是单相交流电,但从电源供电的角度看,我们使用的都是三相交流电,只不过生活用电只使用三相交流电中的一相罢了。那么,为什么要生产三相交流电而不生产单相交流电呢?三相交流电是怎样产生、怎样传输的呢?三相负载又该怎样接入三相交流电源中才能正常工作呢?让我们通过本项目的学习来认识一下三相交流电吧。

任务5.1 认识三相交流电

三相交流电是人们日常生活中必不可少的一部分,也是工业生产中不可缺少的一部分。

自从19世纪末世界上首次出现三相制交流电以来,它几乎占据了电力系统的全部领域。目前世界上电力系统所采用的供电方式,绝大多数属于三相制电路。三相交流电比单相交流电有很多优越性,在用电方面,三相电动机比单相电动机结构简单,价格便宜,性能好;在送电方面,采用三相制,在相同条件下比单相输电节约输电线用铜量。实际上单相电源就是取三相电源中的一相,因此,三相交流电得到了广泛的应用。

5.1.1 三相交流电的基本概念

1. 三相交流电的优点

正弦交流电路按电源中交变电动势的个数分为单相交流电路和三相交流电路,只有一个交变电动势的正弦交流电路叫单相正弦交流电路;有三个交变电动势的正弦交流电路叫三相正弦交流电路。有一个交变电动势的电源叫单相正弦交流电源,有三个交变电动势的电源叫三相正弦交流电源,三相正弦交流电源中常见的是对称三相交流电源。对称三相交流电由三个频率、幅值相等,相位彼此相差120°的一组交流电组成,简称三相交流电,是应用最为广泛的一种交流电。它得到广泛应用的原因如下:

（1）产生三相交流电的发电机比同尺寸的单相交流发电机输出的功率大。

（2）三相交流电的发电机比单相交流发电机运行更平稳，维护工作量少。

（3）输送的功率相同时，三相输电线比单相输电线更节约材料。

2. 对称三相交流电的产生

三相交流电源是由三相正弦交流发电机产生的。如图 5-1 所示为三相交流发电机示意图。三相交流发电机中有三个独立、在空间位置上相差 120°、匝数和材质都相同的绕组，发电机工作时，每个绕组产生一相交流电，三个绕组就产生三个频率、幅值相等，彼此相位相差 120°的一组交流电——三相对称交流电。

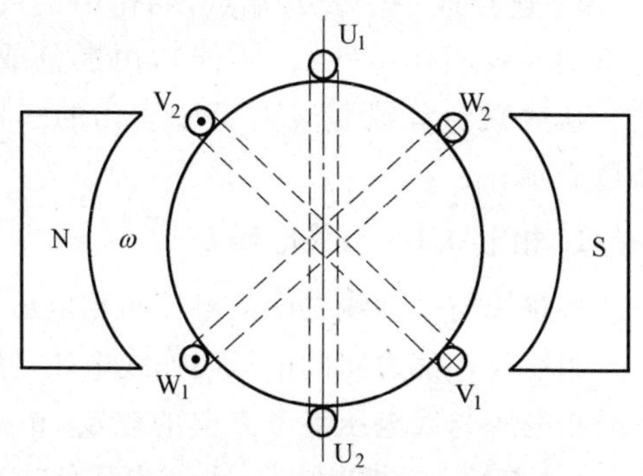

图 5-1　三相交流发电机示意图

用 U、V、W 分别表示三相交流发电机的三个绕组，三个绕组的始端为 U_1、V_1、W_1，末端为，U_2、V_2、W_2，并且规定电动势的正方向从绕组的末端指向始端，当电枢逆时针旋转时，U 相的初相为 0°、V 相的初相为 −120°，W 相的初相为 120°。

5.1.2　三相交流电的相序

1. 三相交流电相序的基本概念

各相交流电达到最大值的先后次序叫作相序。规定每相电动势的正方向是从线圈的末端指向始端，即电流从始端流出时为正，反之为负。三相交流电按 U-V-W 的顺序先后达到最大值，把相序 U-V-W 称为正序，而把 U-W-V-U 称为逆序。习惯上采用黄、绿、红三种颜色分别表示 U、V、W 三相。与之对应的波形图和相量图如图 5-2 和图 5-3 所示。

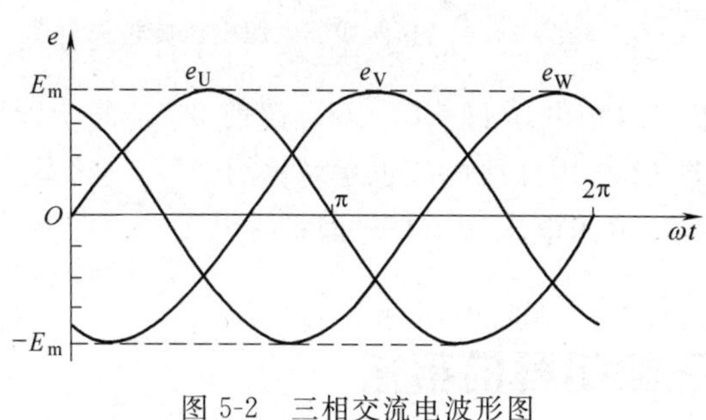

图 5-2　三相交流电波形图

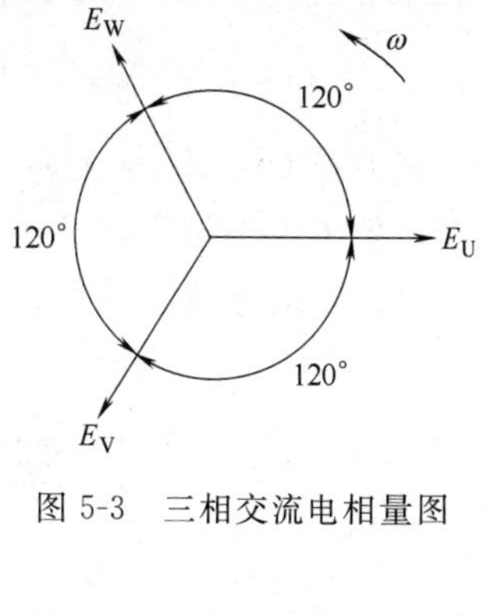

图 5-3　三相交流电相量图

2. 三相交流电负载接法

三相交流电负载接法分为三相四线制与三相六线制两种。

3. 三相四线制电路

线电压：端线与端线之间的电压。

相电压：端线与中线之间的电压。

5.1.3 三相交流电源

在低压供电系统（市电 220V）中常采用三相四线制供电，把三相绕组的末端 U_2、V_2、W_2 连接成一个公共端点，叫作中性点（零点），用 N 表示，如图 5-4 所示。从中性点引出的导线叫作中性线（零线），用黑色或白色表示。中性线一般是接地的，又叫作地线。从线圈的首端 U_1、V_1、W_1 引出的三根导线叫作相线（火线），分别用黄、绿、红三种颜色表示。

1. 相电压 U_P 与线电压 U_L

各相线与中性线之间的电压叫相电压，分别用 U_U、U_V、U_W 表示有效值。

相线与相线之间的电压叫作线电压，其有效值分别用 U_{UV}、U_{VW}、U_{WU} 表示。

相电压与线电压参考方向的规定：相电压的正方向是由首端指向中点 N，例如电压 U_U 是由首端 U_1 指向中点 N；线电压的方向，如电压 U_{UV} 是由首端 U_1 指向首端 V_1。

2. 相电压与线电压之间的关系

三相电源 Y 形连接时的电压旋转矢量图如图 5-5 所示。三个相电压大小相等，在相位上相差 120°。三个相电压互相对称。

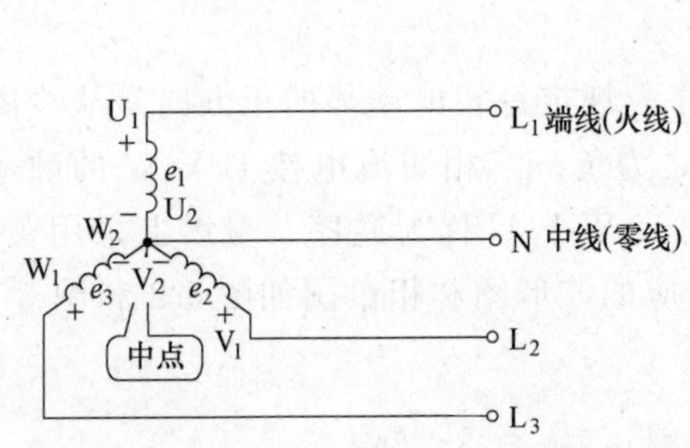

图 5-4 三相四线制电源

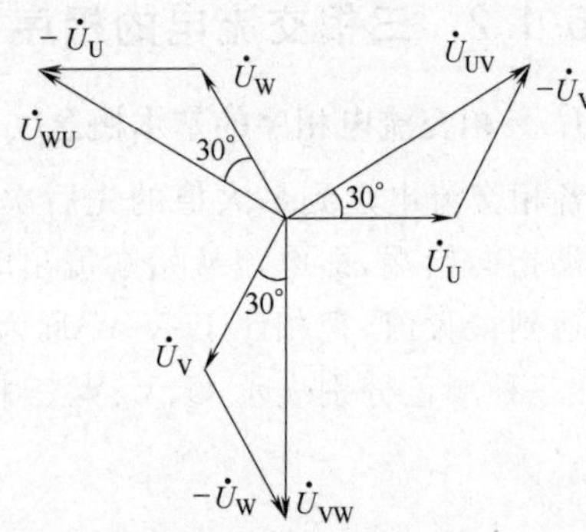

图 5-5 三相四线制电源电压旋转矢量图

任务 5.1 在线练习

线电压 U_{UV}、U_{VW}、U_{WU} 在相位中比相应的相电压 U_U、U_V、U_W 超前 30°。三个线电压在数值上大小相等，在相位上彼此间相差 120°，因此线电压也是对称的。

家庭用的电源电压为 220V，即指相电压；电源电压为 380V，即指线电压。

任务 5.2 三相负载的接法

三相负载的接法是三相电中十分重要的知识点，对三相电的应用起到了基础作用。

三相电路中的三相负载，可分为对称三相负载和不对称三相负载。各相负载的大小和性质完全相同的叫对称三相负载，各相负载不同的叫不对称三相负载。在三相电路中，负载有星形和三角形两种连接方式。

5.2.1 三相负载的星形连接

1. 连接方式

把各相负载的末端连在一起接到三相电源的中性线上，把各相负载的首端分别接到三相交流电源的三根相线上，这种连接方法叫作三相负载有中性线的星形连接。

2. 电路计算

负载星形连接并具有中性线时，三相交流电路的每一相，就是一个单相交流电路，所以各相电压与电流数量及相位关系可用单相交流电路的方法处理。

(1) 相电流

各相电流之间的相位差为 120°。

(2) 线电流

三相负载星形连接，每相负载都串在相线上，相线和负载通过同一个电流，所以各相电流等于各线电流。

(3) 中性线

流过中性线的电流为

$$i_N = i_U + i_V + i_W \tag{5-1}$$

对称负载星形连接，其各相相电流大小相等，相位相差 120°，作旋转矢量图分析可得，三个相电流的旋转矢量和

$$I_N = 0 \tag{5-2}$$

即三个相电流瞬时值之和为

$$i_N = 0 \tag{5-3}$$

中性线电流不为零，中性线不可去掉，要为电流提供通路，必须采用带中性线的三相四线制供电。更重要的是要保证每相负载两端的电压等于电源的相电压。

中性线的作用在于使星形连接的不对称负载的相电压对称。为了保证负载的相电压对称，就不应让中性线断开。

5.2.2 三相负载的三角形连接

1. 连接方式

把三相负载分别接到三相交流电源的每两根相线之间，这种连接方法叫作三角形连接。

三角形连接中，相电压与线电压相等，即

$$U_{\Delta P} = U_{\Delta L} \tag{5-4}$$

2. 电路计算

(1) 相电流

对称三相电源作用下，对称负载的各相电流也是对称的；各相电流间的相位差仍为 120°。

任务5.2在线练习

（2）线电流

当对称三相负载三角形连接时，线电流的大小为相电流的$\sqrt{3}$倍，即

$$I_{\Delta L}=\sqrt{3}I_{\Delta P} \tag{5-5}$$

任务5.3　拓展与训练：三相负载的星形连接

实训目的：学习三相负载的星形连接方法，加深线电压和相电压、线电流和相电流之间的关系理解。

实训器材：通用电学实验平台、交流电流表、数字万用表、灯泡、开关等。

1. 三相负载的星形连接

（1）当三相负载的额定电压等于电源相电压时，负载应作星形连接。

（2）三相负载星形连接有以下特点。

负载对称时

$$U_L=\sqrt{3}U_P;\quad I_L=I_P;\quad I_N=0 \tag{5-6}$$

负载不对称时

$$U_L=\sqrt{3}U_P;\quad I_L=I_P;\quad I_N\neq 0 \tag{5-7}$$

2. 中性线的作用

当三相负载对称时，因中性线电流为零，所以可以省略中性线。当三相负载不对称时，中性线一旦断开，虽然线电压保持不变，仍然是对称的，但各相电压要重新分配，相电压不再对称，所以致使负载不能正常工作，严重时可能烧坏负载，造成重大事故。

中性线的作用：使三相不对称负载承受对称的电源相电压，确保负载电压对称，均能正常工作。所以中性线在三相四线制供电系统中起着重要作用。为防止中性线断开，中性线上不允许接熔断器和开关。

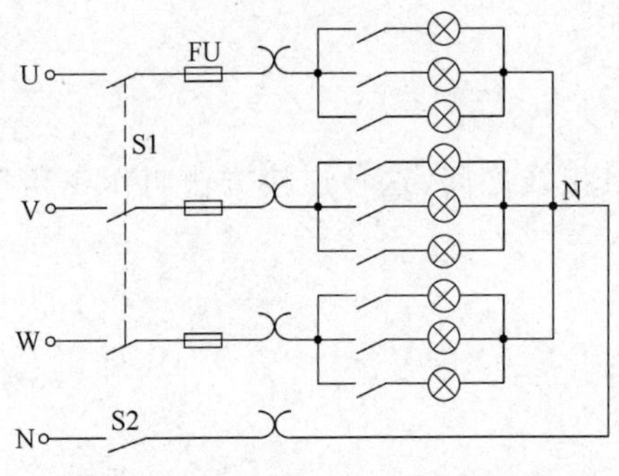

图5-6　三相负载星形连接实验电路

（1）按图5-6所示电路，将三相负载作星形连接，经指导教师检查无误后方可接通电源。

（2）合上电源开关S1和中性线开关S2，观察灯光亮度是否正常。

（3）用交流电流表在各电流插孔处，测量三相负载对称时的线电流和中性线电流，将测量结果记录在表5-1中。

（4）用交流电压表分别测量线电压U_{UV}、U_{VW}、U_{WU}和每相负载电压U_U、U_V、U_W，并将测量结果填入表5-1中。

（5）断开中性线开关S2，每相仍开3盏灯，观察灯的亮度有无变化，重复步骤（3）、（4），并将测量结果记录在表5-1中。

(6) 重新闭合中性线开关 S2，并且改变各相负载，使 U 相为一盏灯，V 相为两盏灯，W 相为三盏灯，观察灯的亮度有无变化，并测线电压、相电压、线电流和中性线电流，将数据记录在表 5-1 中。

(7) 再次断开中性线开关 S2，观察灯的亮度有无变化，再测线电压、相电压、线电流和中性线电流，将数据记录在表 5-1 中。

表 5-1 三相负载星形连接测量数据

测量数据 / 实验内容		线电压			相电压			线电流			中性线电流
		U_{UV}	U_{VW}	U_{WU}	U_U	U_V	U_W	I_U	I_V	I_W	I_W
负载对称	有中线										
	无中线										
负载不对称	有中线										
	无中线										

实训评分：任务 5.3 评分参考表 5-2。

表 5-2 任务 5.3 评分表

序号	考核内容与要求	考核情况记录	评分标准	得分
1	(1) 注意安全，严禁带电操作。 (2) 按要求完成三相负载的星形连接操作。 (3) 通电前，应认真检查，并确认无误		10	
2	理解中性线的作用，使三相不对称负载承受对称的相电压		5	
3	能正确回答电路中的各元器件相关知识和安全注意事项		5	

习 题

工程案例：照明电路

一、判断题

1. 三相负载作星形连接时，中性线电流一定为零。 (　　)
2. 在三相交流电路中，三相负载消耗的总功率等于各相负载消耗的功率之和。(　　)
3. 三相对称负载电路中，各线电流的初相位相同。 (　　)
4. 三相电路中，负载的线电压一定大于相电压。 (　　)
5. 三相对称负载电路中，线电压是相电压的$\sqrt{3}$倍。 (　　)

二、单项选择题

1. 下列结论中错误的是(　　)。

   A. 当负载作 Y 连接时，必须有中性线

   B. 当三相负载越接近对称时，中性线电流越小

C. 当负载作 Y 连接时,线电流必等于相电流

2. 下列结论中错误的是(　　)。

A. 当负载作△连接时,线电流为相电流的$\sqrt{3}$倍

B. 当三相负载越接近对称时,中性线电流越小

C. 当负载作 Y 连接时,线电流必等于相电流

3. 下列结论中正确的是(　　)。

A. 当三相负载越接近对称时,中性线电流越小

B. 当负载作△连接时,线电流为相电流的$\sqrt{3}$倍

C. 当负载作 Y 连接时,必须有中性线

4. 下列结论中正确的是(　　)。

A. 当负载作 Y 连接时,线电流必等于相电流

B. 当负载作△连接时,线电流为相电流的$\sqrt{3}$倍

C. 当负载作 Y 连接时,必须有中性线

5. 若要求三相负载中各相电压均为电源相电压,则负载应接成(　　)。

A. 星形有中性线　　B. 星形无中性线　　C. 三角形连接

6. 若要求三相负载中各相电压均为电源线电压,则负载应接成(　　)。

A. 三角形连接　　B. 星形有中性线　　C. 星形无中性线

7. 对称三相交流电路,三相负载为△连接,当电源线电压不变时,三相负载换为 Y 连接,三相负载的相电流(　　)。

A. 减小　　B. 增大　　C. 不变

8. 对称三相交流电路,三相负载为 Y 连接,当电源电压不变而负载换为△连接时,三相负载的相电流(　　)。

A. 增大　　B. 减小　　C. 不变

9. 对称三相交流电路中,三相负载为△连接,当电源电压不变,而负载变为 Y 连接时,对称三相负载吸收的功率(　　)。

A. 减小　　B. 增大　　C. 不变

10. 对称三相交流电路中,三相负载为 Y 连接,当电源电压不变,而负载变为△连接时,对称三相负载吸收的功率(　　)。

A. 增大　　B. 减小　　C. 不变

11. 在三相四线制供电线路中,三相负责越接近对称负载,中性线上的电流(　　)。

A. 越小　　B. 越大　　C. 不变

12. 三相四线制电源能输出(　　)种电压。

A. 2　　B. 1　　C. 3　　D. 4

13. 三相负载对称的条件是(　　)。

A. 每相复阻抗相等　　B. 每相阻抗值相等

C. 每相阻抗值相等,阻抗角相差 120°

D. 每相阻抗值和功率因数相等

第 2 单元　电工技术

项目 

用电技术及常用电器

你知道电是怎样生产，又是怎样传输到千家万户的吗？在传输过程中要用到哪些设备和技术？在用电的过程中你知道有哪些保护措施保护用电安全吗？照明灯具有哪些？车床、龙门吊上的动力源是什么？结构如何？怎样工作？要用到哪些常用低压电器？这些低压电器是如何工作的呢？电风扇、洗衣机电机又是怎样工作的呢？让我们一起来学习这些知识吧。

任务 6.1　电力供电与节约用电

1. 电能的特点

自然界的能源可分为一次能源和二次能源两类。一次能源是指自然界中现成存在的可直接利用的能源，如煤、石油、天然气、风、水、太阳、地热、原子能等能源；二次能源是指由一次能源加工转换而成的能源，包括电能和燃油等。

自然界存在着电能，如打雷闪电时产生的电能，但人们至今还未能开发直接利用自然界存在的电能。人类今天利用的所有电能都是由其他形式的能源转换而来的，因此说电能属于二次能源。

与其他形式的能源比较，电能具有以下几个方面的特点。

(1) 便于转换。电能可以很方便地由其他形式的能源（如热能、水的位能、各种动能、太阳能、原子能等）转换而成。同时，电能也很容易转换成其他形式的能量。

(2) 便于输送。电能可以通过输电线很方便且经济、高效地输送到远方。

(3) 便于控制和测量。电能可实现远距离、精确控制和测量，实现生产高度的自动化。

(4) 电能的生产、输送和使用比较经济、高效、清洁、污染少，有利于节能和保护环境。

2. 电力的生产

目前电力的生产主要有以下 3 种方式。

(1) 火力发电

火力发电的基本原理是通过煤、石油和天然气等燃料燃烧来加热水，产生高温高压的蒸汽，再用蒸汽来推动汽轮机旋转并带动三相交流同步发电机发电。

火力发电的优点是建设电厂的投资较少，建厂速度快；缺点是耗能大、发电成本高且对环境污染较严重。目前我国仍以火力发电为主。

(2) 水力发电

水力发电的基本原理是利用水的落差和流量去推动水轮机旋转并带动发电机发电。其优点是发电成本低，环境污染小。但由于水力发电的条件是要集中大量的水并形成水位的落差，所以受自然条件影响较大，建设电厂的投资较大且建厂速度慢。

(3) 原子能发电

原子能发电的基本原理是利用原子核裂变时释放出来的巨大能量来加热水，产生高温高压蒸汽推动汽轮机从而带动发电机发电。

原子能发电消耗的燃料少，发电的成本较低。但建设原子能发电站的技术要求和各方面条件要求高，投资大且建设周期长。

此外，还有风力发电、太阳能发电、地热发电、潮汐发电等。电能与其他能量之间的相互转换如图 6-1 所示。

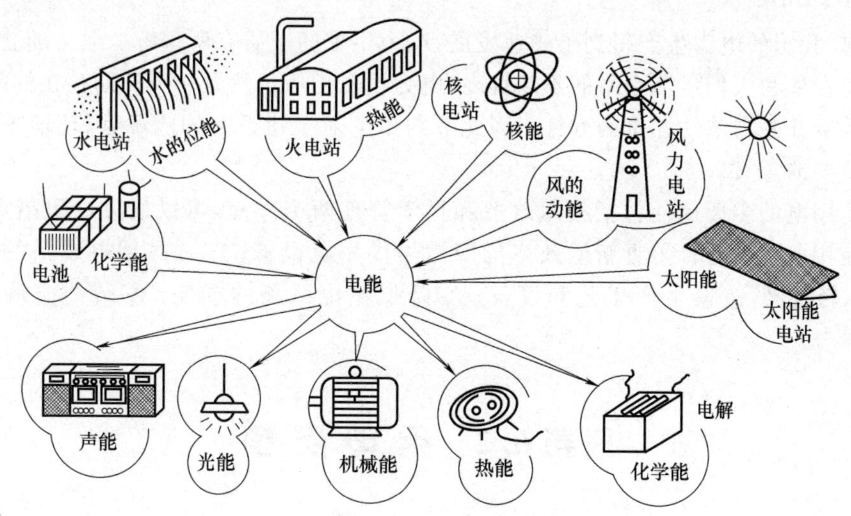

图 6-1 电能与其他能量之间的相互转换

3. 电力的输送和分配

我们使用的电源一般是交流电源，而且在配电之前一般是三相交流电源。

为了充分、合理地利用动力资源，降低发电成本，火力发电厂一般建在燃料资源产地，水力发电厂建在有水力资源的地方。因此，这些发电厂往往离用电中心很远，必须进行远距离输电。

从输电角度来讲，输送的距离越远，要求电压越高，传输的容量就越大，电能的消耗也越小。但从用电角度来讲，为了人身安全和降低用电设备的制造成本，则希望电压低一些为好。

为此，大中型发电厂发出的电都要经过升压，然后由输电线送到用电区，再进行降压并分配给用户，即采用高压输电、低压配电的方式。变电所就是完成这种任务的场所，在发电厂设置升压变电所，在用电区设置降压变电所。

为了供电的安全、连续、可靠和经济，将各类发电厂的发电机、变电所、输电线、配电设备和用电设备联系起来组成一个整体，这个整体就称为电力系统，如图 6-2 所示。

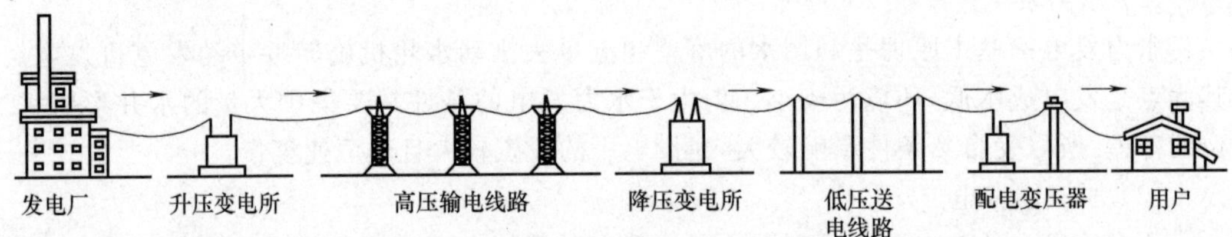

图 6-2　电力系统示意图

由各种不同电压的输配电线路和变电所组成的电力系统的一部分称为电力网，其任务是输送和分配电能。通常，将 35kV 以上的高压线路称为送电线路，10kV 以下的称为配电线路，10kV 以上的称为高压配电线路，1200V 以下的称为低压配电线路。

4. 节约用电

当前，我国的电力生产得到了飞速发展，电力供求的矛盾有所缓解。但是随着国民经济的快速发展和人们生活水平的不断提高，电力供求矛盾仍然是一个长期存在的问题，仍然需要采取开发与节约并重的方针。因此节约用电对于建设节约能源型、环境友好型社会具有重要的意义。

任务6.1在线练习

节约用电的主要途径包括技术改造和科学管理两个方面，可以通过以下措施实现。①合理使用电气设备；②更新低效率的旧型号供用电设备；③提高用电线路的功率因数；④革新挖潜，改造生产工艺和设备；⑤降低供电线路的损耗；⑥节约空调和照明用电。

任务 6.2　用电保护

由于电气设备的绝缘损坏或安装不合理等原因出现金属外壳带电的故障称为漏电。设备漏电时，会使接触设备的人体发生触电，还可能会导致设备烧毁、电源短路等事故，必须采取一定的防范措施以确保安全。

1. 保护接地

在电源中性点不接地的供电系统中，将电气设备的金属外壳与接地体(埋入地下并直接与大地接触的金属导体)可靠连接，这种方法称为保护接地。通常接地体为铜管或角钢，接地电阻不允许超过 4Ω，如果大于 4Ω，可采用铺设地线网、使用降阻剂等措施来减小接地电阻。如图 6-3 所示为保护接地原理图，如图 6-3(a)所示机器未设置保护措施，有触电危险；如图 6-3(b)所示机器由于采取了保护接地措施，因此很安全。

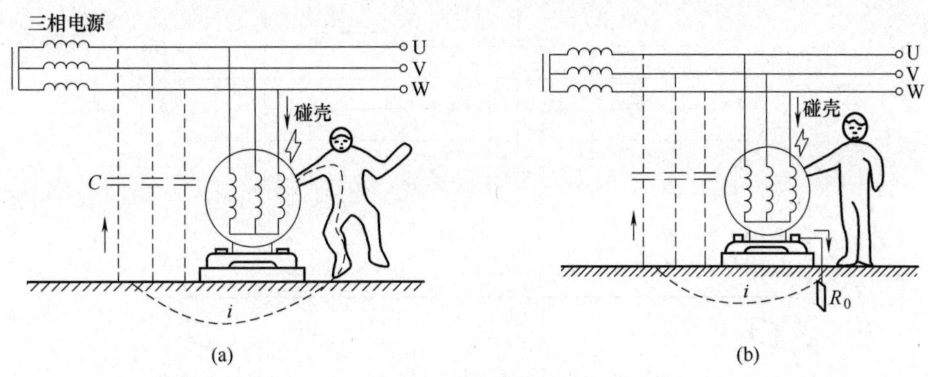

图 6-3　保护接地原理图

2. 保护接零

在电源中性点已接地的三相四线制供电系统中，将电气设备的金属外壳与电源中性(零)线相连，这种方法称为保护接零。

如图 6-4(a)所示为保护接零原理图。当设备的金属外壳接电源中性线之后，若设备某相发生外壳漏电故障，就会通过设备外壳形成相线与中性线的单相短路，其短路电流足以使该相熔断器熔断，从而切断了故障设备的电源，确保了安全。

当采用保护接零时，电源中性线绝不允许断开，否则保护失效。因此，除了电源中性线上不允许安装开关、熔断器外，在实际应用中，用户端往往将电源中性线再重复接地，以防中性线断开。重复接地电阻 R_0 一般小于 10Ω。重复接地线将起到把漏电电流导入大地的作用。

对于单相用电设备，一般采用三脚插头和三眼插座，其中一个孔为接零保护线，对应的插头上的插脚稍长于另外两个电源插脚，如图 6-4(b)所示。

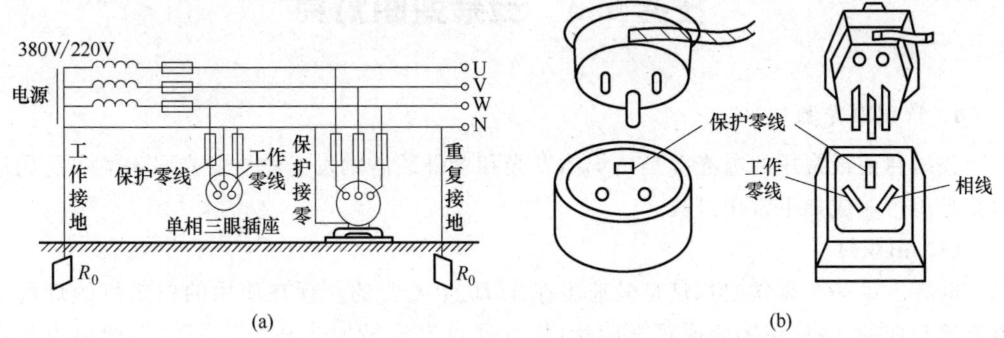

图 6-4　保护接零原理图

采用保护接零时要特别注意，在同一台变压器供电的低压电网中，不允许将有的设备接地、有的设备接零，如图 6-5 所示。这是因为如果某台接地的设备出现漏电时，其漏电电流经设备接地电阻 R_e' 和中性点接地电阻 R_e 产生压降，使电源中性点和中性线的电位不等于大地的零电位。所有保护接零设备的金属外壳均带电，当人体触及无故障的接零设备金属外壳时，也会发生触电事故。

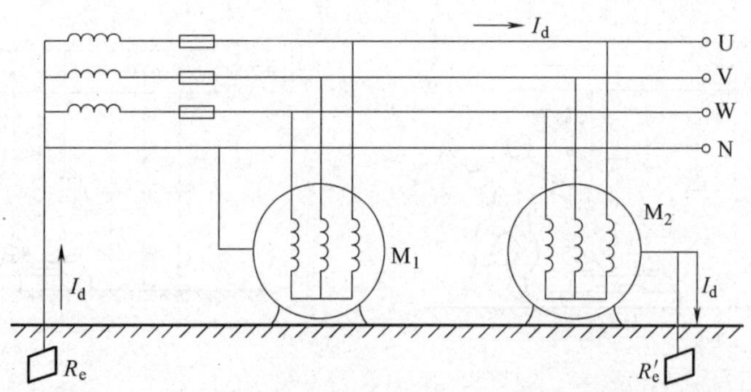

图 6-5　在同一供电线路上不允许部分用电设备接地，部分用电设备接零

由于低压系统的电源中性点通常接地，所以用电设备的金属外壳大多采用保护接零，以确保安全。

3. 加装漏电保护器

漏电保护器又称触电保安器或漏电开关，是用来防止人身触电和设备事故的主要技术装置。在连接电源与用电设备的线路中，当线路或用电设备对地产生的漏电电流达到一定数值时，通过保护器内的特殊装置检取漏电信号并经过放大去驱动开关而达到断开电源的目的，从而避免人身触电伤亡和设备损坏事故的发生。漏电保护器如图 6-6 所示。

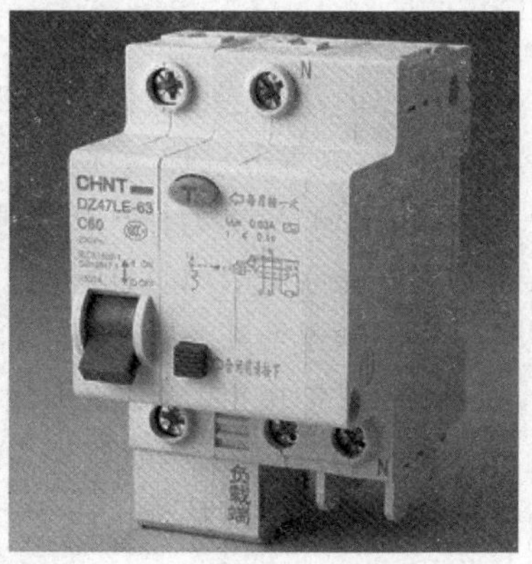

图 6-6　漏电保护器

任务6.2在线练习

任务 6.3　安装照明灯具

1. 常用电光源

我国目前最常用的电光源是白炽体发光和紫外线激励发光物质发光两大类。利用这两类光源可制成如下常用灯具。

（1）白炽灯

世界上第一个碳丝白炽灯是爱迪生在 1879 年发明的。现在使用的白炽灯的灯丝是由钨丝制成的，绕成单螺旋或双螺旋状，灯丝通过电流被加热到 3600℃左右的白炽状态而发光。为了在这样高的温度下灯丝不被氧化或蒸发，一般将玻璃泡抽成真空，然后充入惰性气体。

白炽灯至今仍是使用非常普遍的电光源，常用的有插口和螺口两种，如图 6-7 所示。使用时应注意将相线接到螺口灯泡顶部的电极上，并选用与电源电压相符的白炽灯。

白炽灯具有结构简单、使用可靠、安装维修方便、价格低廉、光色柔和、可适用于各种场所等优点，但发光效率低，寿命短，其寿命通常只有 1000h 左右；白炽灯因节能效果差，

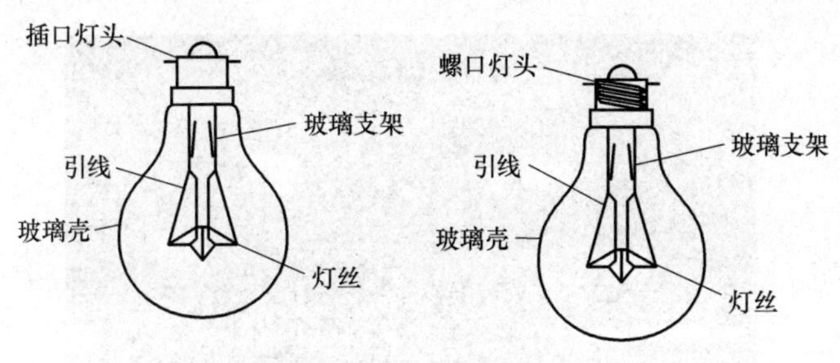

图 6-7 白炽灯结构

正逐步被新型节能照明光源所替代。

(2) 荧光灯

荧光灯是一种低压汞放电灯具，因为荧光灯发出的光接近于自然光，因此也称日光灯。实际上荧光灯有日光色、冷白色和暖白色 3 种。其管形除了直管形外还可以制成环形和 U 形等各种形状，如图 6-8 所示。

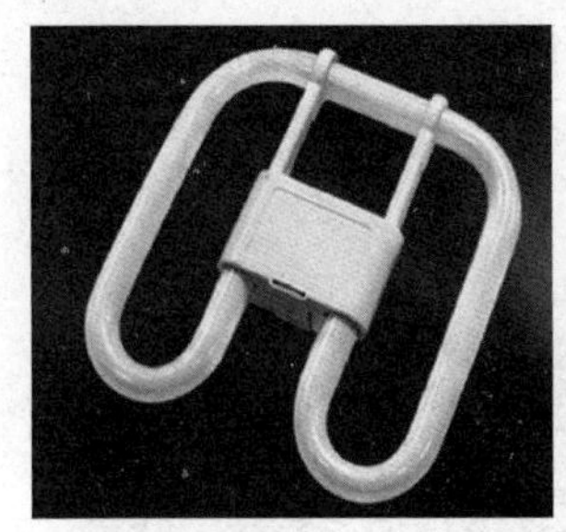

图 6-8 荧光灯

荧光灯也是使用广泛的照明光源。其寿命比白炽灯长 2～3 倍，发光效率比白炽灯高 4 倍。但附件多，造价较高，功率因数低(仅 0.5 左右)，而且故障率比白炽灯高，安装维修比白炽灯难度大，还存在频闪效应(即灯光随电流的周期性变化而频繁闪烁)，容易使人产生错觉。一般在有旋转机械的车间应尽量少用荧光灯，如果要用就要设法消除频闪效应。方法是在一个灯具内装设两支或三支荧光灯，每根灯管分别接到不同的相线上。

(3) 碘钨灯

碘钨灯是将碘充到石英灯管中，让蒸发出来的钨原子重新回到钨丝上，这不仅控制了灯丝的升华，而且可以大幅度提高灯丝的温度，发出与日光相似的光，如图 6-9 所示。碘钨灯具有亮度高、寿命长等特点，碘钨灯的亮度大约是普通白炽灯的 5 倍。

随着研究的深入，人们发现把卤族元素的某些化合物充入白炽灯内能取得更好的效果，例如把溴化氢充入白炽灯中，制成的溴钨灯比碘钨灯还要好，这样就产生了种各样的卤钨灯。卤钨灯适用于车间、剧院、舞台、摄影棚等场合。它的缺点是辐射出来的热量很大，有时甚至可用它来烘烤物体。

(4) 高压汞灯

高压汞灯俗称水银灯，如图 6-10 所示，使用寿命是白炽灯的 2.5～5 倍，发光效率是白炽灯的 3 倍，耐振耐热性能好，线路简单，安装维修方便。其缺点是造价高，启动时间

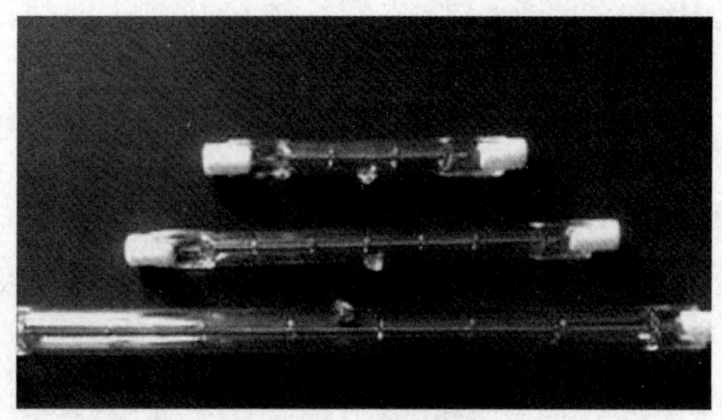

图 6-9 碘钨灯

长,对电压波动适应能力差。

高压汞灯除了有高的发光效率外,还能发出强的紫外线,因而不仅可以照明还可以用于晒图、保健日光浴、化学合成、塑料及橡胶的老化试验、荧光分析等。

(5) 高压钠灯和其他气体放电光源

高压钠灯的结构与高压汞灯基本相同,如图 6-11 所示。高压钠灯利用高压的钠蒸气放电发光,其发光效率比高压汞灯还高一倍,但启动时间也较长。

图 6-10 高压汞灯

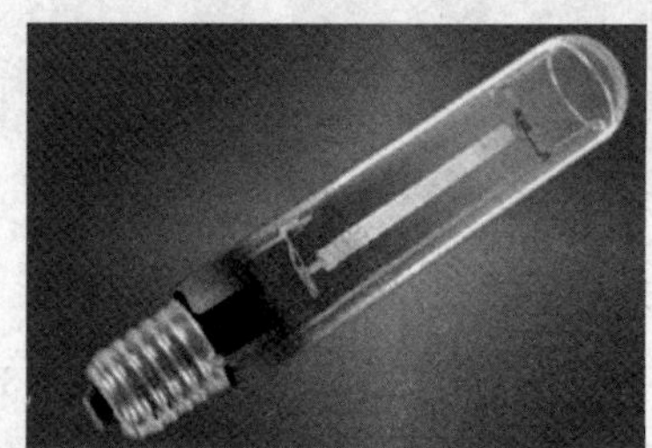

图 6-11 高压钠灯

金属卤化物灯是在高压汞灯的基础上为改善光色而研制的一种新型电光源。氙灯是一种充有高压氙气的大功率(可达 100kW)的气体放电灯,俗称“人造小太阳”。此外,还有各种用于特殊用途的气体放电光源,如用于广告和装饰的霓虹灯,用于消毒的紫外线灯和作为热源的红外线灯等。

2. 新型电光源

(1) 三基色节能荧光灯

三基色节能荧光灯是一种高效、节能、舒适、亮丽、长寿的新型电光源,如图 6-12 所示。三基色节能荧光灯的发光效率可比普通荧光灯提高 30%左右,是白炽灯的 5~7 倍,也就是说一只 7W 的三基色节能荧光灯发出的光与 40W 白炽灯基本相同。而且光色柔和、显色性好、体积小、造型别致,其外形有直管形、单 U 形、双 U 形、2D 形、H 形等。H 形三基色节能荧光灯由两根平行排列且顶部相通的玻璃灯管和灯头组成。三基色节能荧光灯应采用专用的灯座,拆装时应捏住灯头的铝壳部分平稳地转动或拔出,不要捏住玻璃灯管摇动或推拉，以免灯管与灯头松脱。

(2) LED灯

LED灯采用半导体发光二极管器件作为电光源，如图6-13所示。LED灯显示效果好，可以频繁快速开关，使用直流低电压驱动。特别适用于应急灯、显示屏，楼梯灯、指示灯、装饰灯等场合。传统白炽灯采用热发光技术，浪费90%的能源。而发光二极管的效能转换效率却非常高。白光LED照明的耗电量仅为相同亮度白炽灯的10%～20%。普通白炽灯寿命只有1000h，而白光LED灯寿命却可以达到10万小时。采用LED照明的电光源突出的优点就是环保，只用3V的直流电压，同时寿命长又保证少产生废物，不像荧光灯点亮后会产生汞蒸气等污染物。LED照明光源体积小、重量轻、方向性好，并可耐各种恶劣条件，比如可以泡放在水中等。这些优点使它足以对传统光源市场造成巨大冲击。因此LED与太阳能发电的结合被人们称为21世纪最理想的照明方案之一。

图6-12 三基色节能荧光灯

图6-13 LED灯

任务6.3在线练习

任务6.4 认识变压器

生活中部分电器虽然直接使用220V交流电源供电(如录音机)，但内电路的工作电压并不是220V交流电，它们的工作电压各不相同，所需电压常用变压器变换后再经其他方式处理后获得。同时，在电力分配和输送中已经知道，电力系统中的电力输送是由变压器来完成的。

1. 变压器的用途

变压器是一种利用电磁感应原理制成的静止电气设备。它能将某一电压值的交流电变换成同频率的所需电压值的交流电，以满足高压输电、低压配电及其他用途的需要，如图6-14所示。变压器分为普通变压器、电力变压器及特殊变压器等。

2. 变压器的基本结构

变压器由铁心和绕组两部分组成，如图6-15所示。

(1) 铁心

铁心构成电磁感应所需要的磁路。为了减小涡流损耗，铁心常用磁导率高而又相

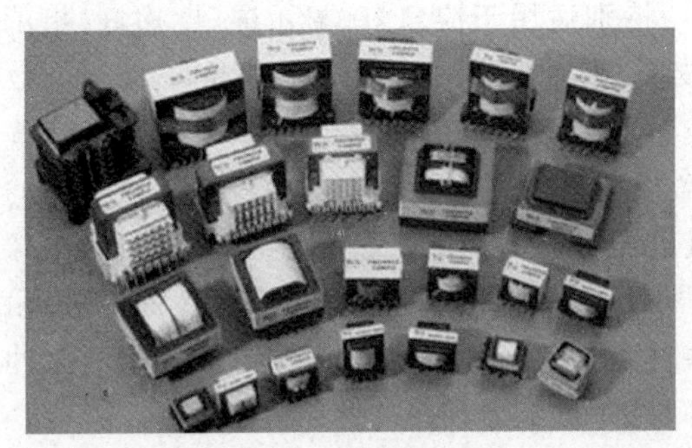

(a) 普通变压器

(b) 电力变压器

图 6-14　变压器

互绝缘的硅钢片相叠合而成。通信变压器的铁心用铝合金、铁氧体或其他磁性材料制成。

(2) 绕组

变压器的绕组用绝缘良好的漆包线、纱包线或丝包线绕成。变压器工作时与负载相互连接的绕组称为二次绕组，与电源连接的绕组称为一次绕组。漆包线等绝缘良好的导线在铁心上每绕一圈称一匝，绕线匝数一般用字母 N 或 n 表示。一次和二次绕组的匝数一般分别表示为 N_1 和 N_2。变压器的图形符号如图 6-16 所示。这个符号也有两个线圈，其上的垂直线表示铁心。变压器一次和二次电压的有效值分别记为 U_1 和 U_2，电流有效值分别记为 I_1 和 I_2。

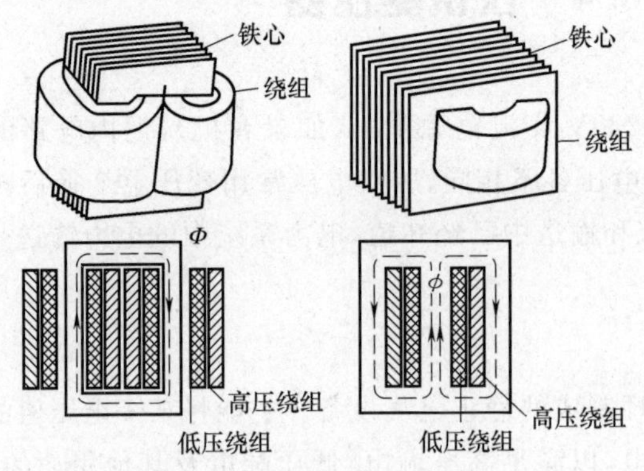

图 6-15　变压器的基本结构

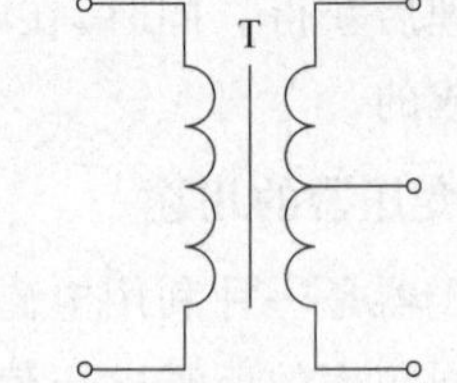

图 6-16　变压器的图形符号

3. 变压器的基本工作原理

如图 6-17 所示，当交流电通过变压器一次绕组时，由于铁心是导磁的，就在铁心内产生交变的磁感线。变化的磁感线通过两边的线圈，在两个线圈中产生感应电动势，而且它的频率等于一次绕组中的电流频率。

简单地说，交流电流产生交变磁场，交变磁场感应出交变电压。

变压器不仅能变换交流电压，而且能变换交流电流、交流阻抗等。

(1) 变换交流电压

如图 6-18 所示，将变压器的一次绕组接交流电源，二次绕组不接负载，空载运行。此时铁心中产生的交变磁通同时通过一次、二次绕组，一次、二次绕组中交变的磁通可视为相同。

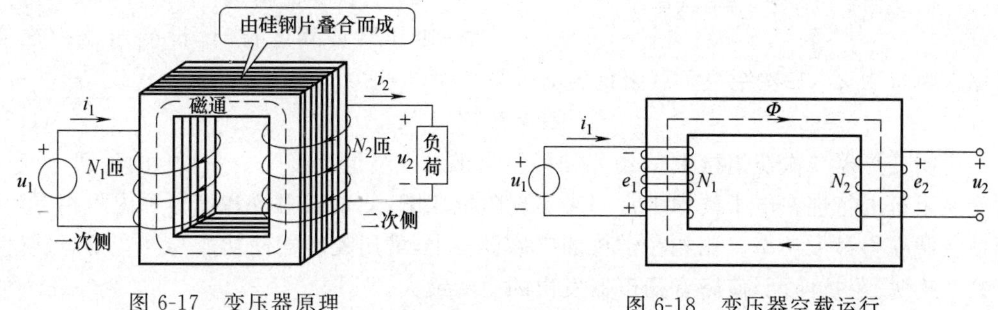

图 6-17　变压器原理　　图 6-18　变压器空载运行

设一次绕组的匝数为 N_1，二次绕组的匝数为 N_2，磁通为 Φ，根据法拉第电磁感应定律，在变压器一次、二次绕组上的电动势分别为 $E_1=N_1\dfrac{\Delta\Phi}{\Delta t}$，$E_2=N_2\dfrac{\Delta\Phi}{\Delta t}$，因此，

$$\frac{E_1}{E_2}=\frac{N_1}{N_2}$$

忽略线圈内阻可得

$$\frac{U_1}{U_2}=\frac{N_1}{N_2}=K \tag{6-1}$$

式中，K——变压器的匝数比或变压比。

由式(6-1)可知，如果一次绕组的匝数是二次绕组的几倍，那么它的电压就是二次绕组电压的几倍；反之，如果二次绕组的匝数是一次绕组的几倍，那么它的电压就是一次绕组电压的几倍。因此，变压器一次、二次绕组的电压比等于它们的匝数比。

如果 $N_1<N_2$，$K<1$，电压上升，称为升压变压器；如果 $N_1>N_2$，$K>1$，电压下降，称为降压变压器；$N_1=N_2$，$K=1$ 称为隔离变压器。

在实际应用中，只要适当设计一次、二次绕组的匝数，即可任意改变变压器的输出电压。“变压器”这一名字就是这样得来的。

(2) 变换交流电流

如图 6-19 所示，当变压器带负载工作时，绕组电阻、铁心及涡流会产生一定的能量损耗，但是比负载消耗的功率小得多，一般情况下忽略不计，将变压器看成是理想变压器，变压器的输入功率全部消耗在负载上，即

$$U_1I_1=U_2I_2$$

$$\frac{I_1}{I_2}=\frac{U_1}{U_2}=\frac{1}{K} \tag{6-2}$$

式中，$\dfrac{1}{K}$——变流比。

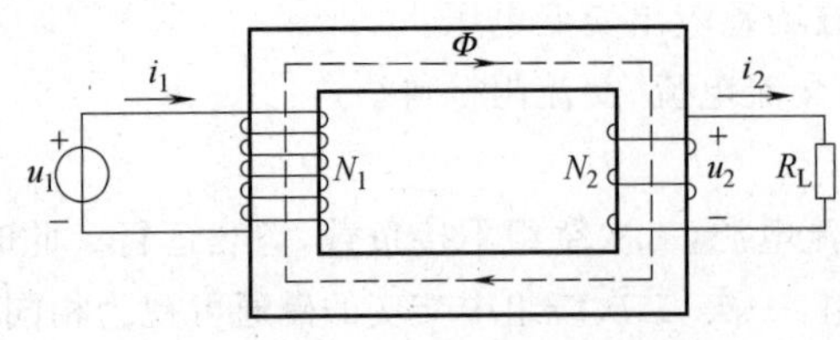

图 6-19 变压器有载运行

由式(6-2)可知,变压器工作时一次、二次绕组的电流跟绕组的匝数成反比,变压器不但改变一次、二次绕组的电压,而且变压器本身是一种转换设备,因而变压器还能改变一次、二次绕组的电流。

(3) 变换交流阻抗

变压器负载运行时,设变压器一次绕组输入阻抗为 Z_1,二次绕组负载阻抗为 Z_2,即

$$Z_1 = K^2 Z_2 \tag{6-3}$$

任务 6.4 在线练习

说明变压器二次绕组接上负载 Z_2 时,相当于一次绕组上接一个 $K^2 Z_2$ 的负载。变压器变换阻抗的特性在电子技术中常用来实现阻抗匹配,使负载阻抗和信号源内阻相等,从而使负载获得最大功率。比如在学校的广播设备中,常用变压器使功放与高音扬声器(俗称高音喇叭)阻抗匹配,使高音扬声器发出的声音最大。

任务 6.5 认识交流电动机

电机是机械能与电能相互转换的机械。将电能转换为机械能的电机称为电动机,将机械能转换为电能的电机称为发电机。

根据电动机使用的电源种类不同可分为交流电动机和直流电动机两大类。交流电动机按使用的电源相数分为单相电动机和三相电动机两种,三相电动机和单相电动机又分为同步电动机和异步电动机两种。

从目前来看,应用最广泛的电动机依次为三相异步电动机、单相异步电动机和直流电动机。

1. 三相异步电动机的基本结构

三相异步电动机的结构示意图如图 6-20 所示,它由定子和转子两个部分组成。

三相异步电动机的实物展开图如图 6-21 所示。

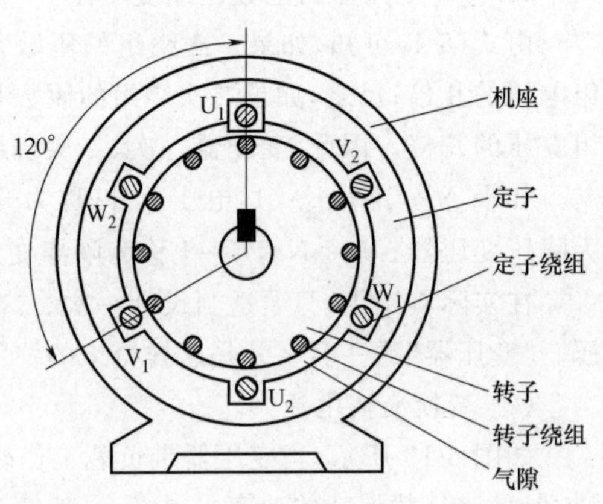

图 6-20 三相异步电动机的结构示意图

(1) 定子部分

定子部分是异步电动机固定不动的部分。异步电动机的定子由机座、定子铁心和装在铁心线槽中的定子绕组等组成。

机座是电动机的外壳,起支撑作用。

定子铁心安装在机座内,由 0.5mm 厚的硅钢片叠成。

定子三相绕组用绝缘铜线或铝线绕制而成,嵌在定子铁心的内部。定子三相绕组的首、尾端分别标记为 U_1-U_2、V_1-V_2、W_1-W_2,并将它们分别引到电动机的出线盒接线柱

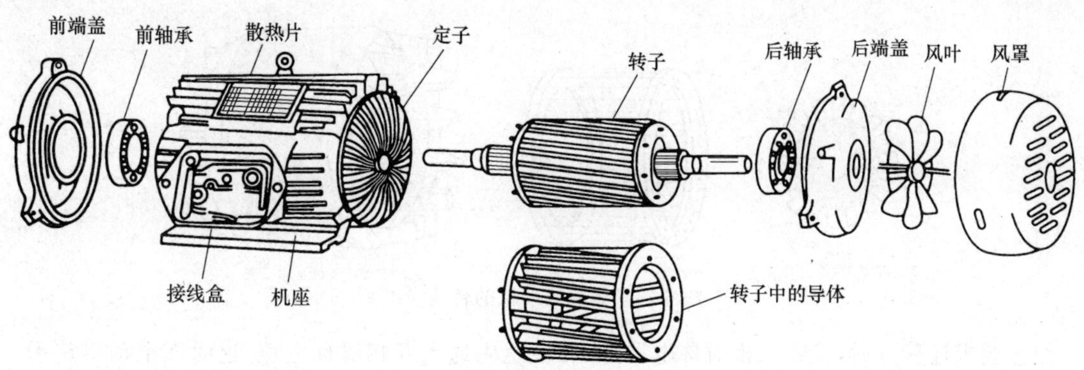

图 6-21 三相异步电动的实物展开图

上,如图 6-22 所示。由三相交流电源供电,根据需要可以将三相绕组接成星形或接成三角形,使电动机能适用于两种不同的电压下工作。

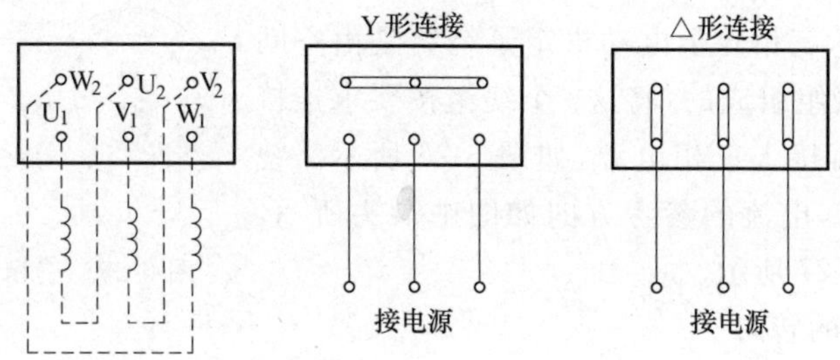

图 6-22 三相交流异步电动机定子绕组连接方式

(2) 转子部分

转子是电动机的旋转部件,它由转轴、转子铁心、转子绕组等构成。

三相交流异步电动机转子绕组有两种形式。一种转子绕组的结构与定子三相绕组相同,用铜或铝导线制成。转子绕组的 3 个出线端通过电动机转轴上的铜环与电刷引至电动机的外部,可以和外部的变阻器相接,如图 6-23 所示。这种结构的电动机转子绕组串入电阻后可改变电动机的机械特性。具有这种转子的三相异步电动机称为绕线转子异步电动机。

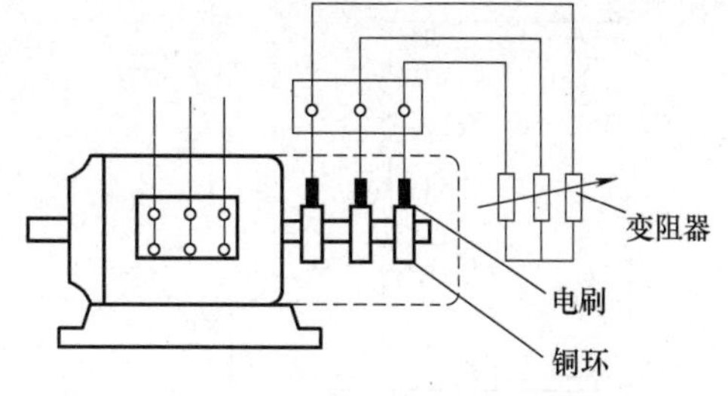

图 6-23 绕线转子结构示意图

三相异步电动机转子结构的另一种形式构造比较简单,在转子铁心的线槽内穿入一些金属导体,然后在铁心两端装上两个环将所有伸出铁心外的金属导体短接起来构成笼型绕组,如图 6-24 所示。具有这种转子绕组的电动机称为笼型异步电动机。

绕线转子和笼型异步电动机用如图 6-25 所示的符号表示。

2. 三相异步电动机的工作原理

三相异步电动机的转动原理建立在电磁感应和电磁力的基础上。当电动机定子三相绕

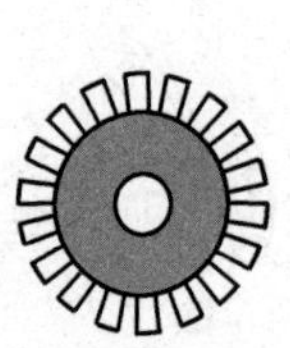
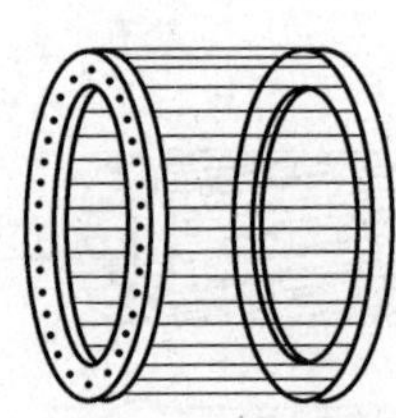
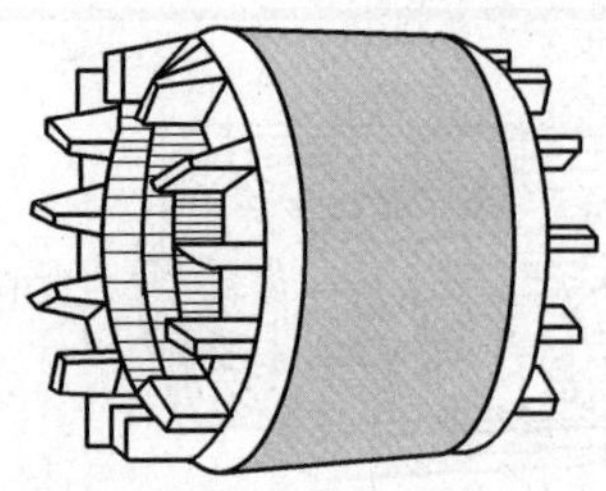

图 6-24　笼型电动机的转子绕组

组按要求连接好后，接入三相对称电源，三相绕组内通入互相对称电流，这时在电动机定子与转子中的气隙内产生一个旋转磁场。旋转磁场与转子产生相对运动，转子切割磁感线在转子绕组内产生感应电动势，转子绕组闭合后在转子绕组内出现感应电流，旋转磁场与感应电流相互作用产生的电磁转矩使电动机运转起来。

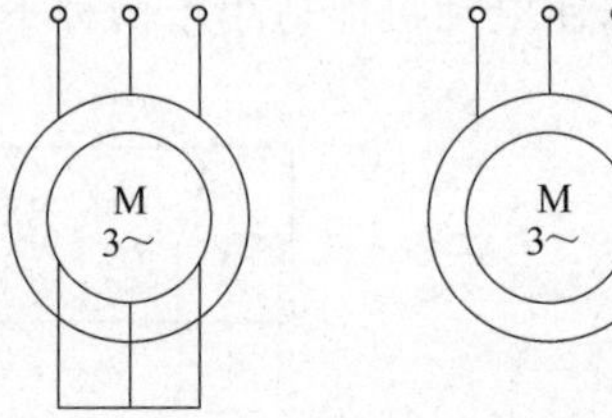

图 6-25　三相异步电动机符号

(1) 旋转磁场的产生

如图 6-20 所示三相异步电动机定子绕组是由空间相隔 120°的 3 个绕组组成的，将这3 个绕组按要求连接成星形或三角形后接入三相电源，如图 6-26 所示。绕组内通入三相电流，电流的参考方向如图中箭头所示，电流的波形如图 6-27 所示。、

(2) 旋转磁场的转向

三相异步电动机定子绕组按图 6-26 所示情况通电，产生的旋转磁场逆时针方向旋转。如果将三相电动机定子绕组接至电源的 3 根导线中的任意两根对调，此时三相绕组通入电流后产生的旋转磁场仍然是一对磁极，但是它的旋转方向改变了，变为顺时针方向旋转。因此，要使电动机的转动方向改变，只要将电动机接到电源的 3 根线中的任意两根交换即可。

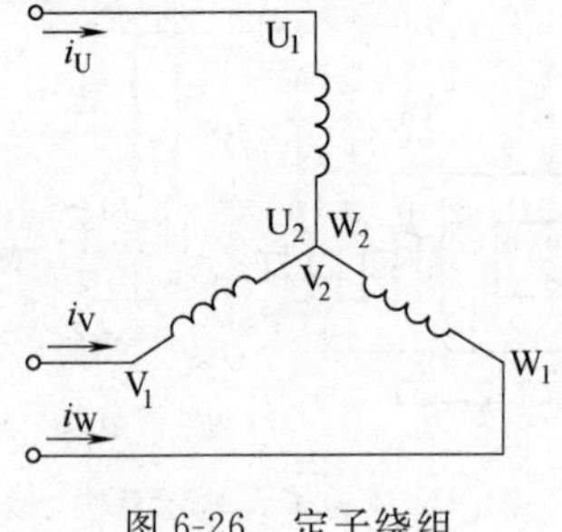

图 6-26　定子绕组

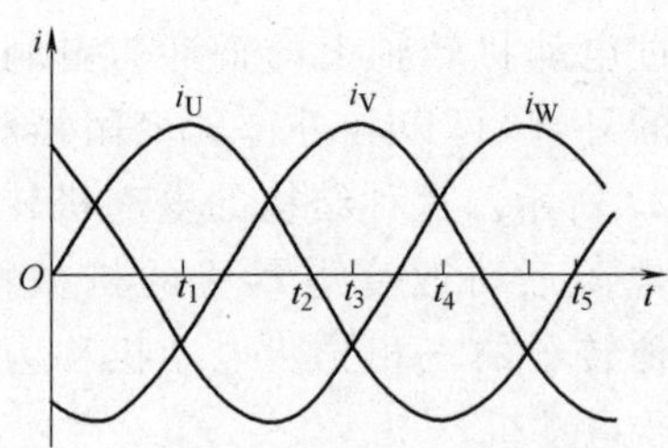

图 6-27　定子绕组的三相交流电

任务6.5在线练习

任务 6.6　认识常用低压电器

低压电器是工作在交流电压 1000V 或直流电压 1200V 及其以下，用来对供、用电系统进行开关、控制、保护和调节的电器。

1. 刀开关

刀开关是结构最简单、应用最广泛的一种手动电器，是低压供配电系统和控制系统中最常用的配电电器（低压配电系统和动力回路中使用的电器），常用于隔离电源，也可用于不频繁地接通和断开小电流配电电路或直接控制小容量电动机的启动和停止。在电力拖动控制线路中最常用的是由刀开关与熔断器组合而成的负荷开关。如图6-28所示为开启式负荷开关。常用的刀开关有开启式负荷开关、封闭式负荷开关和组合开关3种。

图6-28　开启式负荷开关

2. 熔断器

熔断器是低压配电网络和电力拖动系统中最常用的安全保护电器，主要用作短路保护。

熔断器主要由熔体和安装熔体的熔管和熔座组成。熔断器的文字符号为FU，外形结构及符号如图6-29所示。

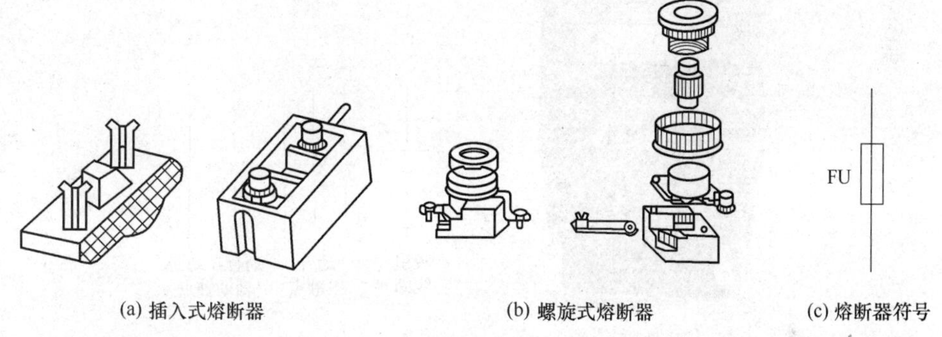

(a) 插入式熔断器　(b) 螺旋式熔断器　(c) 熔断器符号

图6-29　熔断器外形结构与符号

将熔断器串联在被保护的电路中，当电路因发生严重过载或者短路而流过大电流时，由低熔点合金制成的熔体由于过热迅速熔断，从而在设备和线路被损坏前切断电路。不仅电动机控制电路采用熔断器作短路保护，一般照明电路及许多电气设备上都装有熔断器作短路保护。

（1）插入式（瓷插式）熔断器

插入式熔断器是一种最常见的熔断器，其系列代号为RC，结构如图6-29(a)所示。其结构由瓷底座、瓷插件、动触点、静触点及熔体等部件组成，熔体装在瓷插件两端的动触点上，中间经过凸起部分。当熔体熔断时，所产生的电弧被凸起部分隔开，使其迅速熄灭。更换熔体时可拔出瓷插件，使用方便。其缺点是动、静触点间容易接触不良，特别是装在振动的机械上容易松脱，造成电动机断相运行，而且不方便观察熔体是否已熔断。

（2）螺旋式熔断器

螺旋式熔断器结构如图6-29(b)所示，由熔管及其支持件（瓷底座、瓷套和带螺纹的瓷帽）组成。熔体装在熔管内并填满灭弧用的石英砂，熔管上端的色点是熔断的标志，熔体熔断后,色标脱落,需要更换熔管。在装接时,注意将熔管的色点向上,以便观察。同时注意将电源进线接瓷底座的下接线端,负荷线接与金属螺纹壳相连的上接线端。螺旋式熔断器体积小,熔管被瓷帽旋紧不容易因振动而松脱,所以常用在机床电路中。其系列代号为 RL,常用的有 RL1、RL6、RL7 等系列。

3. 接触器

接触器是一种自动控制电器,它可以用作频繁地远距离接通或切断交直流电路及大容量控制电路。接触器的主要控制对象是电动机,也可用作控制其他电力负载,如电焊机、电阻炉等。

按照所通断电流的种类,接触器分为交流接触器和直流接触器两大类,使用较多的是交流接触器。交流接触器从结构上可分为电磁系统、触点系统和灭弧装置三部分。接触器的文字符号为 KM,如图 6-30 所示为常用交流接触器外形图及符号。

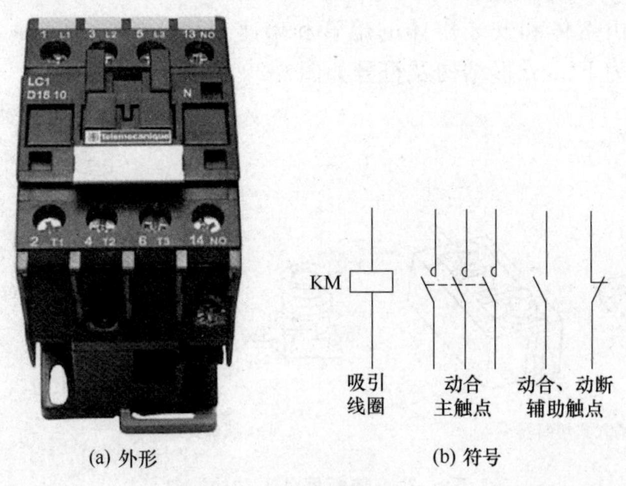

(a) 外形　　(b) 符号

图 6-30　交流接触器

交流接触器结构示意图如图 6-31 所示。当电磁线圈通电后,产生的电磁吸力将内部动铁心往下吸,带动动触点向下运动,使动断触点(未通电时闭合,通电后断开的触点)断开、动合触点(未通电时断开,通电后闭合的触点)闭合,从而分断和接通电路。当线圈断电时,动铁心在复位弹簧的作用下向上弹回原位,动断触点重新接通、动合触点重新断开。由此可见,接触器实际上是一个电磁开关,它由电磁线圈电路控制开关(触点系统)的动作。

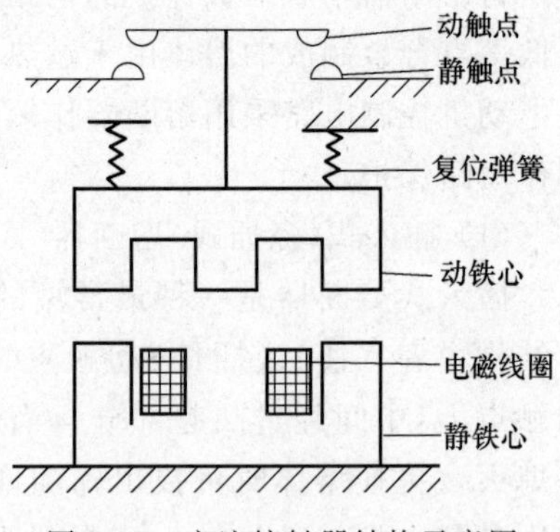

图 6-31　交流接触器结构示意图

接触器的触点又分为主触点和辅助触点。主触点一般为三极动合触点,可通过的电流较大,用于通断三相负载的主电路。辅助触点有动合和动断触点,用于通断电流较小的控制电路。由于主触点通过的电流较大,一般配有灭弧罩,在切断电路时产生的电弧在灭弧罩内被分割、冷却而迅速熄灭。

目前常用的国产型号的交流接触器有 CJ10、CJ12、CJ20 系列产品。其中 CJ10 为国产老型号产品。CJ20 为国内 20 世纪 80 年代开发的新产品,可取代 CJ10 系列。CJ12 系列主要用于冶金、矿山机械及起重机等设备中。型号的含义是:“C”表示接触器,“J”表示交流,数字为产品序列代号,半字线后的数字则表示主触点的额定电流,例如 CJ20-63 型(CJ20 系列交流接触器,主触点额定电流为 63A)。

4. 热继电器

热继电器是对电动机和其他用电设备进行过载保护的控制电器。热继电器的文字符号为 FR,外形及符号如图 6-32 所示。

热继电器工作原理如图 6-33 所示。热继电器主要部分由热元件、触点、动作机构、复位按钮和整定电流调节装置等组成。热继电器的动断触点串联在被保护的二次电路(又称控制电路)中,它的热元件由阻值不大的电热丝或电阻片绕成。热元件串联在电动机或其他用电设备的主电路中。如果电路或设备工作正常,通过热元件的电流未超过允许值,则热元件温度不高,不会使内部机构动作,热继电器处于正常工作状态使线路导通。一旦电路过载,有较大电流通过内部热元件,热元件发热烤热双金属片,双金属片因上层膨胀系数小,下层膨胀系数大而向上弯曲,使扣板在弹簧拉力作用下带动绝缘牵引板,分断接入控制电路中的动断触点,切断主电路,从而起过载保护作用。热继电器动作后,一般不能立即自动复位,待电流恢复正常、内部机构复原,再按动复位按钮,才能使动断触点回到闭合状态。

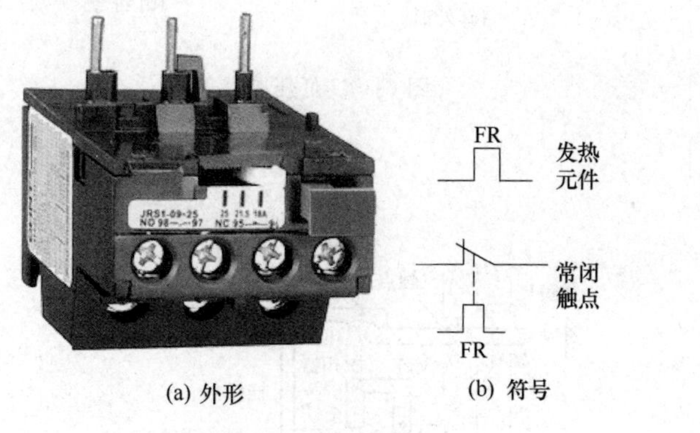

(a) 外形　(b) 符号

图 6-32 热继电器

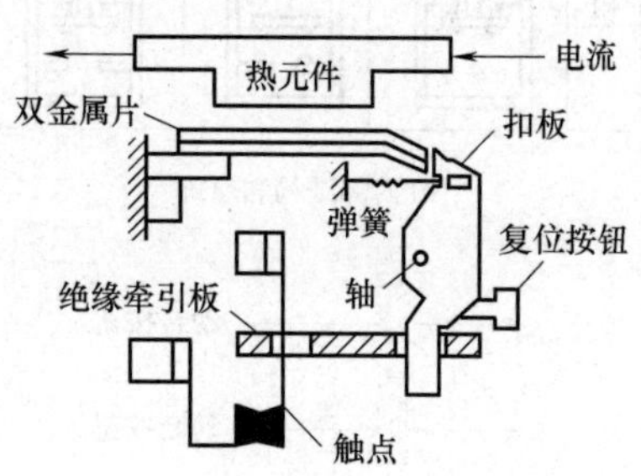

图 6-33 热继电器工作原理

5. 按钮开关

按钮开关也称为控制按钮或按钮。作为一种典型的主令电器,按钮主要用于发出控制指令,接通和分断控制电路。按钮的文字符号是 SB,其外形、内部结构和原理及图形符号如图 6-34 所示。

按钮开关是一种手动电器,由图 6-34(b)中复合按钮可见,当按下按钮帽时,上面的动断触点先断开,下面的动合触点后闭合;当松开时,在复位弹簧作用下触点复位。按钮开关的种类很多,有单个的,也有两个或数个组合的;有不同触点类型和数目的;根据使用需要还有带指示灯的和旋钮式、钥匙式的等。

6. 低压断路器

低压断路器又称空气断路器或自动空气开关，是一种重要的控制和保护电器，它相当于刀开关、熔断器、热继电器和欠电压继电器的组合，主要用于交直流低压电网和电力拖动系统中，既可手动又可电动分合电路。它集控制和多种保护功能于一体，对电路或用电设备实现过载、短路和欠电压等保护，也可以用于不频繁地转换电路及启动电动机。断路器的文字符号为 QF，外形及符号如图 6-35 所示。

断路器内部结构和动作原理如图 6-36 所示。低压断路器主要由触点、灭弧系统和各种脱扣器三部分组成。断路器的主触点串联在主电路中，在合闸后，内部机构使主触点闭合，电路正常工作。扳动手柄于“分”的位置（或按下“分”的按钮），内部机构使主触点断开，切断电路电源。

(a) 外形

名称	动断（常闭）按钮	动合（常开）按钮	复合（组合）按钮
结构			

(b) 内部结构和原理

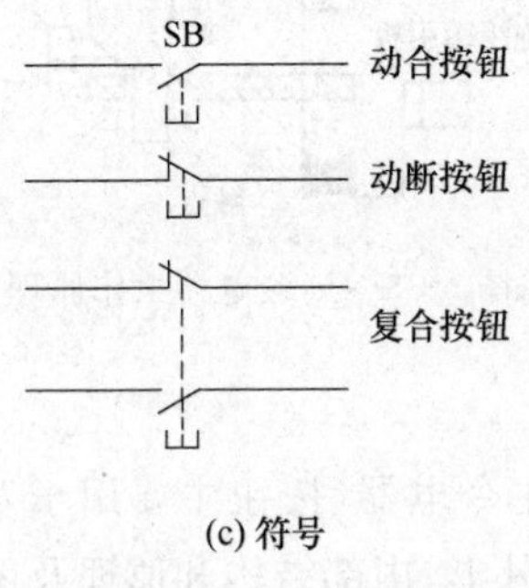

(c) 符号

图 6-34 按钮开关

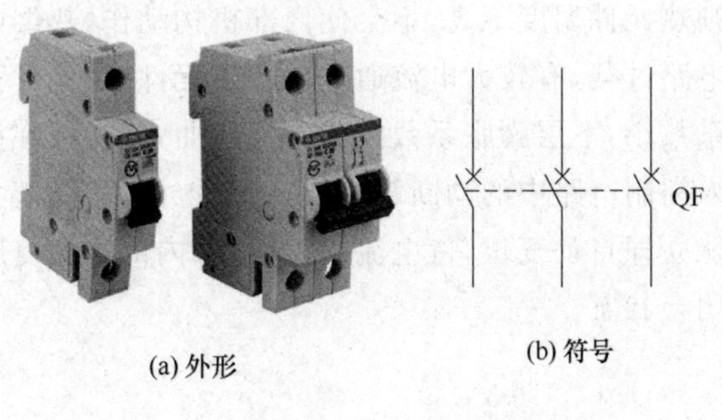

(a) 外形 (b) 符号

图 6-35 低压断路器

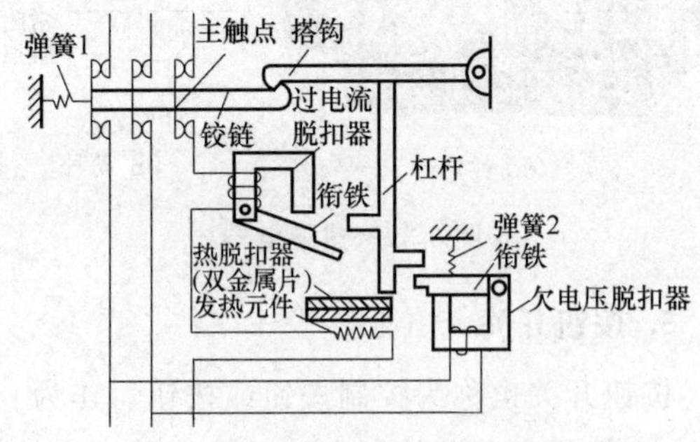

图 6-36 装置式断路器的工作原理

7. 行程开关

行程开关也称位置开关或限位开关。行程开关的文字符号为 SQ，外形及符号如图 6-37所示。其特点是触点的动作不靠手，而是利用机械运动部件的碰撞使触点动作来实现接通或断开控制电路。它将机械位移转变为电信号来控制机械部件运动的位置，主

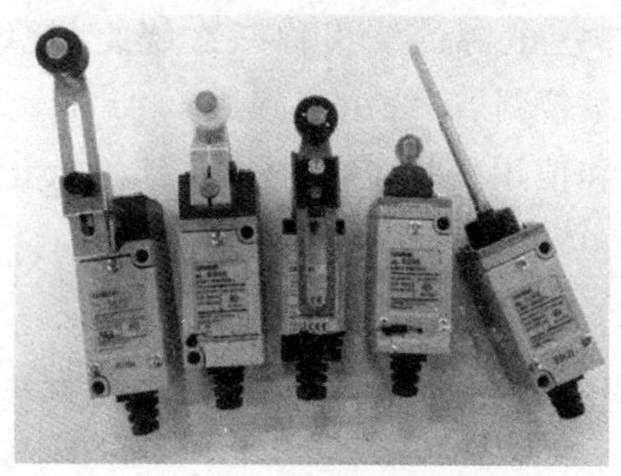
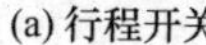
(a) 行程开关

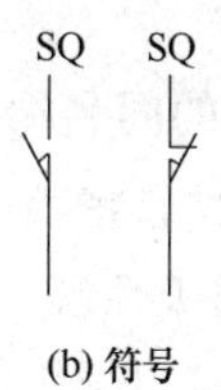

(b) 符号

图 6-37 行程开关

要用于控制机械部件的运动方向、行程距离和位置保护。

8. 时间继电器

时间继电器是利用电磁原理或机械动作原理实现触点延时闭合或延时断开的自动控制电器。其文字符号为 KT,图形符号如图 6-38 所示。时间继电器种类较多,有电磁式、电动式、空气阻尼式、晶体管式等几种。

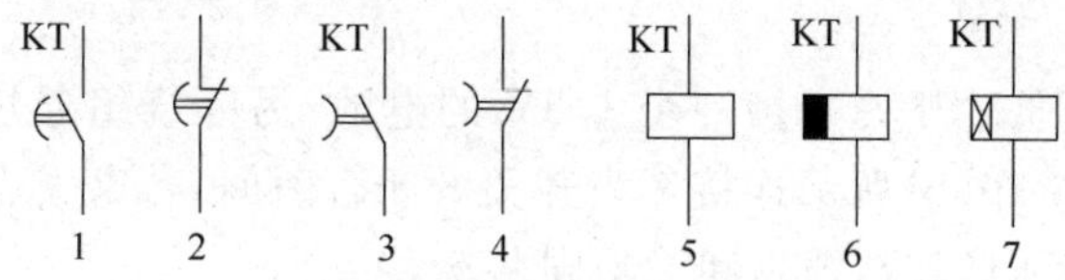

图 6-38 时间继电器的图形符号

1—延时闭合瞬时断开动合触点;2—延时断开瞬时闭合动断触点;
3—瞬时闭合延时断开动合触点;4—瞬时断开延时闭合动断触点;
5—线圈一般符号;6—断电延时线圈;7—通电延时线圈

任务6.6在线练习

任务 6.7 拓展与训练:单相变压器的简单测试

实训目的:

(1) 判别变压器绕组同名端的方法。

(2) 测定变压器的空载损耗。

(3) 变压器绕组直流电阻的检测。

实训器材: 交流电压表、交流电流表、单相变压器、功率表、万用表、兆欧表等。

1. 变压器的结构

单相变压器的结构主要由铁心和绕组组成。

铁心是变压器的磁路部分,是器身的骨架。为了提高铁心的导磁能力,减少铁心内部的涡流损耗和磁滞损耗,铁心一般用 0.35mm 厚表面绝缘的硅钢片叠压而成。变压器根据铁心的位置不同,可分为心式变压器和壳式变压器两类。

绕组是变压器的电路部分,小型变压器一般采用漆包圆铜线绕制,容量稍大的变压器则用扁铜线或扁铝线绕制。变压器中接电源的绕组称一次绕组(初级绕组、原绕组或原边);接负载的绕组称为二次绕组(次级绕组、副绕组或副边)。

每个变压器都有铭牌,它是了解和使用变压器的依据。铭牌上记载了变压器的型号及各种额定数据。

2. 单相变压器的同名端

变压器的同名端是指当铁心中磁通变化时,变压器各绕组所产生的感应电动势极性相同的端,又称为同极性端。

变压器的同名端由绕组的绕向决定,同名端在电路图中常用“•”或“*”表示。

在使用变压器时,无论是将两个绕组串联还是并联,都要注意绕组极性的正确连接,否则会造成严重后果。如不知道绕组的同名端,就要用实验方法来进行测定。变压器同名端的测定方法有交流法和直流法两种。

(1) 交流法

将两个绕组1、2端和3、4端的任意两端连接在一起,如图6-39(a)所示。在任意一个绕组的两端加一个合适的交流低电压,分别测出U_1、U_2、U_3,若$U_3=U_1-U_2$,则1和3是同名端;若$U_3=U_1+U_2$,则1和4是同名端。

(2) 直流法

将任意一个绕组通过开关S接一个1.5V的电池,另一绕组通过万用表的50mA挡构成闭合回路,如图6-39(b)所示连接。当开关S闭合瞬间,若毫安表正向偏转,则1和3是同名端;若毫安表反向偏转,则1和4是同名端。

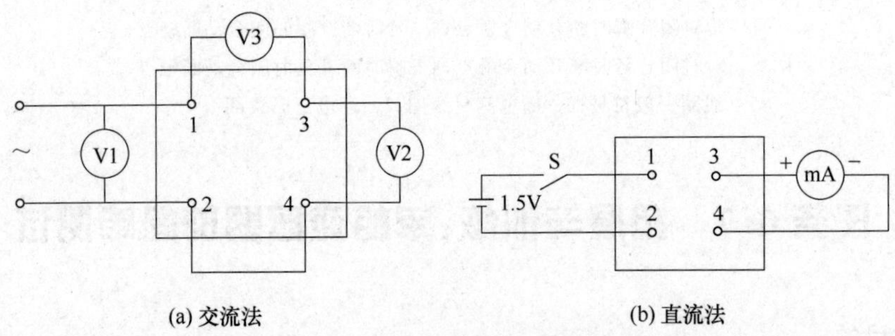

图6-39 变压器同名端的测定

3. 变压器一次、二次绕组直流电阻的检测

先用万用表初测一次、二次绕组直流电阻值的大致范围,然后用单臂电桥准确测量,将所测结果记录在表6-1中。

表6-1 变压器绕组直流电阻检测记录

测试用仪器仪表类别	型号规格	测试结果/Ω	
		一次绕组	二次绕组
万用表测量			
单臂电桥测量			

4. 变压器绝缘电阻的检测

用兆欧表检测各绕组的对地绝缘电阻(绕组对铁心)和绕组之间的绝缘电阻,将所测阻值记录在表 6-2 中。

表 6-2 变压器绕组绝缘电阻测试记录

光欧表型号规格	一次绕组对地绝缘电阻/MΩ	二次绕组对地绝缘电阻/MΩ	一次绕组与二次绕组间绝缘电阻/MΩ

5. 测试空载电流和空载输出电压

将自耦调压器 T1、待测变压器 T2、电流表、电压表、功率表、开关及负载电阻按图 6-40所示测试电路进行连接。

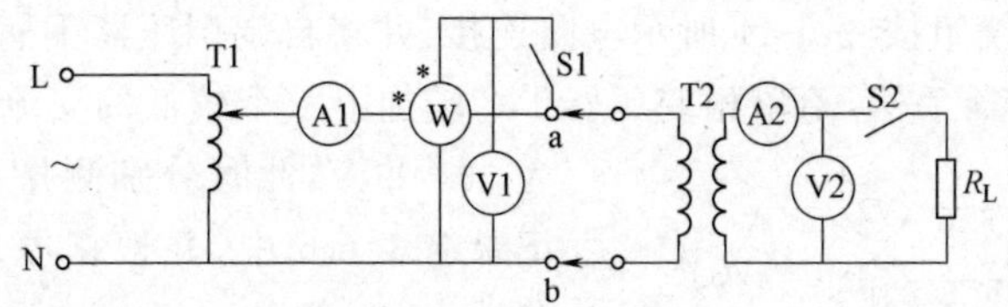

图 6-40 变压器通电测试电路

闭合 S1,调节自耦调压器 T1,向待测变压器输入 220V 交流电压。分断 S2,使变压器处于空载状态,将电流表 A1 所示空载电流数记录在表 6-3 中,算出它与额定电流的比值。同时在电压表 V2 上读出空载输出电压,并记入该表中,算出它与额定电压的比值。

表 6-3 变压器空载电流和空载输出电压测试记录

测试仪表型号规格		空载电流		空载输出电压	
电流表	电压表	实测值/A	与额定电流的比值/%	实测值/V	与额定电压的比值/%

6. 变压器额定输出电压,额定输入、输出电流及电压调整率的测试

在上述测试电路中,闭合 S2 使变压器带额定负载 R_L,调节调压器 T1,并微调 R_L,使电压表 V1 读数为 220V,电流表 A1 读数为额定输入电流,记录 V1、V2,A1、A2 的读数。空载输出电压与额定输出电压之差与空载输出电压的比值称为电压调整率 $\Delta U\%$,将它们及相关数据记录在表 6-4 中。

表 6-4 变压器额定输出电压,额定输入、输出电流测试记录

额定输出电压/V		额定输入电流/A		额定输出电流/A		电压调整率 $\Delta U\%$
实测值	与标称值的差值	实测值	与标称值的差值	实测值	与标称值的差值	

7. 变压器空载损耗的测试

在上述测试电路中,断开待测变压器 T2 的 a、b 两点,闭合 S1,调节 T1 使其输出 220V电压,此时功率表 W 读数为 V1 表线圈和 W 表电压线圈损耗功率 P_1。将待测变压器接入 a、b 两点,仍使 S2 分断,重调 T1,使 V1 读数为 220V,这时 W 读数则为变压器空载损耗功率与 V1、W 两只表损耗功率之和 P_2。将这些数值记录在表 6-5 中,即可算出该变压器的空载损耗功率 P_3。

表 6-5 变压器空载损耗功率测试记录

V1、W 两表损耗功率 P_1/W	T2、V1、W 三者损耗功率 P_2/W	T2 空载损耗功率 $P_3=P_2-P_1$/W

8. 变压器同名端测试

(1) 交流法测定变压器的同名端

把变压器两个绕组按图 6-41 所示电路连接,并将自耦调压器手柄置于"0"位;闭合开关 S,调节自耦调压器手柄,给单相变压器 1,2 端加上一个较低的交流电压,使 V1 的读数为 60~80V,此时分别测量 U_{12}、U_{13}、U_{34} 的值,记录在表 6-6 中,并根据原理判定变压器的同名端。

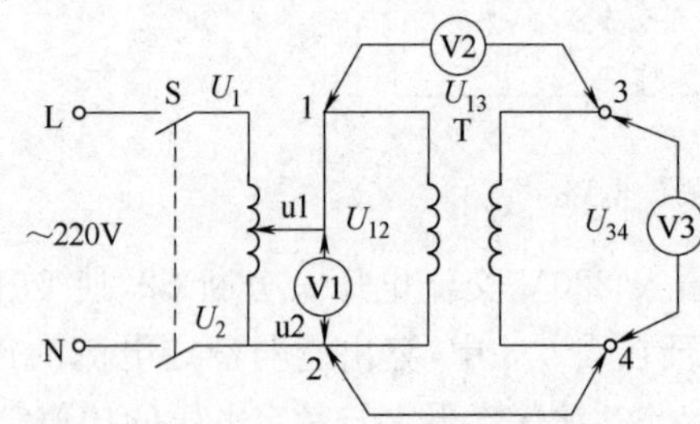

图 6-41 交流法测定变压器同名端电路

(2) 直流法验证变压器的同名端

用交流法测定变压器的同名端后,该判定结论是否正确可用直流法加以验证。将变压器的两个绕组按图 6-39(b)所示电路连接,在开关 S 闭合的瞬间,观察毫安表指针的偏转方向,验证交流法判定的变压器同名端的结论是否正确,并记录在表 6-6 中。

表 6-6 变压器同名端测试记录

U_{12}/V	U_{34}/V	U_{13}/V	同名端	直流法验证结果

实训评分:任务 6.6 评分参考表 6-7。

表 6-7 任务 6.7 评分表

序号	考核内容与要求	考核情况记录	评分标准	得分
1	(1) 注意安全,严禁带电操作。 (2) 掌握变压器的结构,会测量变压器的同名端。 (3) 会测量变压器绕组的直流电阻		10	
2	能正确检测变压器的绝缘电阻		5	
3	能正确测试空载电流和空载输出电压,注意操作安全事项		5	

习 题

一、判断题

1. 用电安全就是要求我们采取一切必要的措施避免发生人身触电事故和设备事故。（ ）

2. 虽然发生跨步电压电击时大部分电流不通过心脏，但跨步电压电击也有致命的危险。（ ）

3. 新参加电气工作的人员不得单独工作。（ ）

4. 触电死亡事故中，低压事故多于高压事故。（ ）

5. 每年触电事故最多的时段，是春节前后气候最干燥的一个月。（ ）

6. 发生跨步电压电击时，大部分电流不通过心脏，只能使人感到痛苦而没有致命的危险。（ ）

7. 局部照明变压器应采用双绕组变压器，并且一次侧、二次侧分别装有短路保护元件。（ ）

8. 做口对口人工呼吸时，每次吹气时间约 2s，换气时间约 3s。（ ）

9. 电击是电流直接作用于人体造成的伤害。（ ）

10. 电火花和电气设备的危险温度都可能引起电气火灾。（ ）

11. 对地电压是带电体与零电位大地之间的电位差。（ ）

12. 因为 36V 为安全电压，所以人体接触这个电压不会受到伤害。（ ）

13. 高处起火，使用灭火器仰喷时，为了降低喷射距离、快速灭火，人应站在着火点的正下方喷射。（ ）

14. 触电死亡事故中，高压事故多于低压事故。（ ）

15. 违章作业和错误操作是导致触电事故最常见的原因。（ ）

16. 接触配电线路的零线是不会发生触电事故的。（ ）

17. 高温季节和潮湿环境中发生的触电事故较多。（ ）

18. 漏电保护装置能防止单相电击和两相电击。（ ）

19. 交流电击能直接使人致命；直流电只能使人受到严重烧伤，通过烧伤使人致命。（ ）

20. 气体击穿后绝缘性能很快得到恢复。（ ）

二、单项选择题

1. 在特别潮湿场所、高温场所、有导电灰尘的场所或有导电地面的场所，对于容易触及而又无防止触电措施的固定式灯具，且其安装高度不足 2.2m 时，应采用（ ）V 安全电压。

   A. 12　　B. 24　　C. 36　　D. 220

2. 胸外心脏按压法的正确压点在（ ）。

A. 心窝左上方　　B. 心窝正中间
C. 心窝右上方　　D. 心窝正下方

3. 对于电击而言，工频电流与高频电流比较，其危险性是（　　）。
A. 工频危险性大　　B. 高频危险性大
C. 二者危险性一样大　　D. 二者不能比较

4. 不能用于带电灭火的灭火器材是（　　）。
A. 泡沫灭火器　　B. 二氧化碳灭火器
C. 直流水枪　　D. 干粉灭火器

5. 当触电人脱离电源后深度昏迷、心脏只有微弱跳动时（　　）注射肾上腺素。
A. 允许大剂量　　B. 允许中剂量
C. 允许小剂量　　D. 不允许

6. 工频电流触电，流过人体电流约为（　　）mA 时，可能引起心室纤维性颤动而致死。
A. 1　　B. 10　　C. 30　　D. 50

7. 在金属容器内使用的手提照明灯的电压应为（　　）V。
A. 220　　B. 36　　C. 24　　D. 12

8. 有触电危险的环境中局部照明灯的电压不应超过（　　）V。
A. 12　　B. 24　　C. 36　　D. 220

9. 人体阻抗是由（　　）组成。
A. 电阻和电容　　B. 电阻和电感
C. 电容和电感　　D. 纯电阻

10. 绝缘电阻试验包括（　　）。
A. 泄漏电流测量　　B. 吸收比测量
C. 绝缘电阻测量　　D. 绝缘电阻测量和泄漏电流测量

11. 人体体内电阻大约为（　　）。
A. 数十欧　　B. 数百欧　　C. 数千欧　　D. 数十千欧

12. 对地电压就是带电体与（　　）之间的电压。
A. 某一相线　　B. 中性线　　C. 接地体　　D. 零电位大地

13. 生产过程中所产生静电的电位可高达（　　）以上。
A. 数万伏　　B. 数千伏　　C. 数百伏　　D. 数十伏

项目 7

三相异步电动机控制电路

随着生产过程机械化、自动化程度的提高，现代工业生产中广泛采用电动机驱动。电动机的作用是将电能转换为机械能。电动机有交流和直流之分，交流电动机按工作原理可分为异步电动机和同步电动机；按工作电源的相数，异步电动机又可分为单相异步电动机和三相异步电动机。

任务 7.1 三相异步电动机

7.1.1 三相异步电动机的用途、分类与结构

1. 三相异步电动机的用途和分类

三相异步电动机的用途非常广泛。在工业生产中可用于拖动中小型轧钢设备、金属切削机械、起重运输机械、轻工机械、矿山机械以及通风设备等；在农业方面用于拖动水泵、脱粒机、粉碎机和其他农副产品的加工机械等。

三相异步电动机按照容量，可以分为小型电动机、中型电动机和大型电动机；按照电动机转子的结构形式可分为笼型和绕线型。

2. 三相异步电动机的基本结构

三相异步电动机主要由定子和转子两部分组成：静止部分称为定子，旋转部分称为转子。三相笼型异步电动机的主要部件如图 7-1 所示。

(1) 定子

定子由定子铁心、定子绕组和机座三部分组成。

定子铁心是异步电动机磁路的一部分。它用 0.5mm 厚的硅钢片冲制、叠压而成，紧紧地装在机座的内部。在定子铁心的内圆上开有均匀分布的槽，用以放置定子绕组。

定子绕组是电动机的电路部分，由许多线圈按一定规律连接而成。小型三相异步电动机的定子绕组通常用高强度漆包线绕制而成。

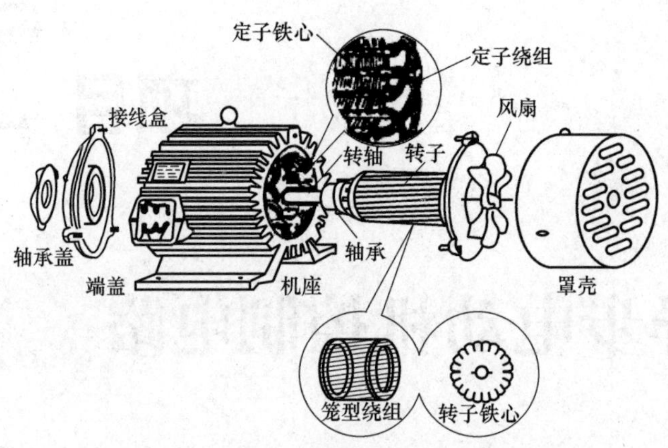

图 7-1 三相笼型异步电动机的主要部件

机座的主要作用是固定定子铁心和端盖,中小型电动机的机座通常采用铸铁制作,而大型电动机的机座则由钢板焊接而成。

(2) 转子

转子由转子铁心、转子绕组和转轴组成。

转子铁心也是电动机磁路的一部分,用 0.5mm 厚的硅钢片冲制、叠压而成。转子铁心与定子铁心之间有一个很小的气隙。转子铁心的外圆上冲有均匀分布的槽,用来放置转子绕组。

转子绕组的作用是产生感应电动势和电磁转矩。根据结构不同,转子绕组分为笼型和绕线型两大类。

笼型转子的每个槽内都有一根裸导体,在伸出铁心两端的槽口处,用两个端环把所有导体连接起来。导体和端环可以用熔化的铝液整体浇注出来,如图 7-2 所示。

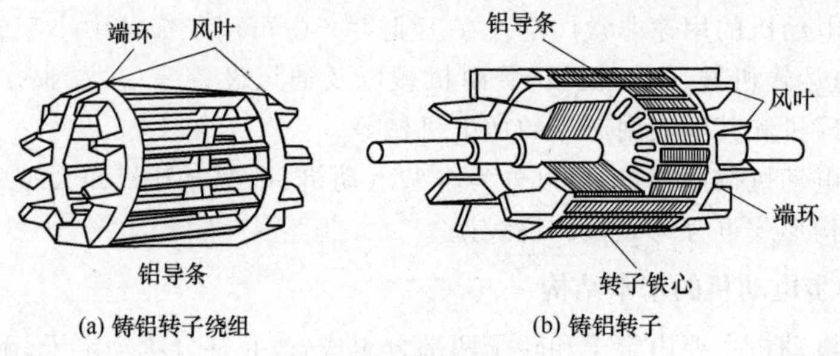

图 7-2 铸铝转子结构

与定子绕组相似,绕线型转子也是三相对称绕组,一般都接成 Y 形连接。三相绕组的三根引出线接到转轴上的三个滑环,通过电刷与外电路相连,如图 7-3 所示。

绕线转子异步电动机的转子结构比笼型复杂,但绕线转子异步电动机能获得较好的启动与调速性能,在需要大启动转矩时(如起重机械)往往采用绕线转子异步电动机。

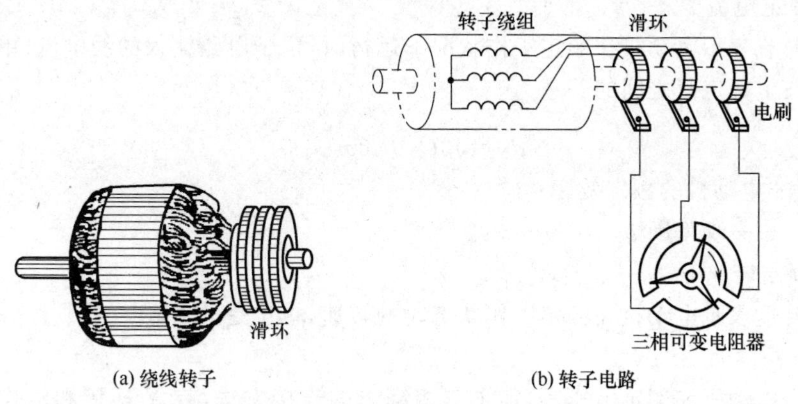

图 7-3 绕线转子及其电路

3. 三相异步电动机的铭牌和额定值

每台异步电动机的机座上都有一块铭牌，铭牌上标出了该电动机的型号、规格和有关技术数据，如图 7-4 所示。

三相异步电动机			
型号Y-112M-4		编号	
4.0kW		8.8A	
380V	1440r/min	LW 82dB	
接法△	防护等级IP44	50Hz	45kg
标准编号	工作制S1	B级绝缘	年 月
××电机厂			

图 7-4 三相异步电动机的铭牌

(1) 型号

电动机的品种代号，由产品代号和规格代号组成。以 Y-112M-4 电动机为例，其含义如下。

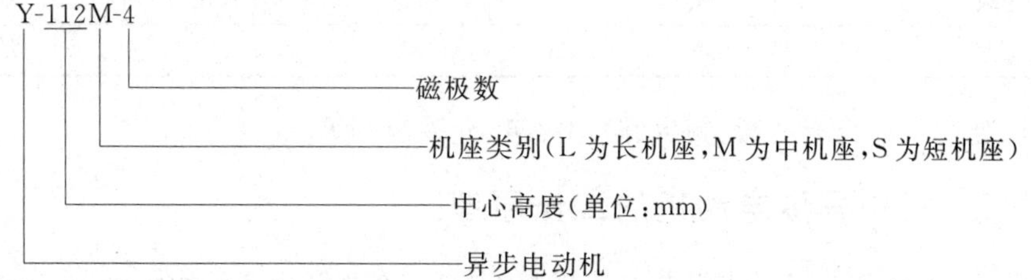

(2) 额定功率 P_N

额定功率表示电动机在额定工作状态下，从轴上输出的机械功率，单位为 kW。

(3) 额定电压 U_N

额定电压表示电动机在额定工作状态下，加到定子绕组上的线电压，单位为 V。

(4) 额定电流 I_N

额定电流表示电动机在额定工作状况下运行时,定子电路输入的线电流,单位为 A。

上述三个额定值之间的关系为

$$P_N=\sqrt{3}U_N I_N \cos\varphi_N \eta_N \tag{7-1}$$

式中,η_N——电动机的额定效率;

$\cos\varphi_N$——功率因数。

(5) 额定转速 n_N

额定转速表示电动机在额定工作状态时的转速,单位是 r/min。

(6) 接法

接法指电动机在额定电压下,定子三相绕组的连接方法,有 Y 连接和△连接。若铭牌上标明△,额定电压为 380V,表明电动机额定电压为 380V 时应接成△连接。若电压写成 380V/220V,接法为 Y/△,表明电源线电压为 380V 时应接成 Y 连接;电源线电压为 220V 时应接成△连接。一般小型电动机大多采用 Y 连接,大中型电动机采用△连接。电动机定子绕组接线如图 7-5 所示。

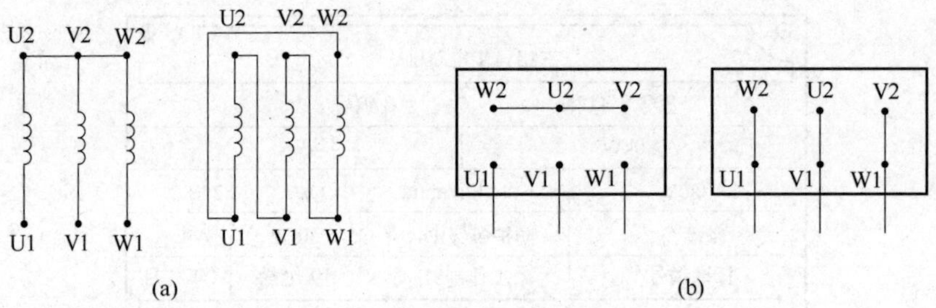

图 7-5 定子三相绕组的接线方法

(7) 绝缘等级

绝缘等级表示电动机所用绝缘材料的耐热等级。绝缘材料按耐热性能可分为 Y、A、E、B、F、H、C 七个等级,见表 7-1。目前,国产的 Y 系列电动机一般采用 B 级绝缘。

表 7-1 绝缘材料耐热性能等级

绝缘等级	Y	A	E	B	F	H	C
最高允许温度/℃	90	105	120	130	155	180	大于 180

此外,铭牌上还标有相数、频率、防护等级、允许温升等。

7.1.2 三相异步电动机的工作原理

三相异步电动机的定子绕组通入三相交流电后,在气隙中产生旋转磁场,通过电磁感应,在转子绕组中产生感应电动势和电流,该电流与旋转磁场作用产生电磁转矩,从而驱动转子旋转。

1. 三相异步电动机旋转磁场的产生

为了理解旋转磁场及其作用,这里先做一个简单的实验。如图 7-6 所示为一个装有手柄的马蹄形磁铁，在它的两极间放着一个由许多铜条组成、两端分别用金属环短接、可以自由转动的笼型转子，磁铁与转子之间没有机械联系。当摇动手柄使马蹄形磁铁旋转时，笼型转子就会跟着它朝同一方向一起旋转。

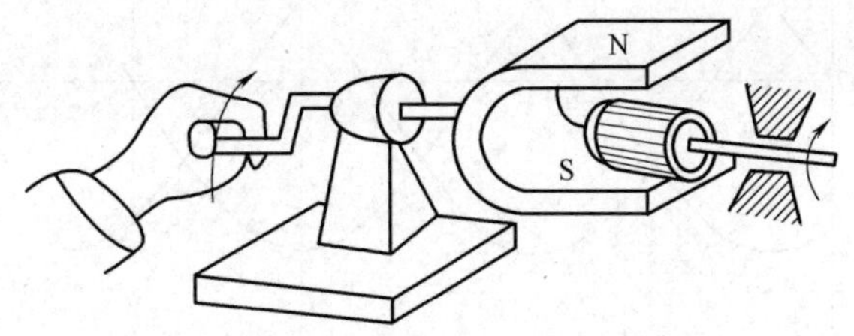

图 7-6 旋转磁场拖动笼型转子旋转

通过实验知道，笼型转子与三相异步电动机转子相似，磁铁的旋转实质是磁场旋转。电动机的转子依靠旋转磁场旋转，而旋转磁场不能靠磁铁的旋转产生，而是采用三相交流电产生。

如图 7-7 所示为三相异步电动机的三相定子绕组，其对称地嵌放在定子铁心的槽中，并接成星形。三相绕组接到三相对称交流电源后，产生三相对称交流电流，它们将产生各自的交变磁场，三个交变磁场合成一个两极旋转磁场，如图 7-8 所示。各绕组中电流为正时，电流参考方向为从首端 U1、V1、W1 流入，从末端 U2、V2、W2 流出；各绕组中电流为负时，则为从末端流入，从首端流出。

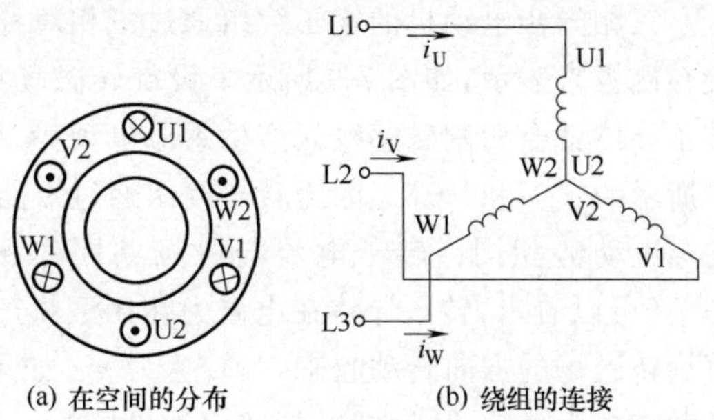

图 7-7 简化了的定子绕组

从图 7-8 可以看出，空间上排列互差 120°的三相对称绕组通入三相对称交流电后产生一对磁极的旋转磁场，电流变化一个周期，该旋转磁场在空间旋转一周即 2π 弧度。

旋转磁场的磁极对数 p 与定子绕组的空间排列有关，通过适当的安排，可以制成多对磁极的旋转磁场。

根据以上分析，电流变化一个周期，两极旋转磁场（$p=1$）在空间旋转一周。若电流频率为 f_1，则旋转磁场转速 $n_1=60f_1$。若使定子旋转磁场为四极（$p=2$），可以证明电流变化一个周期，旋转磁场旋转半周，则 $n_1=\frac{60f_1}{2}$。

由此可以看出，三相对称绕组流过三相对称交流电流产生旋转磁场。转向取决于电流的相序，任意调换两根电源线即可改变转向。转速为

$$n_1=\frac{60f_1}{p} \tag{7-2}$$

式中，p——定子绕组的磁极对数；

f_1——三相交流电的频率，单位为 Hz；

n_1——旋转磁场的同步转速，单位为 r/min。

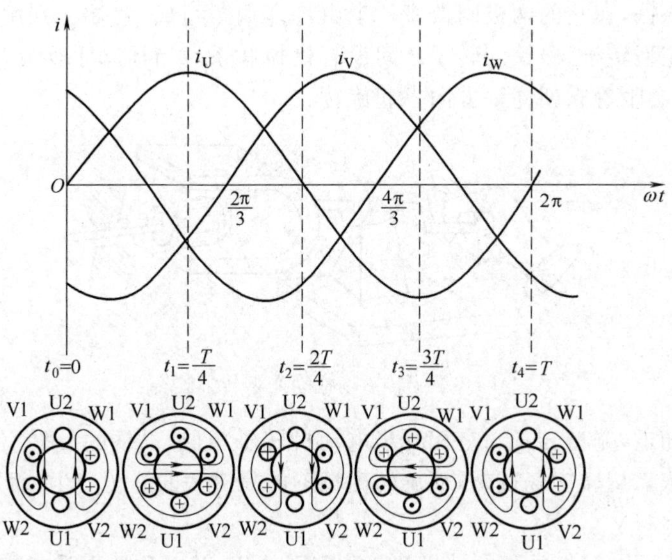

图 7-8 旋转磁场的产生

2. 三相异步电动机的工作原理

三相异步电动机的定子绕组通过三相对称交流电后，会产生旋转磁场，可用一对等效旋转磁极来表示，如图 7-9 所示。设旋转磁场按逆时针方向转动，开始时转子不动，这样转子导体就会切割磁感线而产生感应电动势。电动势的方向可用右手定则判定，如图7-9中所示的"⊗"和"⊙"。因为转子绕组通过短路环闭合，所以转子导体中就有电流流过，方向与电动势相同。转子电流与磁场共同作用产生电磁力，方向由左手定则确定。从图 7-9可以看出，转子导体在电磁力作用下将产生一个逆时针方向的电磁转矩，使转子沿着旋转磁场的方向转动起来，其转速为 n。如果转轴与生产机械相连，则电磁转矩将克服负载转矩而做功，从而把电能转化为机械能。

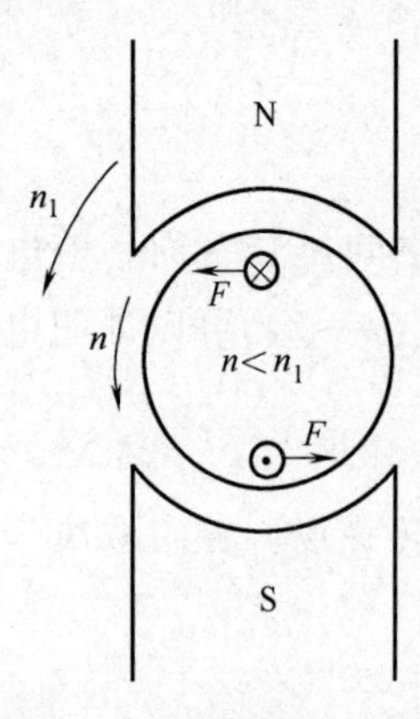

图 7-9 三相异步电动机的工作原理

电动机的转子转动后，如果其转速增加到旋转磁场的转速，则转子导体与磁场间的相对运动消失，转子中的电磁转矩等于零。所以三相异步电动机工作时，转子的转速 n 不能等于旋转磁场的转速 n_1，因此得名"异步"。由于转子导体中的电动势、电流是从定子电路中感应而来，所以又称感应电动机。

3. 转差率

综上所述，异步电动机工作时，转子与旋转磁场之间有一个转速差，简称转差，它反映了转子导体切割磁感线的快慢程度。为了便于比较不同磁极对数的电动机，引入转差率的概念。转差率是指转差 n_1-n 与旋转磁场转速 n_1 的比值，通常用 s 表示。即

$$s=\frac{n_1-n}{n_1} \tag{7-3}$$

转差率是分析三相异步电动机性能的一个重要参数。

电动机启动的瞬间，$n=0$，$s=1$ 转差率最大，随着转速的上升转差率减小，表明导体切割磁感线的速度下降。当 $n=n_1$ 时，$s=0$，但由于电动机正常工作时，$n\neq n_1$，因此 $0<s\leqslant 1$。在额定负载时，中小型异步电动机转差率的范围一般为 0.02～0.06。

7.1.3　三相异步电动机的运行特性

1. 三相异步电动机的转矩特性曲线

三相异步电动机在外加电压和电源频率不变的情况下，电磁转矩 T_e 与转差率 s 之间的关系可用转矩特性曲线表示，如图 7-10 所示。如图 7-11 所示为定子电路外加电压不等时的转矩特性曲线，如图 7-12 所示为转子电路电阻不等时的转矩特性曲线。综合以上三图，结合转矩特性曲线上的关键点，可以分析得出：

(1) 最大转矩 T_m 对应的转差率，称为临界转差率 s_m，其值大小与转子电路的电阻有关，与外加电压无关。但最大转矩大小与转子电路的电阻无关。

(2) 电磁转矩的大小与电源电压的平方成正比，当电源电压发生波动时，电动机的电磁转矩将发生较大变化，如图 7-11 所示。

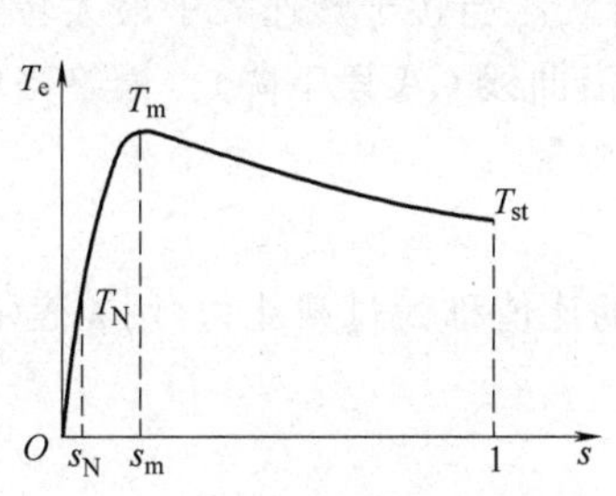

图 7-10　三相异步电动机的转矩特性曲线

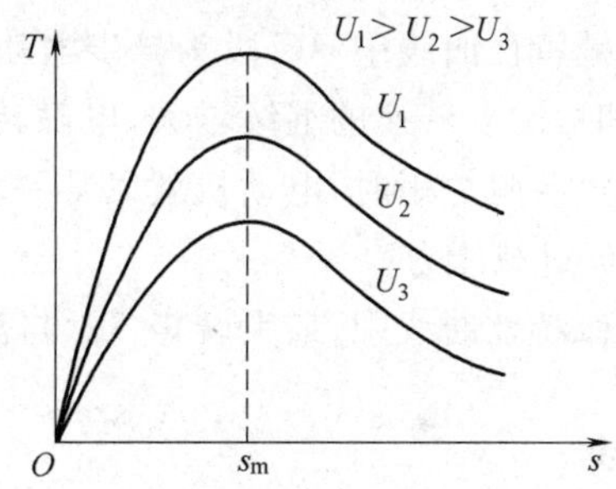

图 7-11　定子电路外加电压不等时的转矩特性曲线

(3) 适当增大转子电路电阻的大小，可以提高启动转矩，减小转子电流，对绕线转子异步电动机的启动有利，如图 7-12 所示。

(4) T_N 为电动机带额定负载时对应的电磁转矩，对应的转差率 s_N 为额定转差率。

(5) $s=1$ 时的转矩 T_{st} 称为启动转矩，为启动时对应的电磁转矩，电动机启动时，其值要大于负载转矩。

2. 三相异步电动机的机械特性曲线

三相异步电动机的机械特性是指定子电压和频率为常数时，转速 n 与电磁转矩 T_e 之间的关系。一般将转矩特性曲线顺时针旋转 90°。再将坐标轴转差率 s 换成转速 n，即可得到机械特性曲线，如图 7-13 所示。

由机械特性曲线可见：

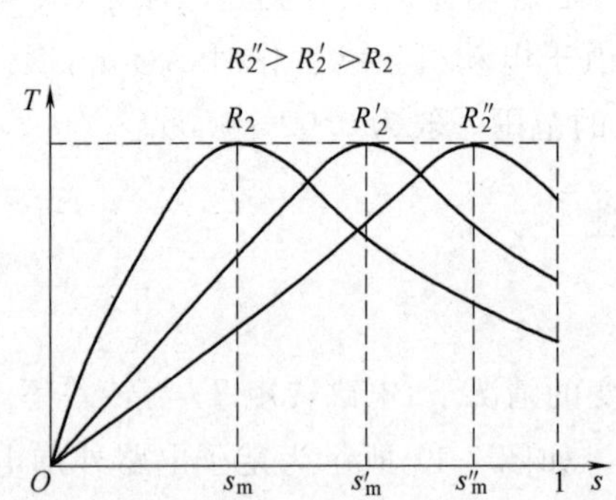

图 7-12　转子电路电阻不等时的转矩特性曲线

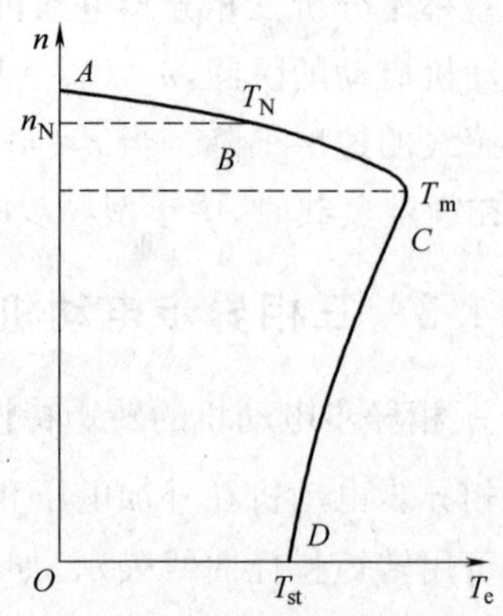

图 7-13　三相异步电动机的机械特性曲线

（1）非稳定运行区

机械特性曲线上的 *CD* 段，当电动机的启动转矩大于负载阻力矩时，电动机启动旋转并在电磁转矩的作用下逐渐加速，此时电磁转矩随转子转速 n 的增加而逐渐增大（沿曲线 *CD* 段上升），一直增大到最大转矩 T_m。该区段称为非稳定运行区。

（2）稳定运行区

机械特性曲线中 *AC* 段为异步电动机的稳定运行区。当转子转速大于最大转矩对应的转速时，随着转速的继续增大，电磁转矩反而减小（沿曲线 *CA* 段下降）。最终当电磁转矩等于负载阻力矩时，电动机就以某一转速匀速稳定旋转。

（3）过载能力

机械特性曲线中，最大转矩 T_m 与额定转矩 T_N 的比值称为过载能力，用 λ 表示。

$$\lambda = \frac{T_m}{T_N} \tag{7-4}$$

一般三相异步电动机的过载能力为 1.8～2.5。

3. 额定转矩与额定功率的关系

电动机在额定状态运行时，若电动机带动负载转动的转矩为 T_N 轴上输出的额定功率为 P_N，电动机的转速为 n_N，则有

$$T_N = 9550\frac{P_N}{n_N} \tag{7-5}$$

任务 7.1 在线练习

式中，T_N 的单位为 N·m；P_N 的单位为 kW；n_N 的单位为 r/min 。

任务 7.2　三相异步电动机的控制

7.2.1　三相异步电动机的启动

电动机接入电网后，从开始转动到正常运行的过程称为启动。一般情况下，三相异步电动机启动瞬间的电流可达额定值的 5～7 倍。如此大的启动电流会使电网电压产生波

动，影响其他电器正常工作，而电动机本身的启动转矩并不大。因此为了减小启动电流，产生合适的启动转矩，应采用适当的启动方法。

1. 笼型异步电动机的启动

笼型异步电动机的启动方法有两类：直接启动和降压启动。

(1) 笼型异步电动机的直接启动

将异步电动机的定子绕组接到额定电压的电网上使电动机直接启动的方法，称为直接启动(也称全压启动)。直接启动的优点是操作和启动设备简单，缺点是启动电流大。因此，直接启动只适用于小容量笼型异步电动机的启动。一般情况下功率在 7.5kW 以下的异步电动机，可以直接启动。

(2) 笼型异步电动机的降压启动

降压启动是指电动机在启动时降低加在定子绕组上的电压，待转速上升后恢复额定电压运行的启动方法。

笼型异步电动机的降压启动常采用以下两种方法。

(1) Y-△降压启动　将定子绕组△连接的电动机在启动时改接成 Y 连接，启动结束后恢复△连接。Y-△启动接线原理如图 7-14 所示。三相异步电动机的定子绕组由△连接改为 Y 连接后，启动转矩和电流都降低到原来的三分之一。因此，Y-△降压启动方法只能用于空载或轻载启动的场合。Y-△启动的优点是设备简单，成本低；缺点是只能用于正常工作时定子绕组△连接的电动机。

(2) 自耦变压器降压启动　利用自耦变压器降低加在定子绕组上电压的启动方法称为自耦变压器降压启动，其原理线路如图 7-15 所示。启动时，先将开关 S2 合向启动位置，使电动机降压启动。启动结束后，将开关 S2 合向运行位置，使自耦变压器从电路中切除，电动机在额定电压下运行。实际的自耦变压器常备有抽头，可以选择不同的启动电压，以满足生产机械对启动转矩的要求。此方式缺点是启动设备体积大，价格贵。降压启动广泛应用于大、中容量三相异步电动机空载或轻载启动的场合。

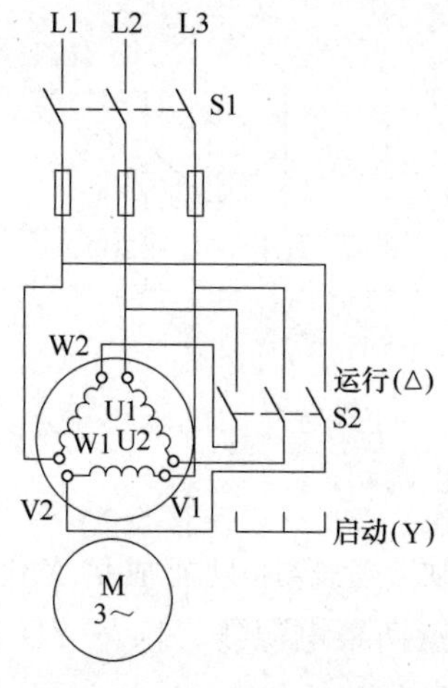

图 7-14　Y-△降压启动

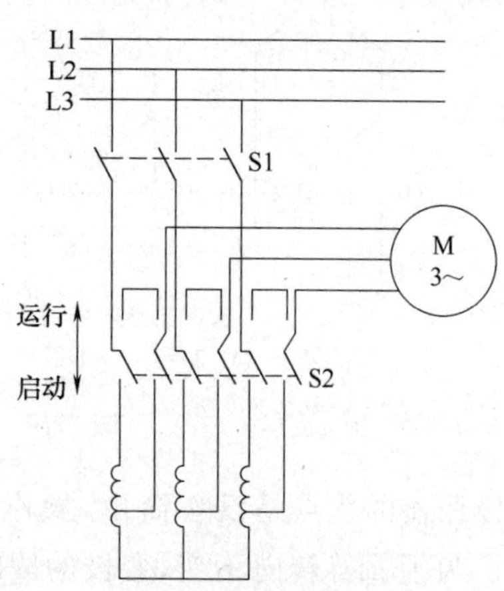

图 7-15　自耦变压器降压启动

2. 绕线转子异步电动机的启动

绕线转子异步电动机可以采用转子电路串电阻或频敏变阻器的方法启动。适当增大转子电路的电阻，可以减小启动电流，提高转子功率因数，增大启动转矩。因此适合于重载启动，例如起重机械。其缺点是启动设备较多，电能浪费多。

7.2.2 三相异步电动机的调速

调速就是在负载不变的情况下，用人为的方法来改变电动机的转速，以满足不同生产机械的要求。

由式(7-2)和式(7-3)可得

$$n=n_1(1-s)=\frac{60f_1}{p}(1-s) \tag{7-6}$$

从式(7-6)可知，三相异步电动机有三种调速方法，即改变极对数、改变电源频率和改变转差率。

1. 变极调速

变极调速通过改变定子旋转磁场的极对数来达到改变电动机转速的目的。由 $n_1=\frac{60f_1}{p}$ 可知，当电源频率一定时，若极对数减少一半，则同步转速 n_1 提高一倍，转子转速将随之提高一倍。因此，改变定子绕组的接法即可改变极对数，从而达到调速的目的，这就是变极调速的原理。有些磨床、铣床和镗床上常用的多速电动机就是通过改变极对数实现调速的。

多速电动机的每相定子绕组由两个相同部分组成，它们可以串联，也可以并联。正向串联时的极对数为 p，而反向并联时的极对数为 $\frac{p}{2}$，如图 7-16 所示。

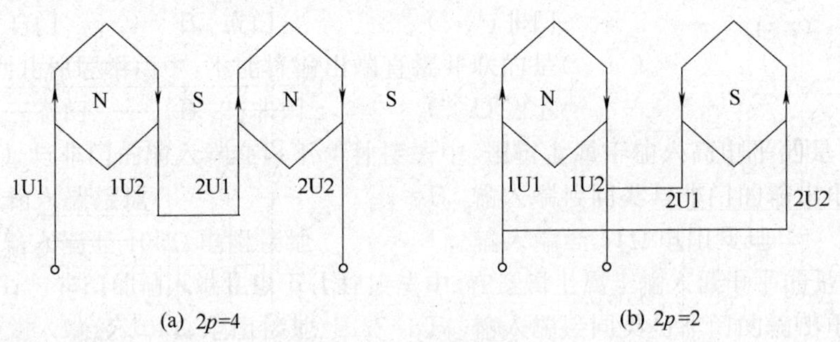

图 7-16 变极调速的原理图

变极调速的优点是设备简单，操作方便，效率高；缺点是转速只能成倍变化，是有级调速。为了保持转向不变，变极的同时，必须调换任意两根电源线。国产 YD 系列双速电动机采用的变极方法是△/YY 接法，允许输出的功率近似不变，属恒功率调速方式。

2. 变频调速

由于三相异步电动机的同步转速 n_1 与电源频率 f_1 成正比，因此，改变电源频率就可以平滑地调节三相异步电动机的转速，实现无级调速。

变频调速的机械特性如图 7-17 所示。在额定频率以下，电压与频率成正比减小，Φ_m 基本不变，属恒转矩（恒磁通）调速方式。在额定频率以上，频率升高，电压不变，Φ_m 减小，属恒功率调速方式。

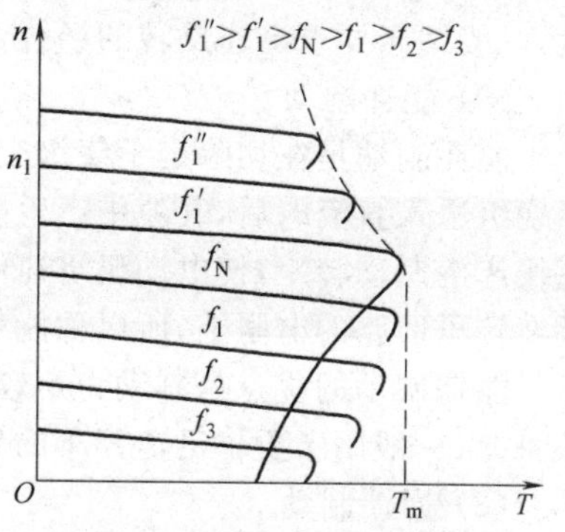

图 7-17 变频调速的机械特性

变频调速具有调速范围大，平滑性好，效率高等优点，可适应不同负载的要求；其缺点是调速系统复杂，成本高。

3. 变转差率调速

常用的改变转差率调速方法有转子串电阻调速和降压调速。

7.2.3 三相异步电动机的反转与电气制动

1. 三相异步电动机的反转

从三相异步电动机的工作原理可知，电动机的转向取决于旋转磁场的方向，并且两者转向相同。因此只要改变旋转磁场的方向就能使三相异步电动机反转。图 7-18 是利用倒顺开关实现电动机正、反转的电路图。若开关向上合，电动机正转；开关向下合时，互换了电动机的两根电源线，因此，旋转磁场反向，电动机随之反转。

2. 三相异步电动机的电气制动

三相异步电动机的制动方法有两类：机械制动和电气制动。

电气制动是使异步电动机产生与转速方向相反的电磁转矩，使电力拖动系统迅速停转、反转或限制转速。

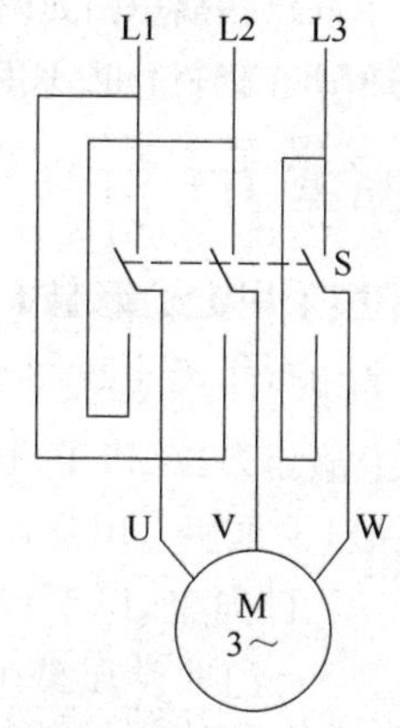

图 7-18 三相异步电动机正、反转电路图

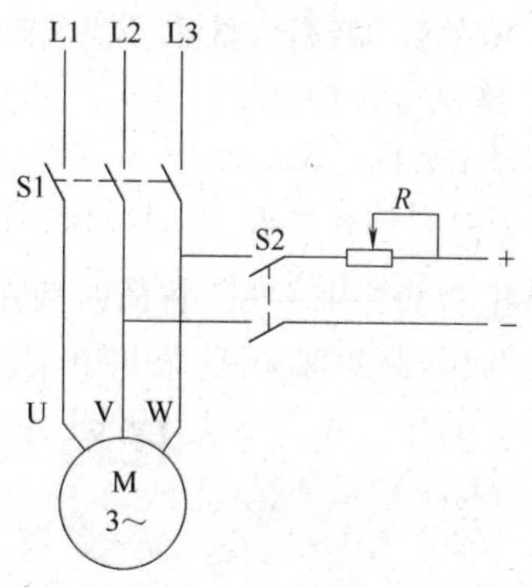

图 7-19 能耗制动原理图

（1）反接制动

反接制动的原理与电动机反转是一样的，即依靠调换定子绕组中任意两相的接线，使旋转磁场反转，从而在转子导体中产生与转向相反的电磁转矩，使转速很快下降。

这种制动方法的优点是制动效果强烈，所需设备简单；缺点是对电力拖动系统冲击太大，一般用于要求迅速反转的场合。

（2）能耗制动

能耗制动是在切除定子绕组交流电源的同时立即通入直流电，如图 7-19 所示。当定子绕组通入直流电后，气隙中产生静止磁场，而转子由于惯性继续旋转，转子导体切割磁感线产生制动转矩，使电动机迅速停转。这种制动方法是将转子的动能转化为电能，并消耗在转子回路的电阻上，所以称能耗制动。

能耗制动的优点是制动力矩较大，制动过程平稳；缺点是需要直流电源，低速时制动效果差，一般用于要求迅速停车的场合。

（3）回馈制动

回馈制动又称再生制动或发电制动。例如当起重机放下重物时，因重力的作用，电动机的转速 n 超过旋转磁场的转速 n_1，电动机转入发电运行状态，将重物的位能转换为电能，再回送到电网，所以称为回馈制动或再生制动、发电制动。

回馈制动的优点是能耗少，电路不需任何改接；缺点是转速必须高于理想空载转速，不能用于快速停车。一般适用于起重机快速下放重物或电车快速下坡的场合。

7.2.4 三相异步电动机的使用及典型故障处理

1. 三相异步电动机使用时应注意的问题

（1）电动机各相间绝缘和对地绝缘是否符合要求。

（2）电动机定子绕组的接法是否正确（Y 连接还是△连接）。

（3）电动机的转动是否灵活。

（4）电动机启动设备是否良好，所带负载是否正常。

（5）运行中声音、电流、温度等是否正常。

2. 三相异步电动机的故障及其处理方法

三相异步电动机的故障可分为机械故障和电气故障两类。未通电时就存在的故障属于机械故障，如轴承、铁芯、风叶、机座、转轴等处的故障。机械故障的修复一般采用更换、校正、清洗等维修方法。通电后才有的故障为电气故障，如定子绕组、转子绕组、电刷等导电部分出现的故障。其中，定子绕组烧坏故障占电气故障的 70%～90%，引起该故障的原因主要有负载过重、电源缺相、通风不良、电源电压降低等，一般采用定子绕组重新绕制来修复。无论出现机械故障还是电气故障，都会对电动机的正常运行带来不良影响。

任务 7.2 在线练习

任务 7.3 单相异步电动机

单相异步电动机与同容量三相异步电动机相比，体积较大，效率和功率因数较低，因此容量一般不大，通常在几瓦到几百瓦之间。

7.3.1　单相异步电动机的结构

单相异步电动机的结构和三相异步电动机相似，如图 7-20 所示。

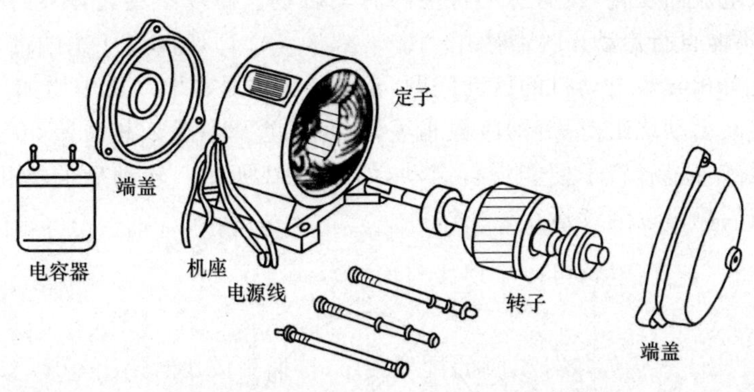

图 7-20　单相异步电动机的结构

(1) 机座：一般用铸铁制作，起固定与支承的作用。

(2) 铁心：铁心包括定子铁心和转子铁心，用来构成电动机的磁路。铁心用 0.35mm 和 0.5mm 厚的硅钢片叠压而成。

(3) 绕组：单相异步电动机定子绕组通常做成两相，即主绕组（工作绕组）和副绕组（启动绕组）。两种绕组的中轴线错开一定的电角度，目的是改善启动性能和运行性能。定子绕组采用高强度聚酯漆包线绕制，转子绕组一般采用笼型绕组，常用铝压铸而成。

(4) 启动开关：除了电容运转电动机外，在启动过程中，当转子转速达到同步转速的 80%左右时，常借助于启动开关，切除启动绕组或启动电容器。

离心开关是一种常用的启动开关，一般安装在电动机端盖边的转子上。当电动机转子静止或转速较低时，离心开关的触点在弹簧的压力下处于接通位置；当电动机转速达到一定值后，离心开关中重球产生的离心力大于弹簧的弹力，则重球带动触点向右移动，触点断开，如图 7-21 所示。

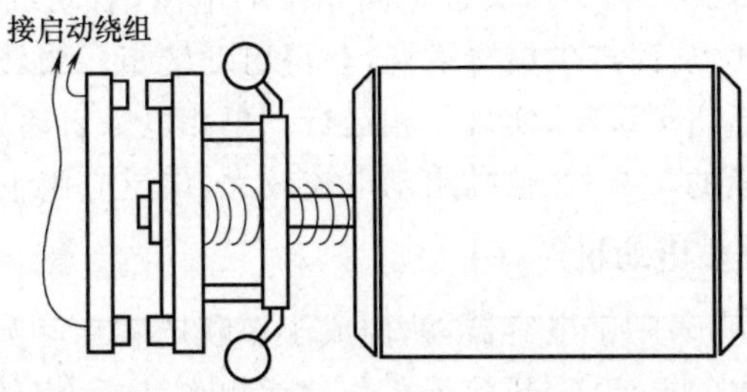

图 7-21　离心开关

7.3.2 单相异步电动机的启动

单相异步电动机的工作绕组中通入单相交流电后，将产生一个在空间位置不变，大小和方向随交流电流而变化，具有脉动特性的脉动磁场。磁场不旋转，不会产生启动力矩，因此，电动机不能自行启动。

为了解决单相异步电动机的启动问题，常用的方法是在电动机中增加一相启动绕组。如果工作绕组与启动绕组对称，即匝数相等，空间互差 90°，通入相位差 90°的两相交流电时，则可产生旋转磁场，转子便能自行启动，如图 7-22 所示。转动后的单相异步电动机，切除启动绕组后仍可以继续运行。

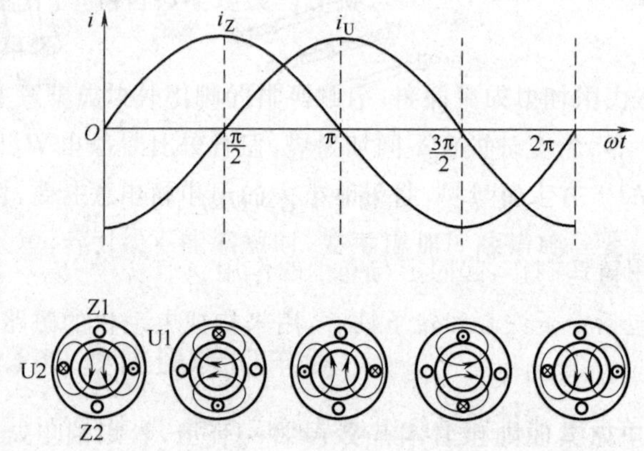

图 7-22　两相绕组产生的旋转磁场

以上启动方法称为单相异步电动机的分相启动，即把单相交流电变为两相交流电，从而在单相异步电动机内部建立一个旋转磁场。

单相异步电动机根据启动方式的不同，可以分为分相式和罩极式两种。其中，分相式又可分为单相电阻启动异步电动机、单相电容启动异步电动机、单相电容运行异步电动机、单相电容启动与运行异步电动机等。

1. 单相电阻启动异步电动机

如图 7-23 所示为单相电阻启动异步电动机的原理图。单相电阻启动异步电动机的启动绕组匝数少，导线细，可看作纯电阻负载；工作绕组匝数多，导线粗，可看作纯电感负载。两个绕组并联接在同一电源时，流过不同相位的电流，启动绕组电流 I_2 超前于工作绕组电流 I_1 一个电角度，从而产生旋转磁场，获得启动转矩。当转速达到 80%左右额定值后，启动开关自动切断启动绕组，实现单相运行。单相电阻启动异步电动机具有中等启动转矩（一般为额定转矩的 1.2～2 倍），启动电流较大，广泛应用于电冰箱的压缩机中。

2. 单相电容启动异步电动机

如果在启动绕组中串入一个电容器，就构成了单相电容启动异步电动机。由于电容器的作用，使启动绕组中的电流 I_2 超前于工作绕组电流 I_1 一定的电角度。当电容量合适时，可使相位差接近 90°。电动机启动后，仍利用启动绕组支路的启动开关切断启动绕

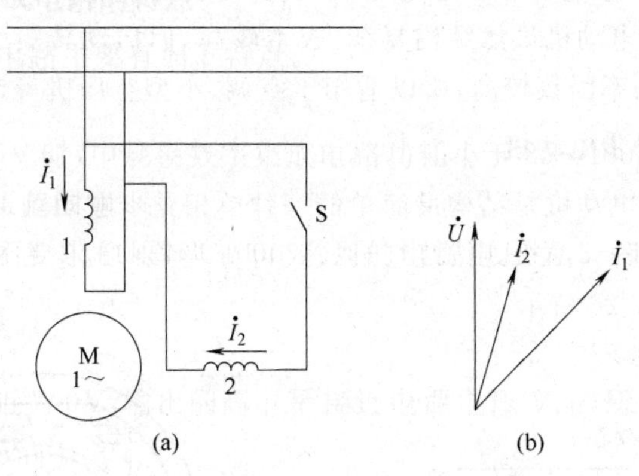

图 7-23 单相电阻启动异步电动机

组。单相电容启动异步电动机的启动转矩大(一般为额定转矩的 1.5～3.5 倍),启动电流相应增大,启动性能好,适用于各种满载启动的机械,如小型空气压缩机、木工机械等。

3. 单相电容运行异步电动机

将单相电容启动异步电动机中的启动开关去掉,并将启动绕组的导线加粗,由短时工作方式变成长期运行方式,就组成了单相电容运行异步电动机,如图 7-24 所示。其铁心上嵌放两套绕组,绕组的结构完全相同,空间位置互差 90°电角度。这时的启动绕组和电容器不仅在启动时起作用,运行时也起作用,这样可以提高电动机的功率因数和效率,改善工作性能。

单相电容运行异步电动机的电容器容量较小,其启动转矩较小。但是由于这种电动机结构简单,价格低,工作可靠,效率与功率因数较高,所以广泛应用于电风扇、洗衣机等单相用电设备中。

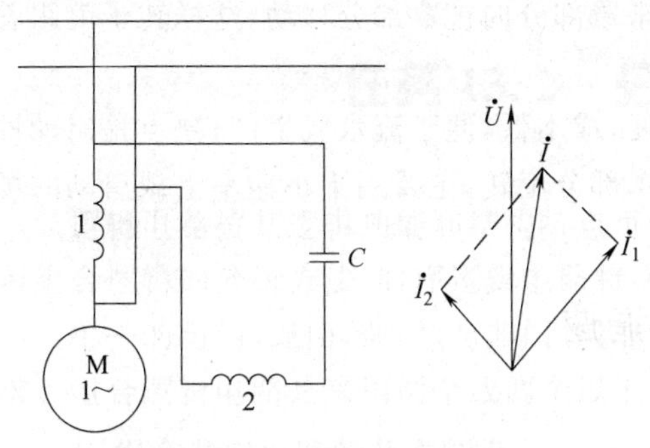

图 7-24 单相电容运行异步电动机

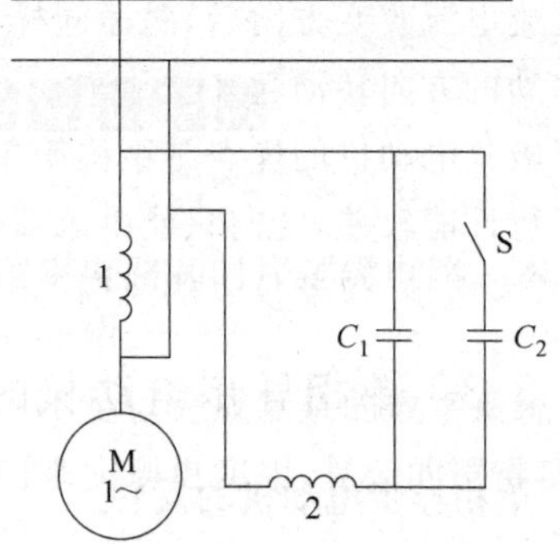

图 7-25 单相电容启动与运行异步电动机

4. 单相电容启动与运行异步电动机

单相异步电动机在启动绕组电路中串入两个并联的电容器,其中容量较大的电容器串一个启动开关,即可组成单相电容启动与运行异步电动机,如图 7-25 所示。启动时,两个电容同时作用,电容量较大,电动机有较好的启动性能。当转速上升到一定程度时,开关自动断开,保留一个小电容器参与运行,以确保运行时有较好的性能。由此可见,单相电容启动与运行异步电动机虽然结构复杂,成本较高,但启动转矩大(一般为额定转矩的2～2.5倍),效率与功率因数较高,所以适用于空调、小型空压机等设备中。

5. 单相罩极式异步电动机

单相罩极式异步电动机是结构最简单的一种单相异步电动机。按磁极形式不同可分为凸极式和隐极式两种。凸极式按绕组形式又可分为集中绕组和分布绕组两种,转子都采用笼型结构,如图7-26所示。

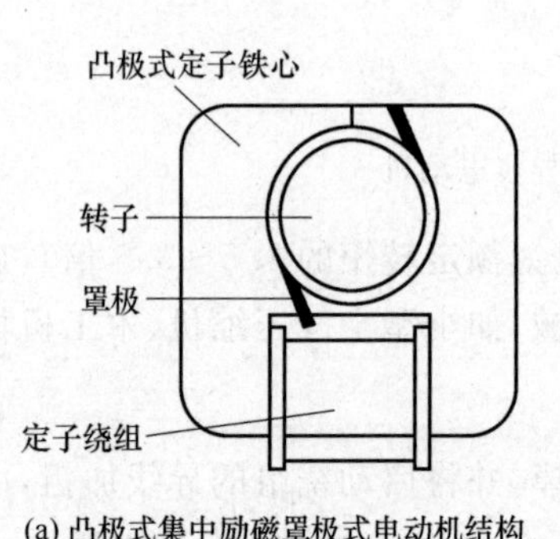

(a) 凸极式集中励磁罩极式电动机结构

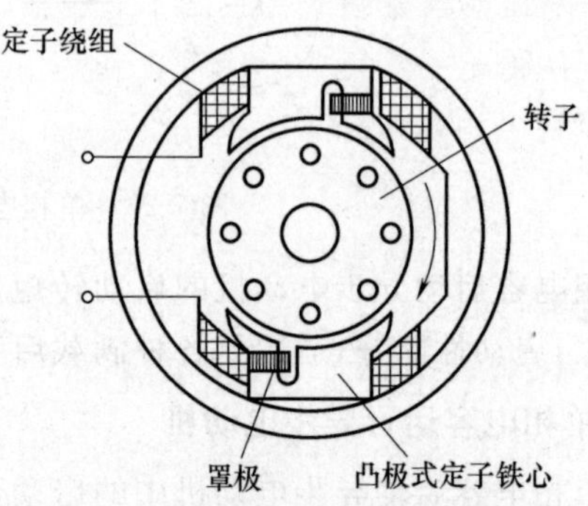

(b) 凸极式分布励磁罩极式电动机结构

图7-26 单相罩极式异步电动机的结构

单相罩极式异步电动机每个磁极的1/4～1/3处开有小槽,将磁极分成两部分。在极面较小的部分套装铜制短路环,就好像把这部分磁极罩起来一样,所以称罩极式电动机。

当罩极式电动机的定子绕组通入单相交流电流后,在气隙中会形成一个连续移动的磁场,使笼型转子受力而旋转。

交流电流改变方向后,磁通同样由磁极的未罩部分向被罩部分移动,这样转子就跟着磁场移动的方向转动起来。

罩极式电动机的优点是结构简单,制造方便,成本低,便于流水线生产;缺点是启动性能和运行性能较差,转向只能由未罩部分向被罩部分旋转,主要用于小功率空载启动的场合,如微型电扇、仪器仪表的风扇等。

7.3.3 单相异步电动机的反转与调速

1. 单相异步电动机的反转

单相异步电动机反转的实质是旋转磁场反转,即把工作绕组或启动绕组中的一组首端和末端与电源的接线对调。因为单相异步电动机的转向是由工作绕组和启动绕组产生的磁场有近90°的相位差决定的,把其中的一个绕组反接,等于将这个绕组的磁场相位改变180°。如果原来是超前90°,则改接后变成了滞后90°。

有的电容运行式单相异步电动机通过改变电容器的接法来改变电动机转向,如洗衣机中的电动机,其接线图如图7-27所示,这种单相异步电动机的工作绕组和启动绕组线圈匝数、粗细、结构分布完全相同。

外部接线无法改变罩极式电动机的转向，因为它的转向是由内部结构决定的，所以它一般用于不需改变转向的场合。

2. 单相异步电动机的调速

单相异步电动机和三相异步电动机一样，恒转矩负载的转速调节是困难的。在风机型负载的情况下，调速一般采用以下方法。

(1) 串电抗器调速

将电抗器与电动机定子绕组串联，利用电抗器上产生的电压降，使加到电动机定子绕组上的电压下降，从而实现电动机转速由额定转速往下调，如图 7-28 所示。

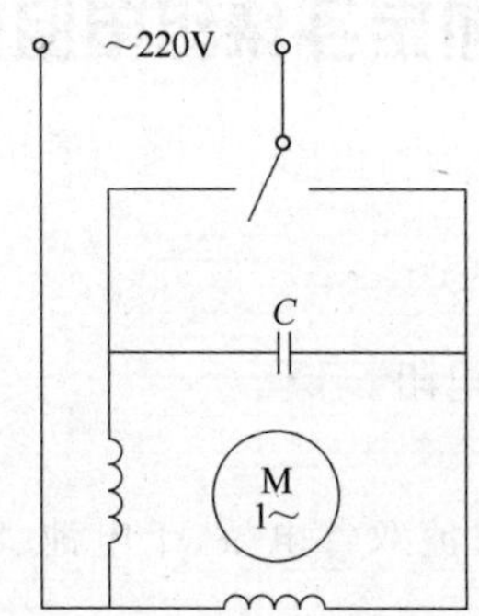

图 7-27　洗衣机电动机中的正、反向控制

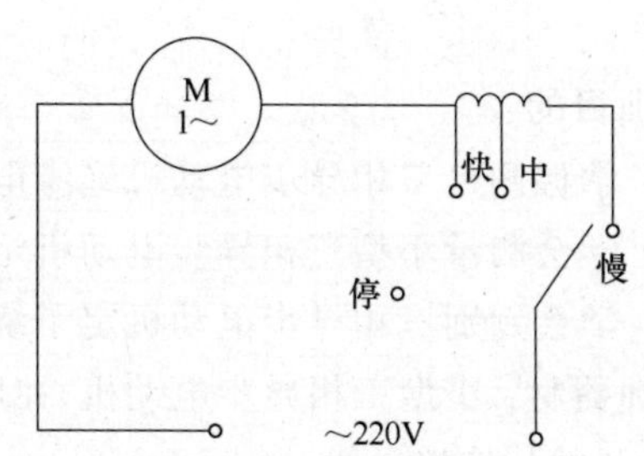

图 7-28　单相异步电动机串电抗调速器电路

这种调速方法简单，操作方便，但只能有级调速，一般应用在电风扇调速中。

(2) 电动机绕组内部抽头调速

电动机定子铁心嵌放工作绕组、启动绕组和中间绕组，通过开关改变中间绕组与工作绕组及启动绕组的接法，从而改变电动机内部气隙磁场的大小，使电动机的输出转矩也随之改变。在一定的负载转矩下，导致电动机转速的变化。这种调速方法不需电抗器，材料省，耗电少，但绕组嵌线和接线复杂，电动机和调速开关接线较多，且是有级调速。

(3) 晶闸管调速

晶闸管调速通过改变晶闸管的导通角，改变加在单相异步电动机上的交流电压，从而调节电动机的转速。

这种调速方法可以实现无级调速，节能效果好，但会产生一些电磁干扰。

(4) 变频调速

变频调速适合各种类型的负载。随着交流变频技术的发展，单相变频调速已在家用电器上应用，如变频空调器等。它是交流调速控制的发展方向。

7.3.4　单相异步电动机的使用及典型故障处理

使用单相异步电动机时，应注意：

(1) 电动机转速是否正常。

(2) 电动机的负载是否过大，能否正常启动。

(3) 温升是否过高。

(4) 声音是否正常。

(5) 振动是否过大。

(6) 使用电压是否为额定值等。

单相异步电动机的故障仍分为机械故障和电气故障。机械故障有轴承、启动开关、风扇风叶等处的故障,一般通过更换、机械维修等方法解决。电气故障有启动绕组和工作绕组、电容器等处的故障,容易导致电动机无法启动、过热、启动缓慢或转速过低,要根据具体的故障现象,分析故障原因,提出解决方案。

任务 7.4 拓展与训练:三相异步电动机定子绕组电阻的测试

实训目的:

(1) 掌握测量三相异步电动机绝缘电阻的方法。

(2) 学会测量小型三相异步电动机定子绕组的直流电阻。

(3) 学会判别三相异步电动机定子绕组的首尾端。

实训器材: 小型三相异步电动机、兆欧表、万用表、直流双臂电桥、干电池、220V/36V变压器、开关与连接导线。

对于长期搁置未用或检修后的三相异步电动机,为检验电动机的焊接是否合格或接线是否正确,一般要进行定子绕组直流电阻的测量。因为万用表只能进行一般性测量,要进行电动机定子绕组直流电阻的精确测量,必须借助单臂电桥或双臂电桥完成。

为检验三相异步电动机绝缘性能是否能够满足运行要求,以免发生不必要的事故,一般要进行相间和相对地绝缘电阻的测量。

测量绝缘电阻要用兆欧表。修复后的电动机绝缘电阻的测定一般在室温下进行。额定工作电压在500V以下的电动机,用500V兆欧表测定其相间绝缘和相对地绝缘电阻,小修后的绝缘电阻应不低于0.5MΩ,大修更换绕组后的绝缘电阻一般不应低于5MΩ。

1. 直流电阻的测量

(1) 将三相定子绕组出线端的连接点拆开,用万用表电阻挡测量三相定子绕组的通断情况。若三相绕组正常,则测出的电阻值应基本一致。

(2) 进行电桥接线:将U相绕组两端接到电桥相应的端钮上。

(3) 接通电源:将电桥的电源选择开关扳向相应的位置。

(4) 调整零位:旋动检流计旋钮,将指针调在零位上。

(5) 选择倍率:以万用表测得的电阻值为参考,将倍率开关旋到相应的位置上。

(6) 调节电桥的平衡,读出被测电阻值。

(7) 测量结束后,应将倍率开关旋至短路的位置上。

(8) 按以上方法测量V1与V2,W1与W2之间的直流电阻,将测量结果记录在表7-2中。

表 7-2 三相定子绕组在实际冷却状态下直流电阻的测量值

测量内容	U 相绕组电阻 R_U/Ω	V 相绕组电阻 R_V/Ω	W 相绕组电阻 R_W/Ω
万用表测量			
单臂电桥测量			

2. 绝缘电阻的测量

(1) 测量各相绕组的对地绝缘电阻。将兆欧表的 L 接线柱接被测相绕组一端，E 接线柱接电动机机座上没有油漆的部位或连到接线盒内的接地螺钉，分别测量三相绕组的对地绝缘电阻，共测量三次，记录在表 7-3 中。

(2) 测量相间绝缘电阻。将兆欧表的 L 接线柱和 E 接线柱分别接在不同的两相绕组出线端，共测量三次，将测量值分别记录在表 7-3 中。

表 7-3 三相定子绕组的绝缘电阻

各相绕组对地绝缘电阻			相间绝缘电阻		
U 相对地	V 相对地	W 相对地	U 相与 V 相	V 相与 W 相	W 相与 U 相

实训评分：任务 7.4 评分参考表 7-4。

表 7-4 任务 7.4 评分表

序号	考核内容与要求	考核情况记录	评分标准	得分
1	(1) 注意安全，严禁带电操作。 (2) 能正确地将三相定子绕组出线端的连接点拆开，用万用表测量三相定子绕组的通断情况		10	
2	能正确测量各项绕组的对地绝缘电阻		5	
3	能正确测量相间绝缘电阻，全程操作规范，具有操作安全意识		5	

工程案例：星三角形启动电路

习 题

一、判断题

1. 绕线式异步电动机转子串电阻启动是为了增大启动转矩。 ( )
2. 三相异步电动机在额定的负载转矩下工作，如果电源电压降低，则电动机会欠载。 ( )
3. 一般来说，三相异步电动机直接启动的电流是额定电流的 1～3 倍。 ( )
4. 单相异步电动机在启动绕组上串联电容，其目的是提高功率因数。 ( )
5. 三相异步电动机的三相绕组既可接成△形，也可接成 Y 形。究竟接哪一种形式，

应根据绕组的额定电压和电源电压来确定。 ( )

6. 三相异步电动机带额定负载运行,当电源电压降为 90%额定电压时,定子电流低于额定电流。 ( )

二、单项选择题

1. 异步电动机空载时的功率因数与满载时比较,前者比后者( )。

A. 高 B. 低 C. 都等于1 D. 都等于0

2. 三相异步电动机的转矩与电源电压的关系是( )。

A. 成正比 B. 成反比 C. 无关 D. 与电压平方成正比

3. 三相异步电动机的转速越高,则其转差率绝对值越( )。

A. 小 B. 大 C. 不变 D. 不一定

4. 三相对称电流加在三相异步电动机的定子端,将会产生( )。

A. 静止磁场 B. 脉动磁场

C. 旋转圆形磁场 D. 旋转椭圆形磁场

5. 三相异步电动机的旋转方向与( )有关。

A. 三相交流电源的频率大小 B. 三相电源的频率大小

C. 三相电源的相序 D. 三相电源的电压大小

6. 三相异步电动机轻载运行时,三根电源线突然断一根,这时会出现( )现象。

A. 能耗制动,直至停转

B. 反接制动后,反向转动

C. 由于机械摩擦存在,电动机缓慢停车

D. 电动机继续运转,但电流增大,电机发热

7. 三相异步电动机启动的时间较长,加载后转速明显下降,电流明显增加。可能的原因是( )。

A. 电源缺相 B. 电源电压过低

C. 某相绕组断路 D. 电源频率过高

8. 某三相异步电动机的工作电压较额定电压下降了 10%,其转矩较额定转矩比下降了大约( )。

A. 10% B. 20% C. 30% D. 40%

9. 三相异步电动机带额定负载运行,当电源电压降为 90%额定电压时,定子电流( )。

A. 低于额定电流 B. 超过额定电流

C. 等于额定电流 D. 为额定电流的 80%

第 3 单元　模拟电子技术

常用半导体器件性能与测试

任务 8.1　二极管的性能与测试

8.1.1　PN 结与单向导电性

1. N 型半导体和 P 型半导体

自然界中存在的各种不同物质，按其导电能力衡量，可分为导体、半导体和绝缘体三大类。导电性良好的物质称为导体。几乎不导电的物质称为绝缘体。导电能力介于导体和绝缘体之间的物质称为半导体。

物质导电能力的差异是由于物质内部的结构不同。物质由原子组成，原子又由带正电的原子核和带负电的电子组成。

纯净的半导体称为晶体。半导体中存在两种载流子——电子和空穴，电子带负电，空穴带正电。

在半导体基片上掺入三价元素形成 P 型半导体。P 型半导体中主要参与导电的载流子是带正电的空穴。

在半导体基片上掺入五价元素形成 N 型半导体。N 型半导体中主要参与导电的载流子是带负电的自由电子。

随着掺入杂质浓度的增加、温度升高或光照增强，都将引起半导体的导电能力剧烈增强。人们根据这些特点，制成多种性能的电子元器件，如二极管、三极管等器件。

2. PN 结与单向导电性

如果采取工艺措施，在一块本征半导体中掺入不同的杂质，一边做成 N 型，另一边做成 P 型，则在 P 型半导体和 N 型半导体的交界面上就形成一个特殊的薄层，称为 PN 结。许多半导体器件都含有 PN 结。

实际工作中的 PN 结，总加有一定的电压。当外加电压的极性不同时，PN 结的情况也明显不同。

(1) 外加正向电压时，正向电流较大。PN 结外加正向电压的情况如图 8-1 所示，即直流电源正极接 P 区，负极接 N 区。此时，PN 结处于导通状态，导电方向从 P 区到 N 区，PN 结呈现的电阻称为正向电阻，其值很小，一般为几欧姆到几百欧姆。

(2) 外加反向电压时，反向电流很小。PN 结外加反向电压的情况如图 8-2 所示，即直流电源正极接 N 区，负极接 P 区，PN 结基本上处于截止状态。此时的电阻称为反向电阻，其值很大，一般为几千欧姆至十几千欧姆。

综上所述，PN 结外加正向电压时，正向扩散电流较大，PN 结呈导通状态，结电阻小；PN 结外加反向电压时，反向漂移电流很小，PN 结呈截止状态，结电阻很大。因此 PN 结具有单相导电性。

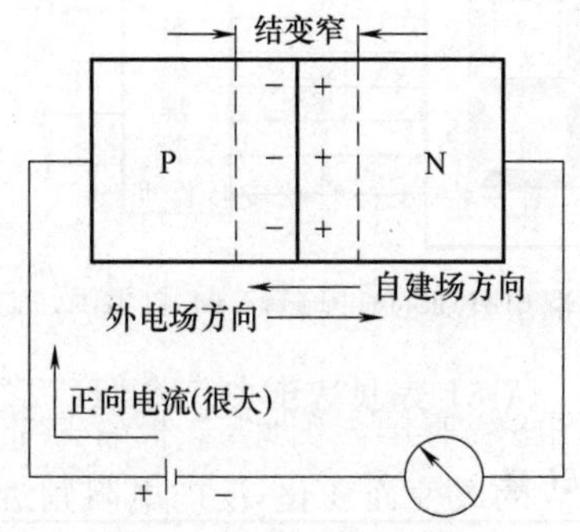

图 8-1 PN 结外加正向电压

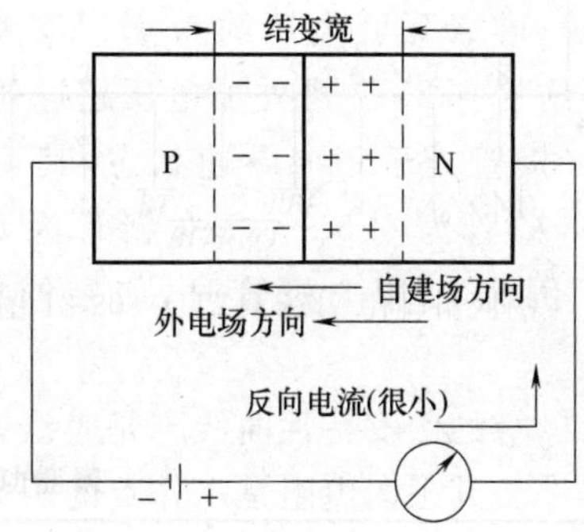

图 8-2 PN 结外加反向电压

8.1.2 二极管的结构与伏安特性

1. 二极管的结构

将一个 PN 结的两端加上电极引线并用外壳封装起来，就构成一只半导体二极管。常用二极管的外形、结构和符号如图 8-3 所示。

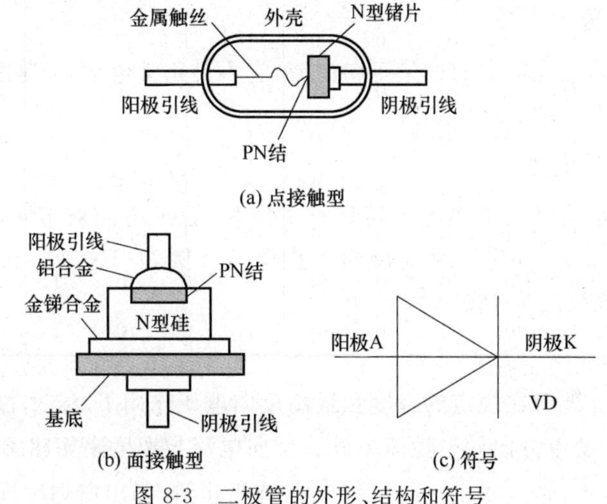

图 8-3 二极管的外形、结构和符号

无论何种型号、规格的二极管，都有两个电极：由 P 区引出的电极称为正极；由 N 区引出的电极称为负极。

2. 二极管的伏安特性

二极管两端所加电压与流过管子的电流之间的关系称为伏安特性，这一特性对应的曲线称为伏安特性曲线，如图 8-4 所示。

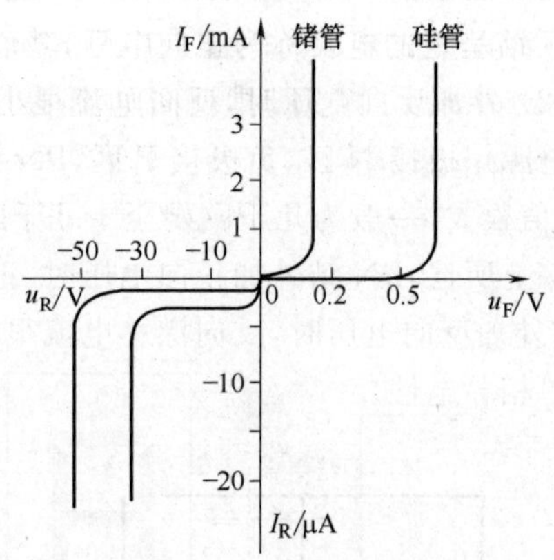

图 8-4 二极管伏安特性曲线

当外加正向电压很低时，二极管正向电流几乎为零，只有在外加电压大于某一数值时，正向电流才明显增加，这个电压称为死区电压。硅管死区电压约为 0.5V，锗管死区电压约为 0.2V。当外加电压超过死区电压后，二极管处于正向导通状态，其正向压降很小，硅管为 0.6～0.7V，锗管为 0.2～0.3V。因此，使用二极管时，如果外加电压较大，应串接限流电阻，防止过电流烧坏 PN 结。

二极管的伏安特性曲线不是直线，而是曲线，如图 8-4 所示。因此，二极管是非线性电阻器件。其正向电阻是工作点的函数，大小随工作点的改变而变化，反向电阻则近似为无穷大。

8.1.3 二极管的主要参数

1. 额定正向工作电流

额定正向工作电流是指二极管长期连续工作时允许通过的最大正向电流值。因为电流通过二极管会使管芯发热，温度上升，温度超过容许限度，就会使管芯过热而损坏，所以二极管使用中不要超过规定的工作电流值。

2. 最大浪涌电流

最大浪涌电流是允许流过的过量正向电流，它不是正常电流，而是瞬间电流。其值通常是额定正向工作电流的 20 倍左右。

3. 最高反向工作电压

加在二极管两端的反向工作电压高到一定值时，管子将会被击穿，失去单向导电能力。为了保证使用安全，规定了最高反向工作电值。例如，1N4001 二极管反向耐压为 50V，1N4007 的反向耐压为 1000V。

4. 反向电流

反向电流是指二极管在规定的温度和最高反向电压作用下，流过二极管的反向电流。反向电流越小，管子的单方向导电性能越好。反向电流与温度密切相关，大约温度每升高 10℃，反向电流增大一倍。

5. 反向恢复时间

从正向电压变成反向电压时，电流一般不能瞬时截止，要延迟一定的时间，这个时间就是反向恢复时间。它直接影响二极管的开关速度。

8.1.4 二极管的识别及其质量检测

1. 识别检波二极管

检波二极管的作用是利用其单向导电性将高频或中频无线电信号中的低频信号或音频信号取出来，广泛应用于半导体收音机、收录机、电视机及通信等设备的小信号电路中，其工作频率较高，处理信号幅度较弱，如图8-5所示为检波二极管。

2. 识别整流二极管

整流二极管是利用PN结的单向导电特性，把交流电变成脉动直流电。整流二极管漏电流较大，多数是采用面接触性材料封装的二极管。整流二极管的外形如图8-6所示。

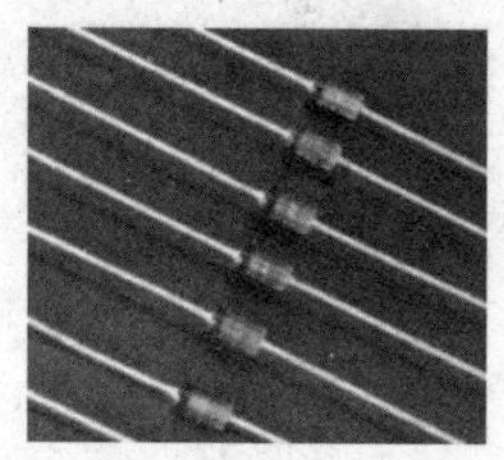

图8-5 检波二极管

图8-6 整流二极管

3. 识别稳压二极管

稳压二极管是利用PN结反向击穿状态，其电流可在很大范围内变化而电压基本不变的特性制成起稳压作用的二极管，如图8-7所示为稳压二极管。

4. 识别发光二极管

与白炽灯泡和氖灯相比，发光二极管的特点是工作电压很低；工作电流很小；抗冲击和抗震性能好，可靠性高，寿命长；可通过调制电流强弱控制发光的强弱，如图8-8所示为发光二极管。

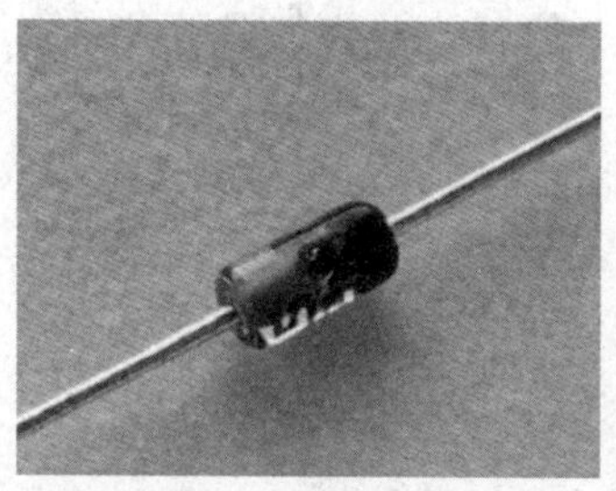

图8-7 稳压二极管

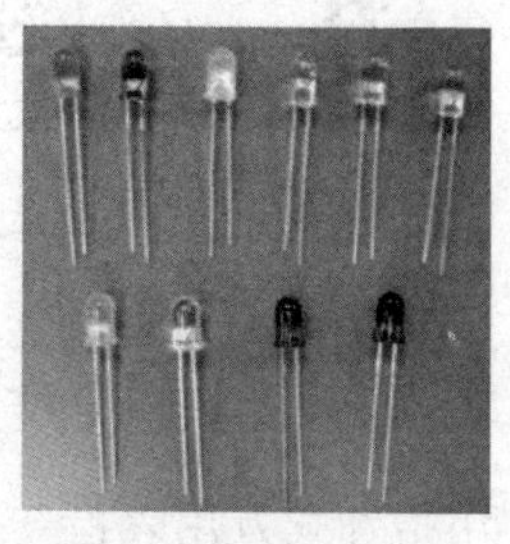

图8-8 发光二极管

5. 识别光敏二极管

光敏二极管和普通二极管一样，也是由一个 PN 结组成的半导体器件，也具有单方向导电特性。但在电路中它不是作整流器件，而是把光信号转换成电信号的光电传感器件，如图 8-9 所示为光电二极管。

6. 识别变容二极管

变容二极管是利用 PN 结之间电容可变的原理制成的半导体器件，在高频调谐、通信等电路中作为可变电容器使用。变容二极管属于反偏压二极管，改变其 PN 结上的反向偏压，即可改变 PN 结电容量。反向偏压越高，结电容则越小，反向偏压与结电容之间的关系是非线性的，如图 8-10 所示为变容二极管。

图 8-9　光敏二极管

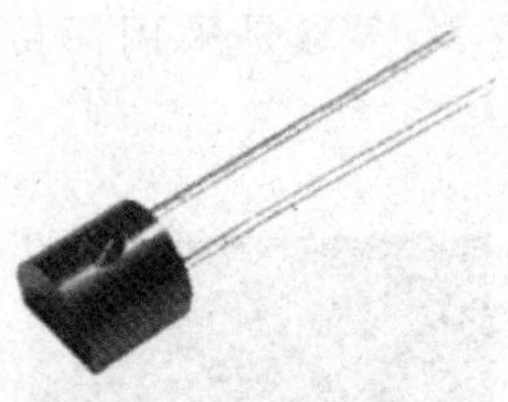

图 8-10　变容二极管

7. 二极管的简易测试

（1）使用指针式万用表判断二极管的正负极

将万用表欧姆挡的量程设置到 $R\times 1\text{k}$ 挡或 $R\times 100$ 挡，并将两表笔分别接到二极管两端，如图 8-11 所示。如果二极管处于正向偏置，呈现低电阻，表针偏转大，此时万用表指示的电阻小于几千欧姆。若二极管处于反向偏置，呈现高电阻，表针偏转小，此时万用表指示的电阻将达几百千欧姆以上。正向偏置时，黑表笔所接的那一端是二极管的正极。

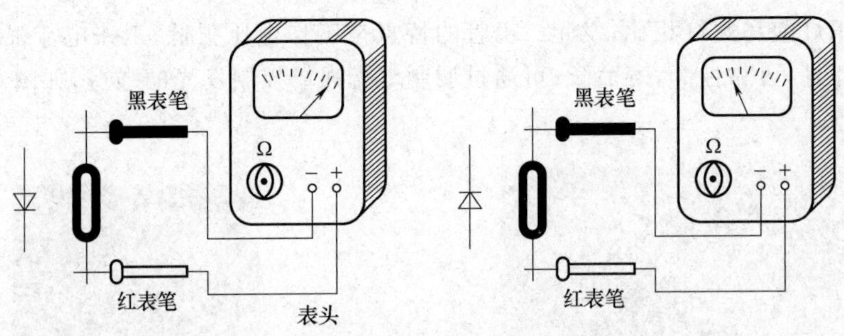

图 8-11　用指针式万用表测试二极管

（2）使用指针式万用表检查二极管的好坏

测得二极管的正、反向电阻相差越大越好，若测得正、反向电阻均为无穷大，则表明二极管内部断路。如果测得正、反向电阻均为零，此时表明二极管被击穿或短路。

(3) 使用数字万用表判断二极管的正负极

将万用表的红、黑表笔分别与被测二极管的两个引脚相接。测量结果若在1V以下，红表笔所接为二极管正极，黑表笔为负极；若显示1V，则黑表笔所接为正极，红表笔为负极。

(4) 使用数字万用表检查二极管的好坏

红黑表笔分别与被测二极管的两个引脚相接时，如果两个方向均显示超量程，则二极管开路；若两个方向均显示0V，则二极管击穿、短路。

8.1.5　二极管应用电路分析

1. 钳位

二极管钳位电路是指由两个二极管反向并联组成的，一次只能有一个二极管导通，而另一个处于截止状态的电路。电路中正反向压降会被钳制在二极管正向导通压降0.5～0.7V以下，从而起到保护电路的目的，如图8-12所示为二极管钳位电路。

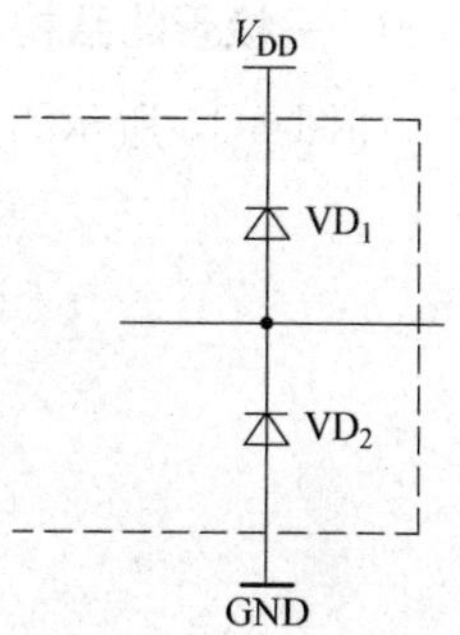

图8-12　二极管钳位电路

2. 限幅

利用二极管导通后，两端电压基本不变的特点可做成限幅电路，如图8-13所示。

设输入电压u_i为正弦波，其幅值大于0.7V。当u_i处于正半周，且u_i小于0.7V时，二极管均截止，输出电压等于u_i；当u_i大于0.7V时，VD_1导通，输出电压为0.7V。当u_i处于负半周，且u_i大于负0.7V时，二极管均截止，输出电压等于u_i；当u_i小于负0.7V时，VD_2导通，输出电压为负0.7V。

3. 稳压

利用二极管正向导通时，在一定电流范围内，管子两端电压变化不大的特点，可组成正向稳压电路，如图8-14所示为二极管稳压电路。

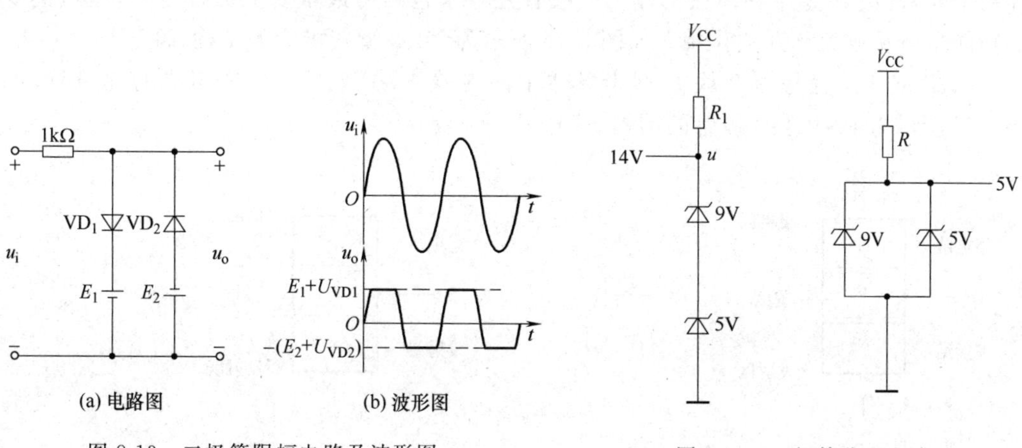

图8-13　二极管限幅电路及波形图

图8-14　二极管稳压电路

任务8.1在线练习

任务 8.2 三极管的性能与测试

8.2.1 三极管的外形、结构和符号

三极管是具有电流放大作用的半导体器件，三极管组成的放大电路在实际电子设备中得到广泛应用，如电视机、功放机、测量仪器及自动控制装置等。

1. 三极管的结构

如图 8-15 所示为三极管的实物。三极管常采用金属、塑料或玻璃封装。

图 8-15 三极管的实物

有两种不同类型的三极管：NPN 型和 PNP 型

NPN 型三极管由三块半导体构成，其中包括两块 N 型和一块 P 型半导体，P 型半导体在中间，两块 N 型半导体在两侧。三极管是电子电路中最重要的器件之一，它最主要的功能是电流放大和开关作用。如图 8-16 所示为 NPN 型三极管的结构、符号。

PNP 型三极管是由 2 块 P 型半导体中间夹着 1 块 N 型半导体组成的三极管，如图 8-17所示为 PNP 型三极管的结构、符号。

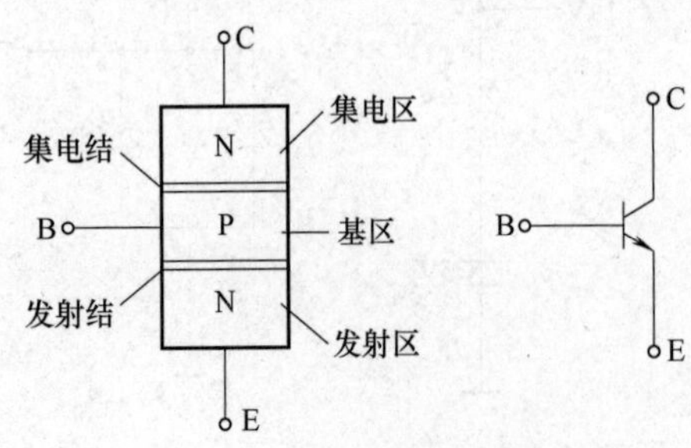

图 8-16 NPN 型三极管的结构、符号

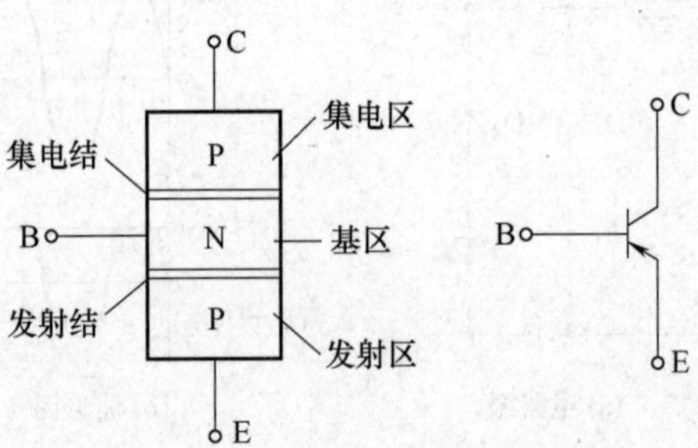

图 8-17 PNP 型三极管的结构、符号

2. 三极管的分类

三极管的种类很多，通常按以下方法进行分类。

(1) 按工作频率分有低频三极管、高频三极管和超高频三极管。

(2) 按材料和极性分有硅材料的 NPN 型与 PNP 型三极管。锗材料的 NPN 型与 PNP 型三极管。

(3) 按外形封装的不同可分为金属封装三极管、玻璃封装三极管、陶瓷封装三极管、塑料封装三极管等。

(4) 按功率分为小功率三极管、中功率三极管、大功率三极管。

(5) 按制作工艺分为平面型三极管、合金型三极管、扩散型三极管。

8.2.2 三极管的电流放大作用

下面以 NPN 型三极管为例，讨论三极管的放大作用。

如图 8-18 所示为 NPN 型三极管的结构，由于内部存在两个 PN 结，表面看来，似乎相当于两个二极管背靠背地串联在一起，但是假设将两个单独的二极管连接起来，将会发现它们并不具有放大作用。为了使三极管实现放大，还必须由三极管的内部结构和外部所加电源的极性两方面的条件来保证。

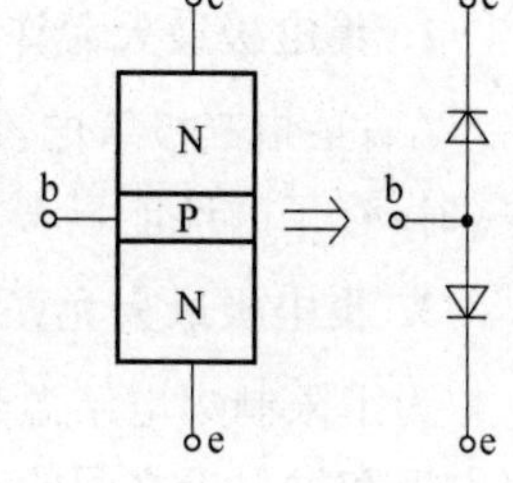

图 8-18 NPN 型三极管的结构

从三极管的内部结构来看，主要有两个特点。第一，发射区进行高掺杂，因而其中的多数载流子浓度很高。NPN 型三极管的发射区为 N 型，所以电子的浓度很高。第二，基区做得很薄，通常只有几微米到几十微米，而且掺杂比较少，则基区中多子的浓度很低。NPN 型三极管的基区为 P 型，浓度相对很低。

三极管放大的外部条件：外加电源的极性应使发射结处于正向偏置状态，而集电结处于反向偏置状态。

由于发射结正向偏置，因而外加电场有利于多数载流子的扩散运动。又因为发射区的多子电子的浓度很高，于是发射区发射出大量的电子。这些电子越过发射结到达基区，形成电子电流。因为电子带负电，所以电子电流的方向与电子流动的方向相反，如图8-19 所示为三极管中载流子的运动和电流关系。与此同时，基区中的多子空穴也向发射区扩

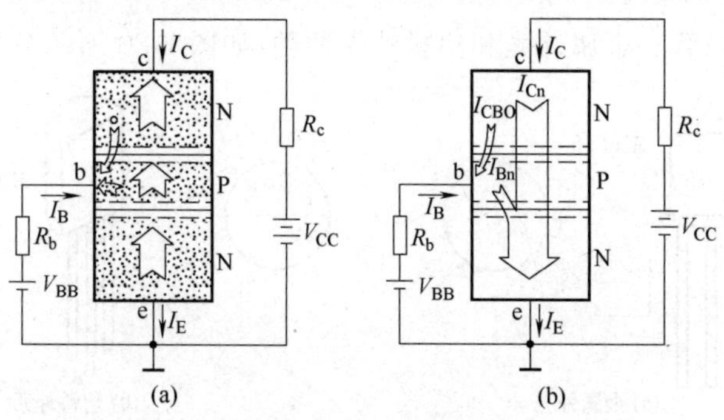

图 8-19 三极管中载流子的运动和电流关系

散而形成空穴电流，上述电子电流和空穴电流的总和就是发射极电流 I_E。由于基区中空穴的浓度比发射区中电子的浓度低得多，因此与电子电流相比，空穴电流可以忽略，可以认为，I_E 主要由发射区发射的电子电流所产生。

电子到达基区后，因为基区为 P 型，其中的多子是空穴，所以从发射区扩散过来的电子和空穴产生复合运动而形成基极电流 I_{Bn}，基区被复合掉的空穴由外电源 V_{BB} 不断进行补充。但是，因为基区空穴的浓度比较低，而且基区很薄，所以，到达基区的电子与空穴复合的机会很少，因而基极电流 I_{Bn} 比发射极电流 I_E 小得多。大多数电子在基区中继续扩散，到达靠近集电结的一侧。

8.2.3 三极管的主要参数

1. 电流放大系数 β

β 是表征三极管电流放大能力的参数。通常以 100 左右为宜。

2. 集电极最大允许电流 I_{CM}

I_{CM} 是指三极管的参数变化不允许超过允许值时的最大集电极电流。当电流超过 I_{CM} 时，管子的性能显著下降，集电结温度上升，甚至烧坏管子。

3. 集电极最大允许耗散功率 P_{CM}

为了限制集电结温升不超过允许值而规定的最大值，该值除了与集电极有关外，还与集电极和发射极之间的电压有关。

4. 集电极、发射极之间反向击穿电压 $U_{(BR)CEO}$

反向击穿电压是三极管基极开路时，允许加到 C—E 极间的最大电压，一般三极管为几十伏，高反压的管子的反向击穿电压能达到上千伏。

5. 穿透电流 I_{CEO}

穿透电流是衡量一根管子好坏的重要指标，穿透电流越大，三极管电流中非受控成分越大，管子性能越差。由于穿透电流是由少子漂移形成，因此受温度影响大，温度上升，穿透电流增大很快。

8.2.4 三极管的识别及其质量检测

1. 三极管的外形特征

(1) 小功率三极管有金属外壳和塑料外壳两种，如图 8-20 所示分别为金属外壳和塑

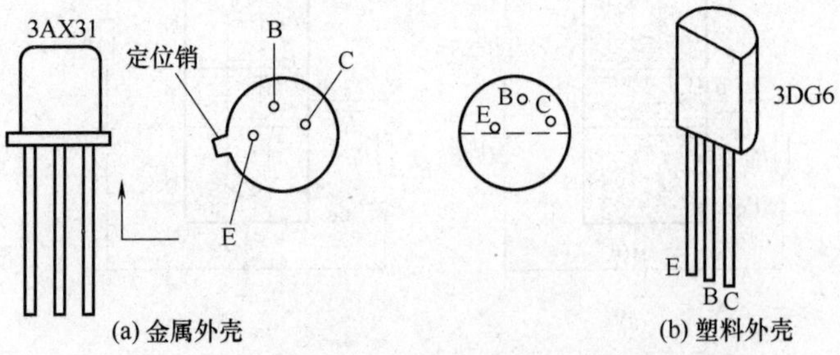

图 8-20 金属外壳和塑料外壳三极管

料外壳三极管。

(2) 使用金属外壳封装的管壳上通常有一个定位销,将管脚朝上从定位销起按顺时针方向三个电极依次为E、B、C。若管壳上无定位销,只要将三个电极所在的半圆置于上方,按顺时针方向,三个电极依次为E、B、C。

(3) 塑料外壳封装的一般是NPN管,面对侧平面将三个电极置于下方,从左到右依次为E、B、C。

2. 三极管的简单测试

在实际学习和工作中,常常需要准确判断三极管的类型、管脚排列和性能好坏。下面使用万用表检测三极管。

(1) 判断三极管的管型及基极

将万用表拨至$R\times100$挡或$R\times1k$挡,调零。

用黑表笔接触某一管脚,红表笔分别接触另外两个管脚,如表头读数都很小,则与黑表笔接触的管脚是基极,同时可知此三极管为NPN型,通过如图8-21所示的测试过程,可以确定该三极管为NPN型,且第二脚为基极。若用红表笔接触某一管脚,而黑表笔分别接触另外两个管脚,表头读数同样都很小时,则与红表笔接触的管脚是基极,同时可知此三极管为PNP型。

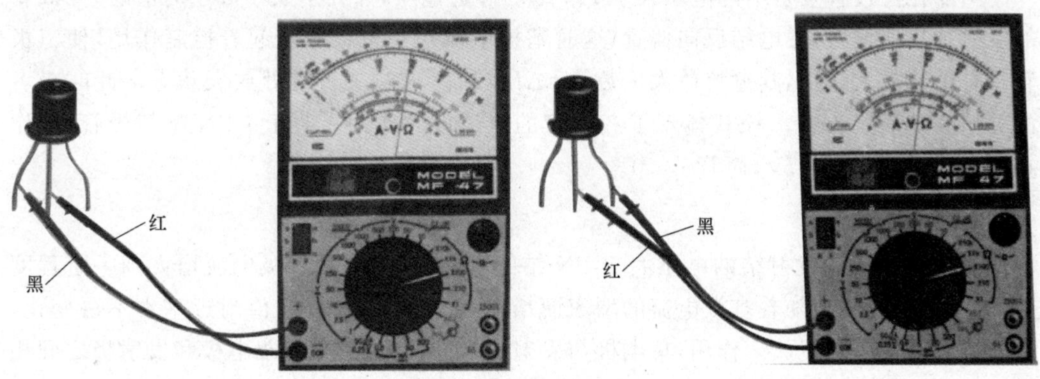

图8-21 管型及基极判断

(2) 判断三极管的集电极和发射极、估测电流放大系数

将万用表拨至$R\times100$挡或$R\times1k$挡,调零。

以NPN管为例。确定基极后,假定其余的两只管脚中的一只是集电极,将黑表笔接到此脚上,红表笔接到假设的发射极上。在基极与假设的集电极之间并接一只100kΩ的电阻,观察并记下并联电阻前后表针的偏转角度。然后再假设另外一只脚为集电极,做同样的测试并记下并联电阻前后表针的偏转角度。比较两次表针偏转角度的大小,偏转角度大的那次假设正确。如图8-22所示的两次测试中,第二次测试时表针偏转角度大,所以图中的假设是正确的,即该三极管的第一脚为集电极,第二脚为基极,第三脚为发射极。

在上述测试过程中,假设正确那次表针偏转角度越大,说明该三极管的电流放大系数越大。

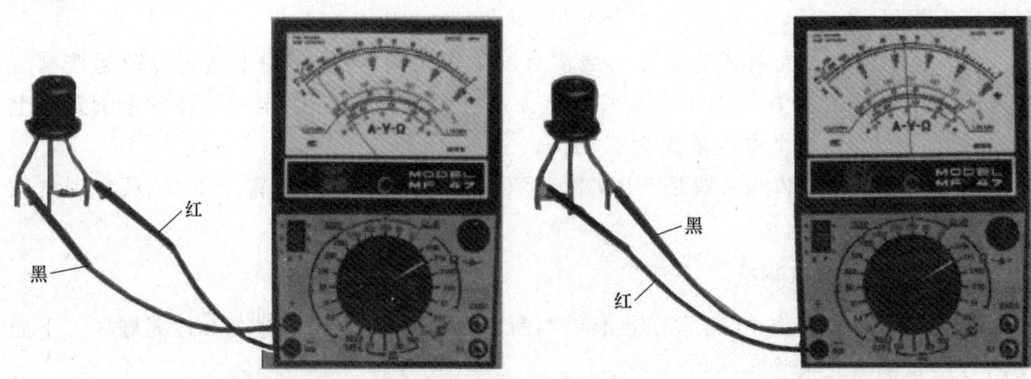

图 8-22 判断三极管的 C、E 极

8.2.5 三极管的三种工作状态

三极管有三种工作状态:放大状态、饱和状态、截止状态。当三极管用于不同目的时,它的工作状态是不同的,三极管的三种状态也叫三个工作区域。

1. 放大状态

当加在三极管发射结的电压大于 PN 结的导通电压,并处于某一恰当的值时,三极管的发射结正向偏置,集电结反向偏置,这时基极电流对集电极电流起着控制作用,使三极管具有电流放大作用,其电流放大倍数 $\beta=\Delta I_C/\Delta I_B$,这时三极管处放大状态。此时二者的关系为 $\Delta I_C=\beta\Delta I_B$。该式体现了三极管的电流放大作用。对于 NPN 型三极管,工作在放大区时 $U_{BE}\geqslant 0.7V$,而 $U_{BC}<0$。

2. 饱和状态

当加在三极管发射结的电压大于 PN 结的导通电压,并当基极电流增大到一定程度时,集电极电流不再随着基极电流的增大而增大,而是处于某一定值附近基本不再变化,这时三极管失去电流放大作用,集电极与发射极之间的电压很小,集电极和发射极之间相当于开关的导通状态。三极管的这种状态称为饱和导通状态。此时三极管失去了放大作用,$I_C=\beta I_B$ 或 $\Delta I_C=\beta\Delta I_B$ 关系不成立。一般认为 $U_{CE}=U_{BE}$,即 $U_{CB}=0$ 时,三极管处于临界饱和状态。当 $U_{CE}<U_{BE}$时,称为过饱和。三极管饱和时的管压降用 U_{CES}表示。在深度饱和时,小功率管管压降通常小于 0.3V。三极管工作在饱和区时,发射结和集电结都处于正向偏置状态。对 NPN 型三极管,$U_{BE}>0$,$U_{BC}>0$。

3. 截止状态

加在三极管发射结的电压小于 PN 结的导通电压,基极电流为零,集电极电流和发射极电流都为零,三极管这时失去了电流放大作用,集电极和发射极之间相当于开关的断开状态,称三极管处于截止状态。一般将 $I_B\leqslant 0$ 的区域称为截止区,此时 I_C 也近似为零。由于各极电流都基本上等于零,因而此时三极管没有放大作用。

任务 8.2 在线练习

当发射结反向偏置时,发射区不再向基区注入电子,则三极管处于截止状态。所以,在截止区,三极管的两个结均处于反向偏置状态。NPN 型三极管,$U_{BE}<0$,$U_{BC}<0$。

任务 8.3 晶闸管的性能与测试

晶闸管(Thyristor)是晶体闸流管的简称,又可称作可控硅整流器,以前被简称为可控硅。1957 年美国通用电气公司开发出世界上第一款晶闸管产品,并于 1958 年将其商业化。晶闸管是 PNPN 四层半导体结构,它有三个极:阳极,阴极和门极。晶闸管具有硅整流器件的特性,能在高电压、大电流条件下工作,且其工作过程可以控制,广泛应用于可控整流、交流调压、无触点电子开关、逆变及变频等电子电路中。

8.3.1 单向晶闸管

1. 晶闸管的外形、结构和符号

晶闸管的外形如图 8-23 所示。如图 8-24 所示为晶闸管内部机构和图形符号。

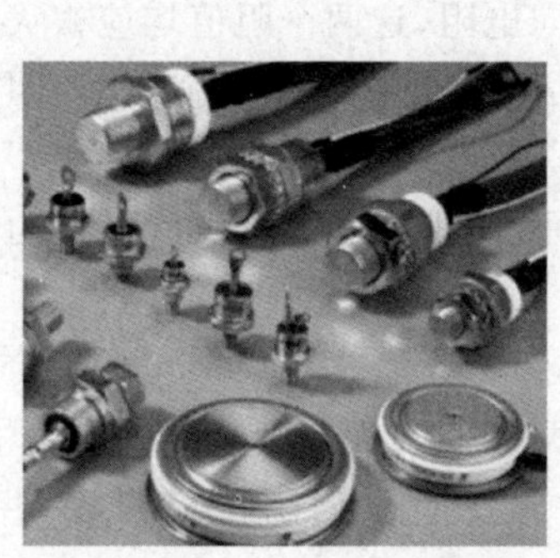

图 8-23 晶闸管的外形

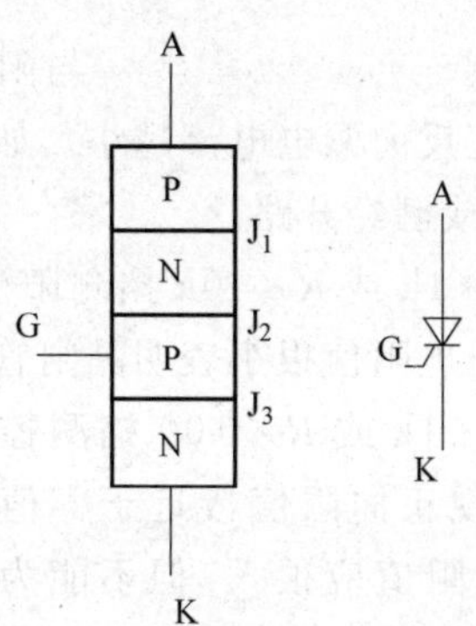

图 8-24 晶闸管内部机构和图形符号

晶闸管由 PNPN 四层半导体构成,从最外层 P 型区引出的管脚为阳极(A),从最外层 N 型区引出的管脚称为阴极(K),从中间 P 型区引出的管脚称为控制极(G)。

晶闸管的符号与二极管相似,只是在其阴极处增加一个控制极,在控制极上加控制信号时晶闸管才可能导通。

2. 晶闸管的工作原理

晶闸管在工作过程中,它的阳极(A)和阴极(K)与电源和负载连接,组成晶闸管的主电路,晶闸管的门极 G 和阴极 K 与控制晶闸管的装置连接,组成晶闸管的控制电路。

晶闸管为半控型电力电子器件,它的工作条件如下。

(1) 晶闸管承受反向阳极电压时,不管门极承受何种电压,晶闸管都处于反向阻断状态。

(2) 晶闸管承受正向阳极电压时,仅在门极承受正向电压的情况下晶闸管才导通。这时晶闸管处于正向导通状态,这就是晶闸管的闸流特性,即可控特性。

(3) 晶闸管在导通情况下,只要有一定的正向阳极电压,无论门极电压如何,晶闸管保持导通,即晶闸管导通后,门极失去作用。

(4) 晶闸管在导通情况下,当主回路电压(或电流)减小到接近于零时,晶闸管关断。

3. 识别单向晶闸管的管脚

单向晶闸管的管脚识别:万用表选电阻 $R\times1$ 挡,用红、黑两表笔分别测任意两管脚间正反向电阻直至找出读数为数十欧姆的一对管脚,此时黑表笔的管脚为控制极 G,红表笔的管脚为阴极 K,另一空脚为阳极 A。此时将黑表笔接已判断了的阳极 A,红表笔仍接阴极 K,万用表指针应不动。用短线瞬间短接阳极 A 和控制极 G,此时万用表电阻挡指针应向右偏转,阻值读数为 10Ω 左右。如阳极 A 接黑表笔,阴极 K 接红表笔时,万用表指针发生偏转,说明该单向晶闸管已击穿损坏。如图 8-25 所示为单向晶闸管的管脚识别。

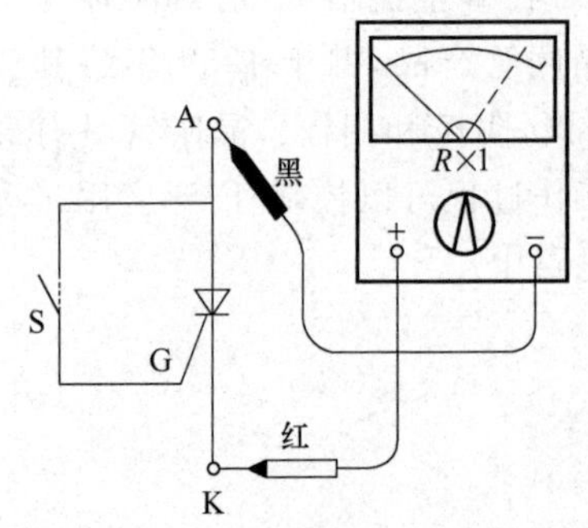

图 8-25 单向晶闸管的管脚识别

4. 检测单向晶闸管的性能

(1) 万用表拨至电阻 $R\times1\text{k}$ 或 $R\times10\text{k}$ 挡,测阴极与阳极之间的正反向电阻,这两个阻值均应很大。电阻值越大,表明正反向漏电电流越小。如果测得的阻值很低,或接近于无穷大,说明晶闸管已经击穿短路或已经开路。

(2) 用 $R\times1\text{k}$ 或 $R\times10\text{k}$ 挡测阳极与控制极之间的电阻,正反向测量阻值均应在几千欧姆以上,若电阻值很小表明晶闸管击穿短路。

(3) 用 $R\times1\text{k}$ 或 $R\times100$ 挡测控制极和阴极之间 PN 结的正反向电阻,应在几千欧左右,如出现正向阻值接近于零值或为无穷大,表明控制极与阴极之间的 PN 结已经损坏。反向阻值应很大,但不能为无穷大。正常情况下反向阻值应明显大于正向阻值。

(4) 万用表选电阻 $R\times1$ 挡,将黑表笔接阳极,红表笔仍接阴极,此时万用表指针应不动。红表笔接阴极不动,黑表笔在不离开阳极的同时用表笔尖去瞬间短接控制极,此时万用表电阻挡指针应向右偏转,阻值读数为 10Ω 左右。如阳极接黑表笔,阴极接红表笔时,万用表指针发生偏转,说明该单向晶闸管已击穿损坏。

8.3.2 双向晶闸管

1. 双向晶闸管结构

双向晶闸管是一种新型的半导体三端器件,它具有相当于两个单向晶闸管反向并联工作的作用。如图 8-26 所示为双向晶闸管的实物、符号和结构。

2. 识别双向晶闸管的管脚

(1) 直观识别。双向晶闸管的管脚多数是按第一主电极、第二主电极、控制极的顺序从左至右排列。

(2) 用万用表判别。将万用表拨至电阻 $R\times1$ 挡,调零。分别测量任意两只管脚的电阻,出现小电阻时,没有与表笔相连的管脚是第二主电极。假设余下的两只管脚中的一只为控制极,另一只为第一主电极,黑表笔接第二主电极,红表笔接假设的第一主电极,短接

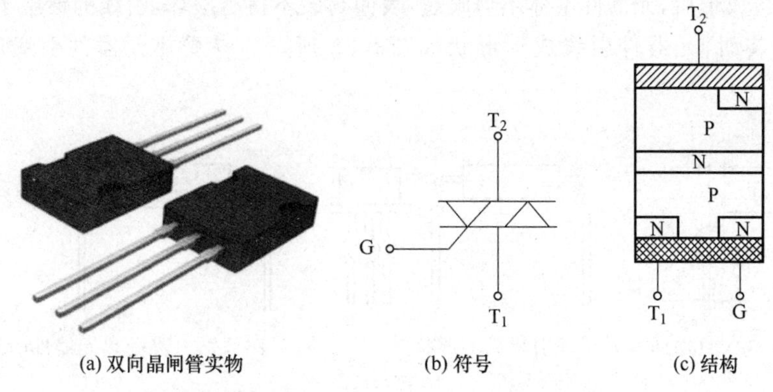

(a) 双向晶闸管实物　(b) 符号　(c) 结构

图 8-26　双向晶闸管的实物、符号和结构

第二主电极和控制极,如果表针偏转,说明假设正确;如果表针不动,说明假设错误,重新假设后重复上述操作,即可做出判断。

任务8.3在线练习

任务 8.4　拓展与训练:元器件引脚成形与插接

实训目的:

(1) 了解元器件引脚成形工艺。

(2) 掌握元器件引脚成形方法。

实训器材:电阻、电容、电感、集成电路芯片、尖嘴钳、长嘴钳、电路板、印制电路板等。

1. 插装元件的引线成形要求

插装元器件通常安装在电路板上,其引线需要成形,成形的目的是满足安装尺寸与印制电路板的配合等要求。手工插装焊接的元器件引线加工形状如图 8-27 所示。

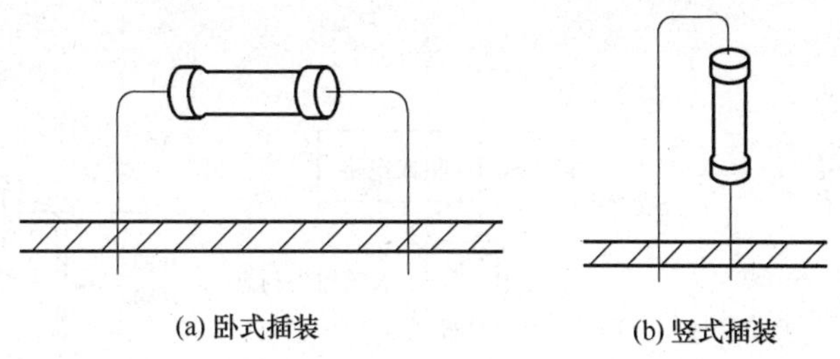
(a) 卧式插装　(b) 竖式插装

图 8-27　手工插装焊接的元器件引线加工形状

成形时必须注意以下几点。

(1) 所有元器件引线均不得从根部弯曲。由于元器件制造工艺上的原因,引线根部容易折断,因而引线折弯处应距根部 1.5mm 以上。

(2) 弯曲一般不要成死角,圆弧半径应大于引线直径的 1～2 倍。

(3) 要尽量将有字符的元器件面置于容易观察的位置。

(4) 引线成形后，元器件本体不得破裂，表面封装不得有破坏，引线的镀层不得有破损。

自动安装时，元器件引线成形形状如图 8-28 所示。易受热元器件引线成形形状如图 8-29所示。

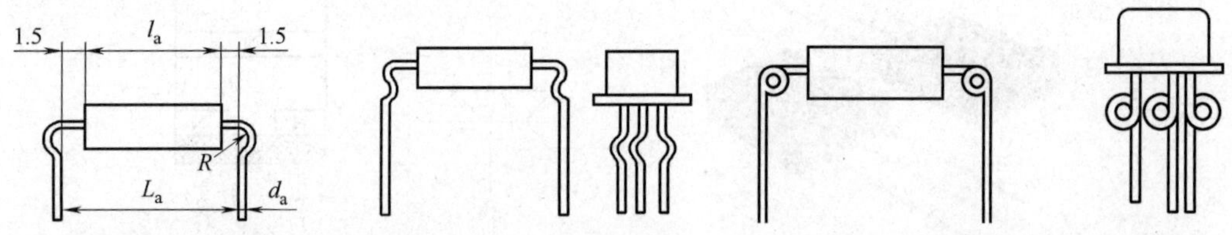

图 8-28　自动插装元器件引线成形形状　　图 8-29　易受热元器件引线成形形状

2. 电子元器件引线成形方法

在工业生产中，元器件成形多数采用模具成形，或使用成形机。如图 8-30 所示为引线成形模具。如图 8-31 所示为集成电路引线成形。

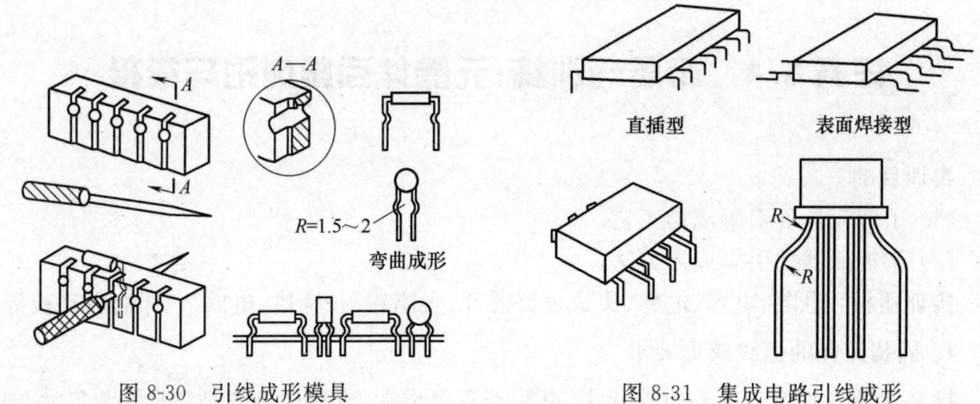

图 8-30　引线成形模具　　图 8-31　集成电路引线成形

手工制作或试制时一般使用尖嘴钳或镊子进行成形操作。如图 8-32 所示为用尖嘴钳成形元器件引线。

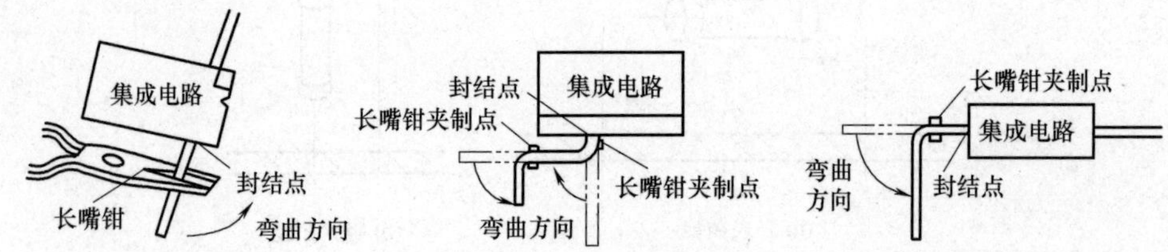

图 8-32　用尖嘴钳成形元器件引线

3. 元器件的插装

电子元器件插装通常是指将插装元器件的引线插入印制电路板上相应的安装孔内。分为手工插装和自动插装两种。

(1) 手工插装

手工插装多用于科研或小批量生产，有两种方法：一种是一块印制电路板所需全部元器件由一人负责插装;另一种是采用传送带的方式多人流水作业完成插装。

(2) 自动插装

自动插装采用自动插装机完成插装。根据印制电路板上元器件的位置,由事先编制出的相应程序控制自动插装机插装。插装机的插件夹具有自动打弯机构,能将插入的元器件牢固地固定在印制电路板上,提高了印制电路板的焊接强度。自动插装机消除了由手工插装带来的误插、漏插等差错,保证了产品的质量,提高了生产效率。

4. 表面元器件的安装

表面元器件也称贴片元器件,可以直接贴装在印制电路板的表面,将电极焊接在与元器件同一面的焊盘上。常用的有片式电阻、电容、电感、晶体管、集成电路等。

表面元器件采用自动贴片机进行自动安装,即在元器件的引脚粘上特制的含锡粉的粘贴胶,使用贴装机将元器件粘贴在印制电路板上,然后加热使锡粉熔化焊接。由于其效率高,可靠性好,综合成本低,便于大批量生产,在电子设备生产中得到广泛应用。

实训评分:任务 8.4 评分参考表 8-1。

表 8-1 任务 8.4 评分表

序号	考核内容与要求	考核情况记录	评分标准	得分
1	(1) 注意安全,严禁带电操作。 (2) 能将元器件按要求成形,并安装到电路板上。 (3) 掌握元器件的正确成形方法		10	
2	能正确地将电子元器件安装到印制电路板上		5	
3	能正确回答各类电子元器件的成形方法和操作中的注意事项		5	

习 题

工程案例:声控小夜灯

一、判断题

1. 二极管导通后,其电流大小与正向电压成正比。 ( )
2. PN 结反向击穿后肯定能损坏。 ( )
3. 在半导体内部,只有电子是载流子。 ( )
4. 二极管加正向电压就立刻导通,加反向电压就立刻截止。 ( )
5. 二极管的反向电流随反向电压的升高而增大。 ( )
6. 因为 N 型半导体中,自由电子的数量多于空穴,所以它对外显负性。 ( )
7. 由半导体的掺杂性可知,只要在纯净的半导体中掺入杂质就能形成 P 型半导体或 N 型半导体。 ( )
8. 只要将一块 P 型半导体和一块 N 型半导体并在一起,就能形成 PN 结。 ( )
9. 可利用三极管的一个 PN 结代替同材料的二极管使用。 ( )

10. 三极管放大电路中放大管的 β 值越大越好。 ( )

11. 三极管工作于饱和区时,$I_C=\beta I_B$。 ( )

12. 三极管的电流放大作用就是把小电流放大成大电流。 ( )

13. 可利用两只对接的二极管代替一只三极管。 ( )

14. 三极管的输入特性与二极管的正向伏安特性相似。 ( )

15. 二极管和三极管都是非线性器件。 ( )

16. 三极管管壳上的色点反映该管电压放大倍数大小的范围。 ( )

17. 三极管作为开关使用时,主要工作在截止区和饱和区。 ( )

二、单项选择题

1. PN 结加反正向电压时,其空间电荷区( )。

A. 不变　B. 变宽　C. 变窄　D. 无法确定

2. 当环境温度升高时,二极管的反向饱和电流 I_s 将增大,是因为此时 PN 结内部的( )。

A. 多数载流子浓度增大　B. 少数载流子浓度增大

C. 多数载流子浓度减小　D. 少数载流子浓度减小

3. PN 结反向偏置时,其内电场被( )。

A. 削弱　B. 增强　C. 不变　D. 不确定

4. 以下所列器件中,( )器件不是工作在反偏状态的。

A. 光电二极管　B. 发光二极管　C. 变容二极管　D. 稳压管

5. 稳压二极管稳压时,其工作在( )。

A. 正向导通区　B. 反向截止区　C. 反向击穿区　D. 不确定

6. 发光二极管发光时,工作在( )。

A. 正向导通区　B. 反向截止区　C. 反向击穿区　D. 不确定

7. 当温度升高时,二极管反向饱和电流将( )。

A. 增大　B. 减小　C. 不变　D. 等于零

8. 稳压二极管是利用 PN 结的( )。

A. 单向导电性　B. 反向击穿性　C. 电容特性　D. 正向特性

9. 半导体稳压二极管正常稳压时,应当工作于( )。

A. 反向偏置击穿状态　B. 反向偏置未击穿状态

C. 正向偏置导通状态　D. 正向偏置未导通状态

10. 若用万用表测二极管的正、反向电阻的方法来判断二极管的好坏,好的管子应为( )。

A. 正、反向电阻相等　B. 正向电阻大,反向电阻小

C. 反向电阻比正向电阻大很多倍　D. 正、反向电阻都等于无穷大

11. 当温度升高时,二极管的反向饱和电流将( )。

A. 增大　B. 不变　C. 减小　D. 都有可能

12. 工作在放大区的某三极管,如果当 I_B 从 12μA 增大到 22μA 时,I_C 从 1mA 变为 2mA,那么它的 β 约为( )。

A. 83　　B. 91　　C. 100　　D. 10

13. 三极管是(　　)器件。

A. 电流控制电流　　B. 电流控制电压

C. 电压控制电压　　D. 电压控制电流

14. 普通双极型三极管由(　　)。

A. 一个 PN 结组成　　B. 两个 PN 结组成

C. 三个 PN 结组成　　D. 四个 PN 结组成

15. PNP 型和 NPN 型三极管,其发射区和集电区均为同类型半导体(N 型或 P 型)。所以在实际使用中发射极与集电极(　　)。

A. 可以调换使用

B. 不可以调换使用

C. PNP 型可以调换使用,NPN 型则不可以调换使用

D. 无法确定

16. 测得电路中工作在放大区的某三极管三个极的电位分别为 0V、0.7V 和 4.7V,则该管为(　　)。

A. NPN 型锗管　　B. PNP 型锗管

C. NPN 型硅管　　D. PNP 型硅管

项目9 线性放大电路制作与测试

任务 9.1 共发射极单管放大电路的分析、制作与测试

9.1.1 共发射极单管放大电路的结构

1. 基本的共发射极单管放大电路

如图 9-1 所示为基本的共发射极放大电路原理图，如图 9-2 所示为基本的共发射极放大电路实物图。

VT 是 NPN 型三极管，工作在放大状态，起电流放大作用。

V_{CC}是放大电路的直流电源。一方面保证三极管工作在放大状态；另一方面为输出信号提供能量。

R_B 是基极偏置电阻。与 V_{CC}配合为发射结提供正偏电压并决定了放大电路基极电流 I_B 的大小。

R_C 是集电极负载电阻。将三极管集电极电流 I_C 的变化量转换为电压的变化量，从而实现电压放大。

C_1、C_2 是耦合电容，起隔直通交的作用。

发射极是输入、输出回路的公共端。信号源、基极、发射极形成输入回路；负载、集电极、发射极形成输出回路。

2. 放大电路的电压、电流符号规定

放大电路没有输入信号时，三极管的各极电压和电流都为直流。当有交流信号输入时，电路的电压和电流是由直流成分和交流成分叠加而成的，为了便于区分不同的分量，通常做以下规定。

(1) 直流分量用大写字母和大写下标表示，例如 I_B、I_C、I_E、U_{BE}、U_{CE}。

(2) 交流分量用小写字母和小写下标表示，例如 i_b、i_c、i_e、u_{be}、u_{ce}。

（3）交直流叠加瞬时值用小写字母和大写下标表示，例如 i_B、i_C、i_E、u_{BE}、u_{CE}。

（4）交流有效值用大写字母和小写下标表示，例如 U_i、U_o。

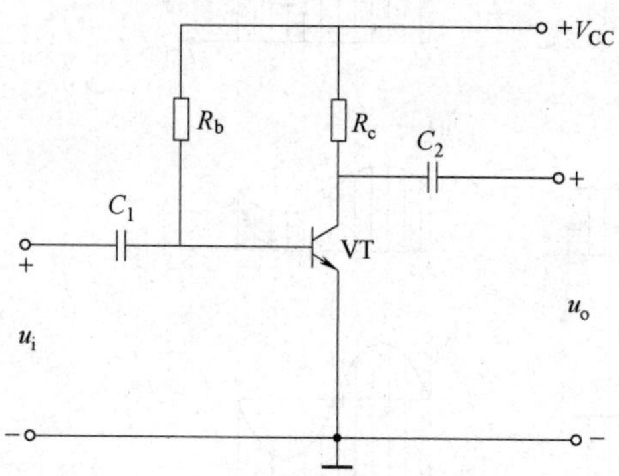

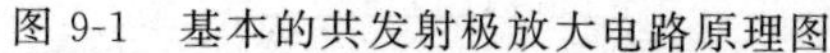

图 9-1　基本的共发射极放大电路原理图

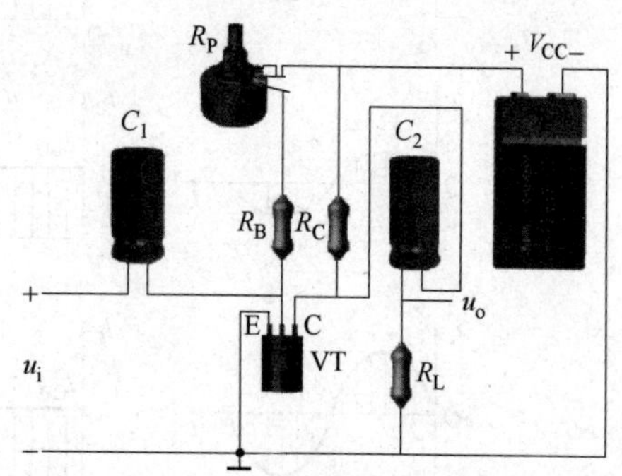

图 9-2　基本的共发射极放大电路实物图

9.1.2　共发射极单管放大电路的工作原理

1. 静态工作情况

（1）静态

静态是指输入交流信号为零时，电路中各处的电压、电流均为直流电压和直流电流。

（2）静态工作点

静态时三极管的基极电流 I_B、集电极电流 I_C 和集射电压值 U_{CE} 常用 I_{BQ}、I_{CQ}、U_{CEQ} 表示，其中下标 Q 表示静态。

（3）直流通路

直流信号在电路中流通的路径可画出电路，如图 9-3 所示为基本共发射极放大电路的直流通路。

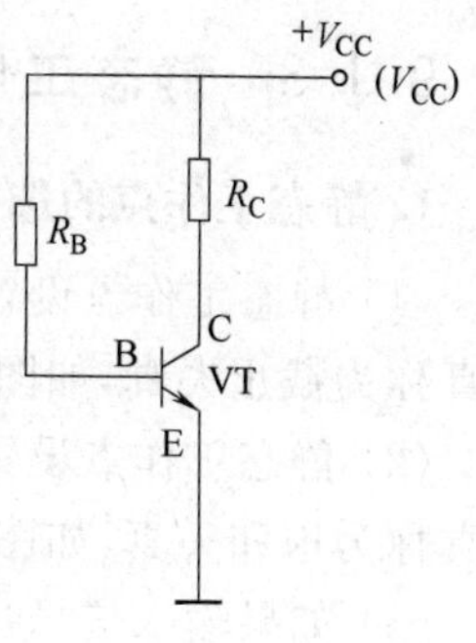

图 9-3　基本共发射极放大电路的直流通路

（4）电路的静态工作点

由图 9-3 可知

$$I_{BQ}=\frac{V_{CC}-U_{BE}}{R_B}$$

通常 $V_{CC}\gg U_{BE}=0.7\text{V}$，则有：

$$I_{BQ}\approx\frac{V_{CC}}{R_B};\quad I_{CQ}=\beta I_{BQ};\quad U_{CEO}=V_{CC}-I_{CQ}R_C$$

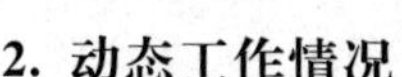

2. 动态工作情况

（1）输入交流信号不为零时的工作状态

交流信号的文字符号是用小写字母加小写下标表示。如输入交流信号用 u_i 表示，三极管基射交流电压用 u_{be} 表示。

（2）动态工作波形

输入信号 $u_i=U_{im}\sin\omega t$，波形如图 9-4 所示。

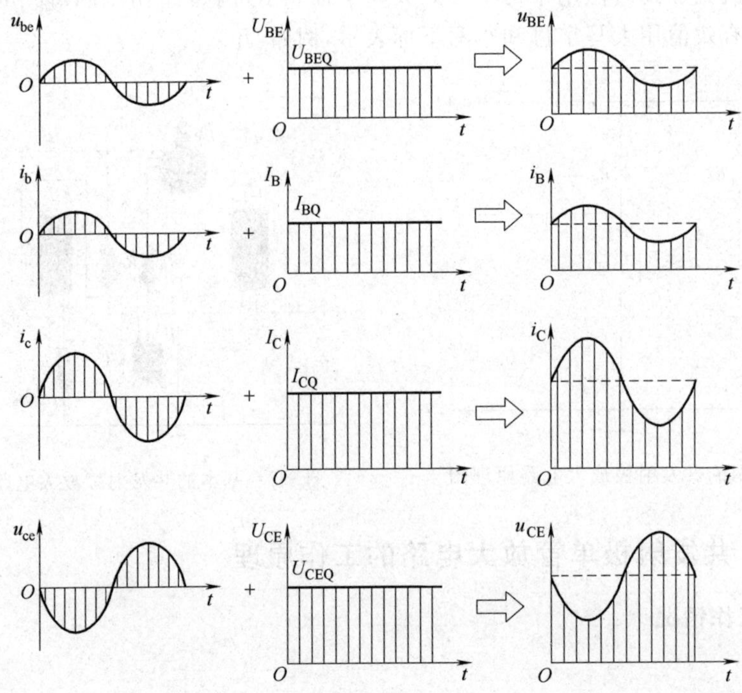

图 9-4 放大电路加入交流信号前、后的波形曲线

9.1.3 静态工作点的选择与波形失真

1. 静态工作点的选择不当，容易引起失真

(1) 静态工作点设置太低时，三极管进入截止区，输出电压波形出现顶部失真，这种失真称为截止失真，如图 9-5 所示。

(2) 静态工作点设置太高时，三极管进入饱和区，输出电压波形底部出现失真，这种失真称为饱和失真，如图 9-6 所示。

(3) 如果输入信号过强，输出电压的正半周和负半周均出现失真，这种失真称为双向失真。

2. 最佳工作点

静态工作点设置合适，随输入信号变化，输出信号正负半周都能达到最大值而不出现失真，这个工作点是放大电路的最佳工作点。

9.1.4 多级放大电路

前面所述的单管放大电路，在实际运用中各项性能指标很难满足要求，所以需要采用多级放大电路来满足实际要求。

(1) 直接耦合

如图 9-7 所示为直接耦合电路。

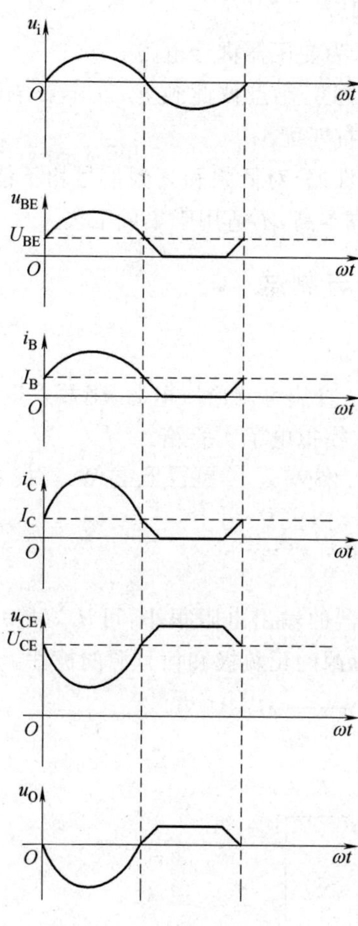

图 9-5　工作点设置太低时的输出波形

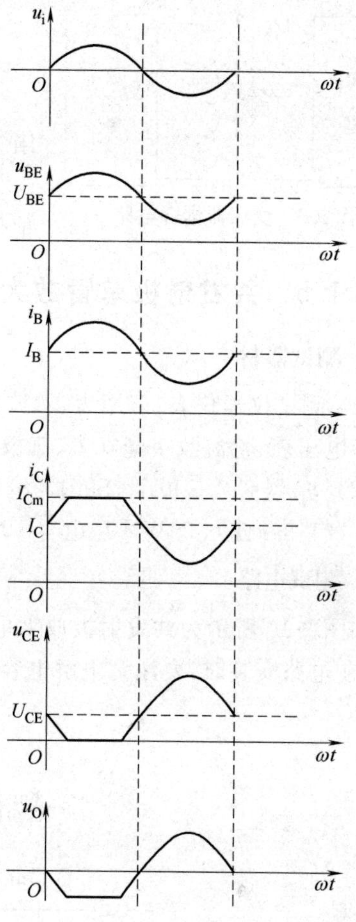

图 9-6　工作点设置太高时的输出波形

直接耦合电路可传输低频甚至直流信号，因而缓慢变化的漂移信号也可以通过直接耦合放大电路。

(2) 阻容耦合

如图 9-8 所示为阻容耦合电路。

优点：各级静态工作点互不影响。

缺点：不能用来放大变化缓慢的信号。

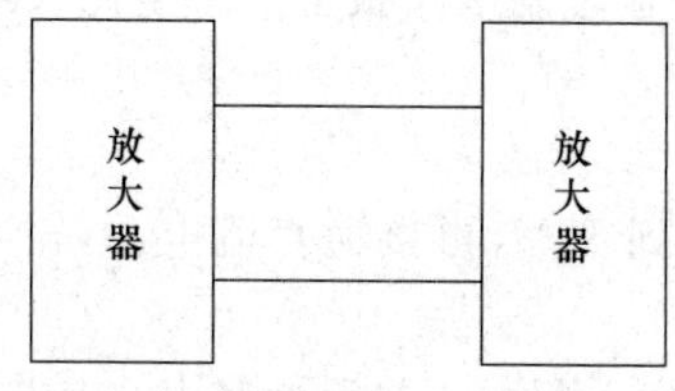

图 9-7　直接耦合电路

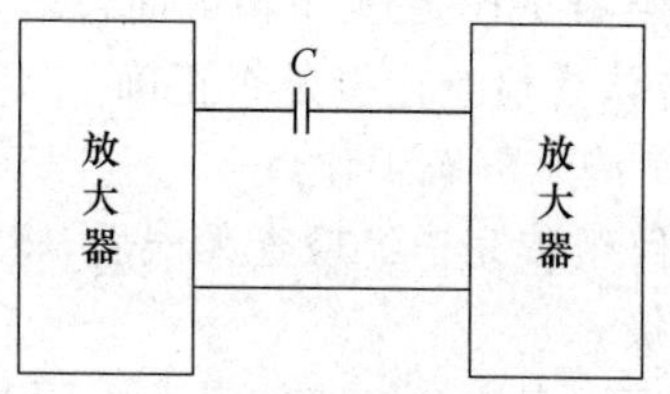

图 9-8　阻容耦合电路

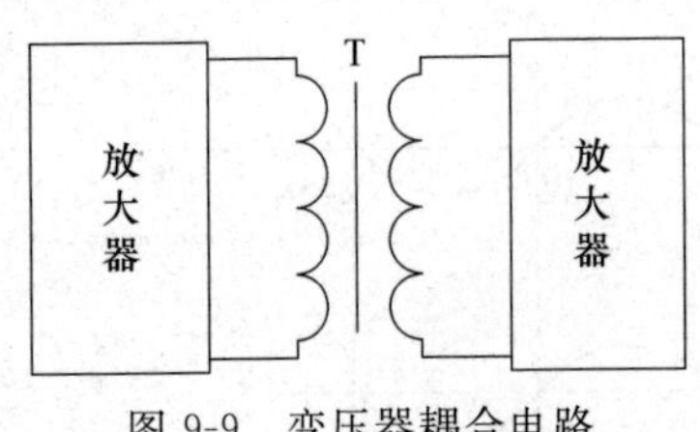

图 9-9　变压器耦合电路

(3) 变压器耦合

如图 9-9 所示为变压器耦合电路。

优点：各级静态工作点彼此独立，互不影响；可以阻抗变换，实现阻抗匹配。

缺点：频率特性差，对低频和高频信号均不能有效地传送；体积大、成本高，不适用于集成工艺。

9.1.5 共发射极单管放大电路的制作与测试

1. 测试器材

(1) 测试仪器仪表：万用表、示波器、交流毫伏表、直流可调稳压电源、函数发生器、直流数字电压表、直流数字毫安表、三极管特性图示仪、模拟电子实验箱。

(2) 元器件：三极管 S9013×1，电阻 1kΩ/0.25W×1、2kΩ/0.25W×3、10kΩ/0.25W×1、30kΩ/0.25W×1，电容 10μF/25V×2、47μF/25V×1。

2. 测试电路

如图 9-10 所示为共发射极放大电路，函数发生器的输出电阻很小，可认为是一个电压源，在电路安装时，要注意电解电容的极性、直流电源的正负极和信号源的极性。

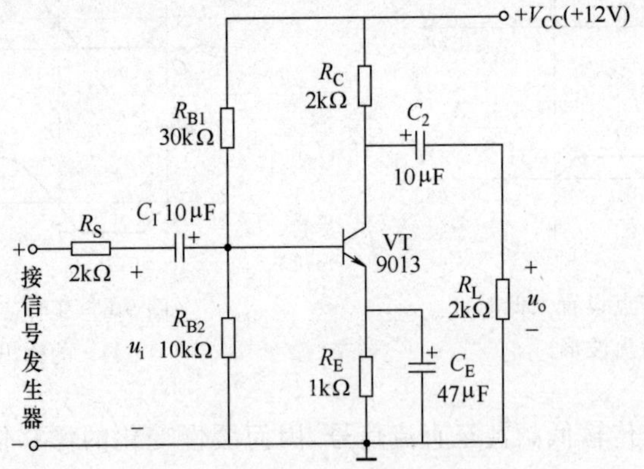

图 9-10　共发射极放大电路

3. 测试程序

(1) 电路组装

组装之前先检查各元器件的参数是否正确，区分三极管的三个电极，并测量其 β 值。

按照图 9-10 在实验箱或面包板上搭接电路，也可在印制电路板上焊接电路。组装完毕后，应认真检查连接是否正确、牢固。

(2) 测试静态工作点

电路组装完毕经检查无误后，将直流稳压电源调到 12V，再接通直流电源，输入信号暂时不接。

用万用表测量电路的静态电压 V_{CC}、U_{BQ}、U_{EQ}、U_{BEQ}、U_{CEQ}，并记录在表 9-1 中。

用万用表测量 R_C 上的压降，求出集电极静态电流 I_{CQ}，记录在表 9-1 中。

表 9-1　静态工作点的测量

内　容	V_{CC}/V	U_{BQ}/V	U_{EQ}/V	U_{BEQ}/V	U_{CEQ}/V	I_{CQ}/mA
测量值						
理论计算值						

用理论分析的方法计算电路静态工作点，记录在表 9-1 中。将理论计算值与测量值进行比较，分析误差的原因。

(3) 测量电压放大倍数

将信号发生器的输出信号调到频率为 1kHz、幅度为 50mV 左右的正弦波，接入放大电路输入端，然后用示波器观察输出信号的波形。在整个测试过程中，要保证输出信号不产生失真。如输出信号失真，可适当减小输入信号的幅度。

断开 R_1，用交流毫伏表测量信号电压 U_s、U_i、U_o，并记录在表 9-2 中。然后利用公式 $A_u=\frac{U_o}{U_i}$ 和 $A_{us}=\frac{U_o}{U_s}$，计算出不接负载时对输入电压 U_i 的电压放大倍数和对信号源 U_s 的放大倍数，也记录在表 9-2 中。

接上负载电阻，重复上述过程。

将理论计算值与测量值进行比较，分析误差的原因。

表 9-2　电压放大倍数的测量

内容	不接负载($R_L=\infty$)					接上负载($R_L=2k\Omega$)				
	U_s/mV	U_i/mV	U_o/A	A_u	A_{us}	U_s/mV	U_i/mV	U_o/A	A_u	A_{us}
测量值										
理论计算值	—	—	—			—	—	—		

(4) 测量最大不失真输出电压幅度

调节信号发生器的输出电压，使其逐渐增大，用示波器观察输出信号的波形。直到输出波形刚要出现失真而没有出现失真时，停止增大 U_s，这时示波器显示的正弦波电压幅度就是放大电路的最大不失真输出电压幅度，将该值记录下来。然后继续增大 U_s，观察输出信号波形的失真情况。

任务 9.1 在线练习

任务 9.2　拓展与训练：安装和调试共射极放大电路

实训目的：

(1) 学习晶体管放大电路的设计方法。

(2) 掌握放大电路静态工作点的测量方法。

(3) 掌握放大电路放大倍数的测量方法。

实训器材：定值电阻、电位器、电容器、三极管、万用表、示波器、稳压电源等。

1. 共射极基本放大电路的制作

按图 9-2 所示的实物图焊接好电路。焊接之前请再确认一次电阻的位置是否正确，三极管的管脚和电解电容的极性是否安装正确。

2. 静态工作点的调整

(1) 工作点的静态调整：将放大电路的交流信号输入端短路，在三极管集电极负载电阻 R_C 两端并联电压表，接通直流电源，调整电位器 R_P 使电压表读数为 6V，即可计算出 I_{CQ}。用万用表测量出 U_{BEQ} 和 U_{CEQ}。

(2) 静态工作点的动态调整：空载时，用示波器观察输出电压 u_o 的波形。在放大电路输入端利用信号发生器输入 1kHz 低频信号，从输入信号峰-峰值电压 $U_{ip\text{-}p}=10\text{mV}$ 开始逐渐增加输入信号幅度，从示波器上观察放大电路输出信号波形，直至波形出现失真为止。再仔细微调电位器 R_P，使放大器输出波形为最大不失真输出波形。测量静态工作点 I_{CQ}、U_{CEQ} 及 R_P 阻值。将波形图和实验数据记录在表 9-3 中。

表 9-3　静态工作点对输出波形的影响

工作点 / 测量数据	工作点合适	工作点偏低（截止失真）	工作点偏高（饱和失真）
I_{CQ}			
U_{CEQ}			
R_P			
输出电压波形			

3. 观察静态工作点对输出波形的影响

(1) 接入负载 R_L，利用信号发生器为放大电路输入 $U_{ip\text{-}p}=20\text{mV}$、$f=1\text{kHz}$ 的低频信号，用示波器双踪显示输入信号电压 u_i 和输出信号电压 u_o 的波形。

(2) 观察截止失真波形：将电位器 R_P 调大，使输出电压波形顶部出现约 1/3 的切割失真，画出波形图，测量静态工作点 I_{CQ}、U_{CEQ} 及 R_P 阻值，记录在表 9-3 中。

(3) 观察饱和失真波形：将电位器 R_P 调小，使输出电压波形顶部出现约 1/3 的切割失真，画出波形图，测量静态工作点 I_{CQ}、U_{CEQ} 及 R_P 阻值，记录在表 9-3 中。

4. 放大倍数的测量

(1) 空载时，利用信号发生器为放大电路输入 $U_{ip\text{-}p}=20\text{mV}$、$f=1\text{kHz}$ 的低频信号，用毫伏表测量输入电压 U_i 和输出信号电压 U_o 的数值，计算放大电路的电压放大倍数 A_u，将测量结果记入表 9-4 中。

表 9-4　放大倍数的测量

负载电阻 R_L	输入信号 U_i	输出信号 U_o	放大倍数 $A_u=\frac{U_o}{U_i}$
未接 R_L			
接入 R_L			

(2) 接入负载电阻 $R_L=1\text{k}\Omega$，放大电路输入 $U_{ip\text{-}p}=20\text{mV}$、$f=1\text{kHz}$ 的低频信号，用毫伏表测量输入电压 U_i 和输出信号电压 U_o 的数值，计算放大电路的电压放大倍数 A_u，将测量结果记入表 9-4 中，并与应用公式计算的结果相比较。

实训评分：任务 9.2 评分参考表 9-5。

表 9-5 任务 9.2 评分表

序号	考核内容与要求	考核情况记录	评分标准	得分
1	(1) 注意安全，严禁带电操作。 (2) 电路设计正确，调整静态工作点。 (3) 能正确测出放大倍数		10	
2	电路焊接美观		5	
3	会用示波器对静态工作点输出波形进行观察分析		5	

习 题

一、判断题

1. 放大倍数也可定义为输出量的瞬时值与输入量瞬时值之比。 ( )

2. 放大器的静态工作点一经设定后，不会受外界因素的影响。 ( )

3. 共射极输出器的输出信号和输入信号相反。 ( )

4. 共射极输出器的输出信号是从发射极输出的。 ( )

5. 多级电压放大电路中，以不安排射极输出器为宜，因为它对整个电路的放大倍数不会有什么贡献。 ( )

二、单项选择题

1. 如图 9-11 所示三极管电路中，已知 $V_{CC}=12\text{V}$，三极管的 $\beta=100$，$R'_b=100\text{k}\Omega$。当 $u_I=0\text{V}$ 时，测得 $U_{BE}=0.7\text{V}$，若要基极电流 $I_B=20\mu\text{A}$，则 R_w 为 ( )kΩ。

A. 465　　B. 565

C. 400　　D. 300

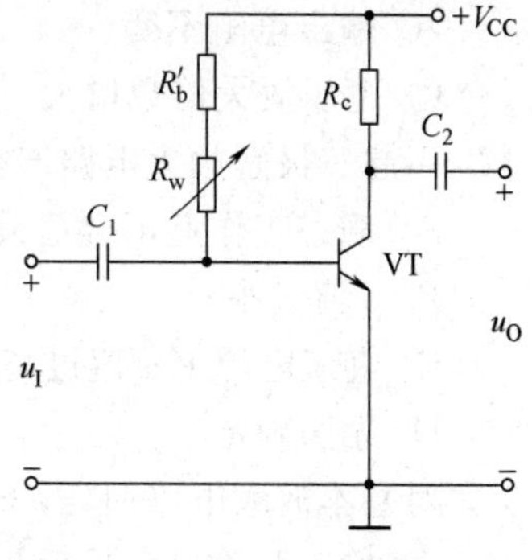

图 9-11 三极管电路

2. 在共射极放大电路中，测得输入电压有效值 $U_i=5\text{mV}$，当未带上负载时输出电压有效值 $U'_o=0.6\text{V}$，负载电阻 R_L 值与 R_C 相等，则带上负载输出电压有效值 $U_o=$( )V。

A. 0.3　　B. 0.6　　C. 1.2　　D. −0.3

3. 在固定偏置放大电路中，若偏置电阻 R_B 的阻值增大了，则静态工作点 Q 将( )。

A. 下移　　B. 上移　　C. 不动　　D. 上下来回移动

4. 在固定偏置放大电路中,如果负载电阻增大,则电压放大倍数(　　)。

A. 减小　　B. 增大　　C. 不变　　D. 无法确定

5. 测得三极管 $I_B=30\mu A$ 时,$I_C=2.4mA$;$I_B=40\mu A$ 时,$I_C=3mA$。则该管的交流电流放大系数为(　　)。

A. 60　　B. 80　　C. 75　　D. 100

6. 如图 9-12 所示放大电路中,$\beta=30$,三极管工作在(　　)状态。

A. 饱和　　B. 放大

C. 截止　　D. 无法确定

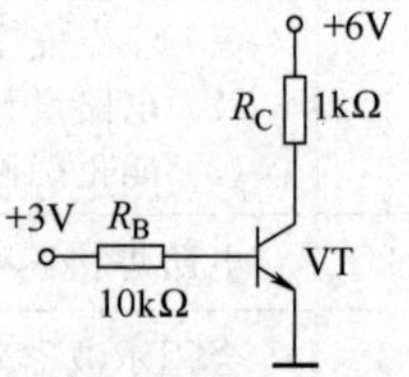

图 9-12　放大电路

7. 由 NPN 管构成的基本共射极放大电路,输入是正弦信号,若从示波器显示的输出信号波形发现底部(负半周)削波失真,则该放大电路产生了(　　)失真。

A. 饱和　　B. 放大　　C. 截止　　D. 无法确定

8. 由 NPN 管构成的基本共射极放大电路,输入是正弦信号,若从示波器显示的输出信号波形发现顶部(正半周)削波失真,则该放大电路产生了(　　)失真。

A. 截止　　B. 饱和　　C. 放大　　D. 无法确定

9. 由 NPN 管构成的基本共射极放大电路,输入是正弦信号,若从示波器显示的输出信号波形发现底部削波失真,这是由于静态工作点电流 I_C(　　)造成。

A. 过大　　B. 过小　　C. 相等　　D. 不能确定

10. 某放大电路在负载开路时的输出电压为 4V,接入 3kΩ 的负载电阻后,输出电压降为 3V。这说明该放大器的输出电阻为(　　)kΩ。

A. 1　　B. 2　　C. 3　　D. 0.5

11. 在分压式偏置放大电路中,除去旁路电容 C_E,下列说法正确的是(　　)。

A. 输出电阻不变　　B. 静态工作点改变

C. 电压放大倍数增大　　D. 输入电阻减小

12. 引起三极管放大电路产生非线性失真的原因是(　　)。

A. 静态工作点不合适或输入信号幅值过大

B. β 值过小

C. 直流电源 V_{CC} 值过高

D. 无法确定

13. 对基本放大电路而言,下列说法正确的是(　　)。

A. 输入与输出信号反相　　B. 输入与输出信号同相

C. 输入电阻较大　　D. 无法确定

14. 在单级共射极放大电路中,输入电压信号和输出电压信号的相位是(　　)。

A. 反相　　B. 同相　　C. 相差 90°　　D. 无法确定

项目 10

集成运算放大器电路制作与测试

任务 10.1 集成运算放大器的分析、制作与测试

10.1.1 集成运算放大器的组成及主要参数

1. 集成运算放大器

集成运算放大器简称集成运放，是由多级直接耦合放大电路组成的高增益模拟集成电路。

集成运算放大器是一种具有高电压放大倍数的直接耦合放大器，主要由输入、中间、输出三部分组成。输入部分是差分放大电路，有同相和反相两个输入端；中间部分提供高电压放大倍数，经输出部分传到负载。补偿端外接电容器或阻容电路，以防止工作时产生自激振荡。供电电源通常接成对地为正或对地为负的形式，而以地作为输入、输出和电源的公共端。如图 10-1 所示为集成运算放大器的组成框图。如图 10-2 所示为集成运算放大器的符号。

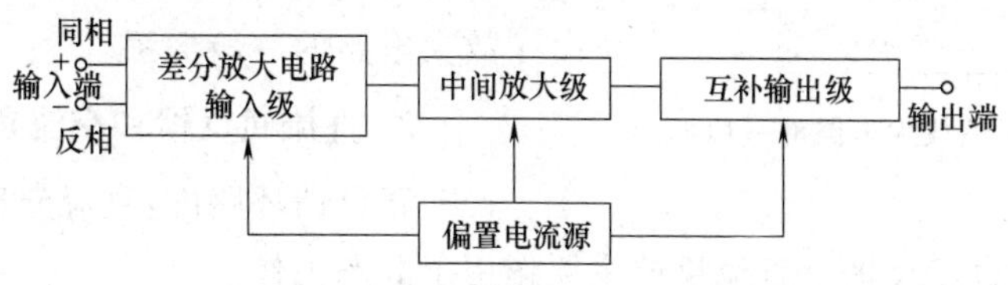

图 10-1　集成运算放大器的组成框图

2. 集成运放的主要参数

(1) 共模输入电阻

共模输入电阻(RINCM)表示运算放大器工作在线性区时，输入共模电压范围与该范围内偏置电流的变化量之比。

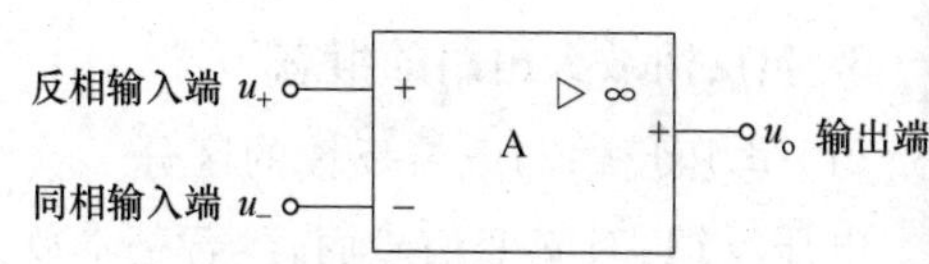

图 10-2　集成运算放大器的符号

（2）直流共模抑制

直流共模抑制（CMRDC）用于衡量运算放大器对作用在两个输入端的相同直流信号的抑制能力。

（3）交流共模抑制

交流共模抑制（CMRAC）用于衡量运算放大器对作用在两个输入端的相同交流信号的抑制能力。

（4）输入偏置电流

输入偏置电流（IB）指运算放大器工作在线性区时流入输入端的平均电流。

（5）差模输入电阻

差模输入电阻（RIN）表示输入电压的变化量与相应的输入电流变化量之比，电压的变化导致电流的变化。在一个输入端测量时，另一个输入端接固定的共模电压。

（6）输出阻抗

输出阻抗（ZO）是指运算放大器工作在线性区时，输出端的内部等效小信号阻抗。

（7）输出电压摆幅

输出电压摆幅（VO）是指输出信号不发生钳位的条件下能够达到的最大电压摆幅的峰-峰值，VO一般定义在特定的负载电阻和电源电压下。

10.1.2 负反馈

1. 反馈的概念

将一个系统的输出信号的一部分或全部以一定方式和路径送回到系统的输入端作为输入信号的一部分，这个作用过程叫反馈。

反馈信号与输入信号极性相同或变化方向同相，则两种信号混合的结果将使放大器的净输入信号大于输出信号，这种反馈叫正反馈。

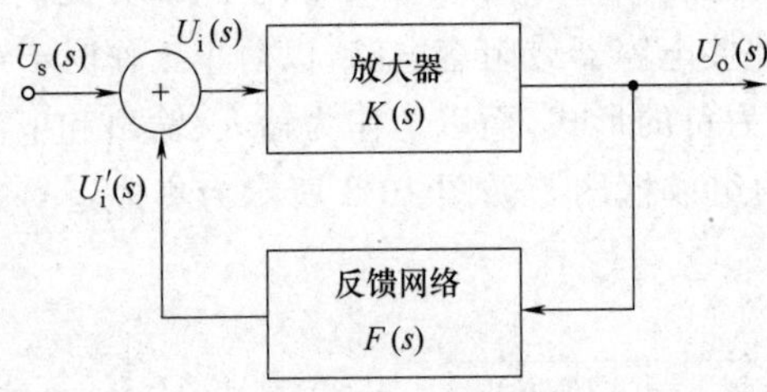

图 10-3 反馈放大电路的一般框图

反馈信号与输入信号极性相反或变化方向相反，则叠加的结果将使净输入信号减弱，这种反馈叫负反馈。如图 10-3 所示为反馈放大电路的一般框图。

2. 直流负反馈和交流负反馈

若反馈环路内，直流分量可以流通，则该反馈环可以产生直流反馈。直流反馈主要作用于静态工作点。

若反馈环路内，交流分量可以流通，则该反馈环可以产生交流反馈。交流反馈主要用来改善放大器的性能。

3. 负反馈放大电路的组态

（1）电压反馈与电流反馈的区分

电压反馈：对交变信号而言，若基本放大器、反馈网络、负载三者在取样端并联连接，则称为并联取样，又称电压反馈。

电流反馈：对交变信号而言，若基本放大器、反馈网络、负载三者在取样端串联连接，则称为串联取样，又称电流反馈。

电流反馈和电压反馈的判定：在确定有反馈的情况下，若不是电压反馈，就必定是电流反馈，所以只要判定是否是电压反馈或者判定是否是电流反馈即可。通常判定电压反馈较容易。如图 10-4 所示为电压反馈，如图 10-5 所示为电流反馈。

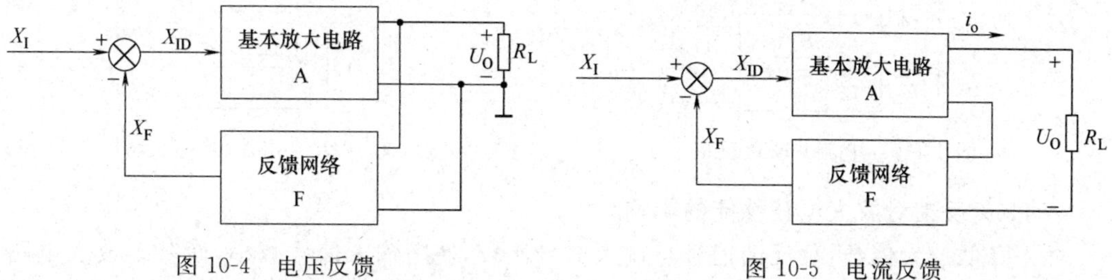

图 10-4　电压反馈　　图 10-5　电流反馈

(2) 串联反馈和并联反馈的区别

串联反馈：对交流信号而言，信号源、基本放大器、反馈网络三者在比较端是串联连接，则称为串联反馈。

并联反馈：对交流信号而言，信号源、基本放大器、反馈网络三者在比较端是并联连接，则称为并联反馈。

串联反馈和并联反馈的判定方法：对交变分量而言，若信号源的输出端和反馈网络的比较端接于同一个放大器件的同一个电极上，则为并联反馈；否则为串联反馈。如图 10-6 所示为串联反馈，如图 10-7 所示为并联反馈。

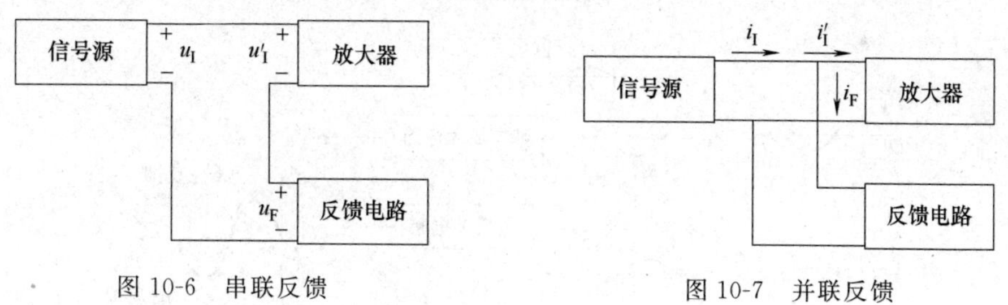

图 10-6　串联反馈　　图 10-7　并联反馈

(3) 负反馈的 4 种基本类型

如图 10-8 所示为电压串联负反馈，如图 10-9 所示为电压并联负反馈，如图 10-10 所

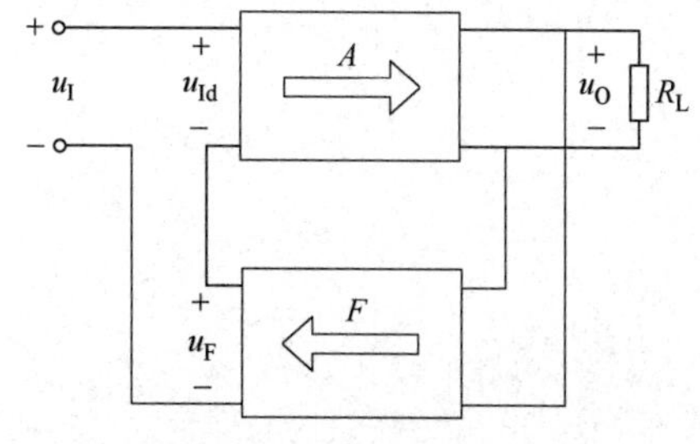

图 10-8　电压串联负反馈

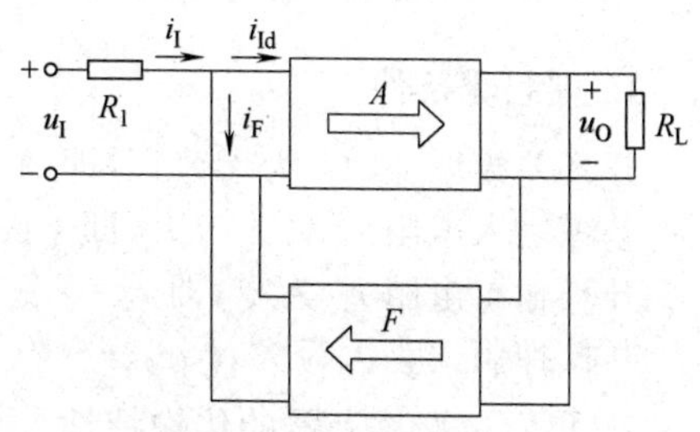

图 10-9　电压并联负反馈

示为电流并联负反馈，如图 10-11 所示为电流串联负反馈。

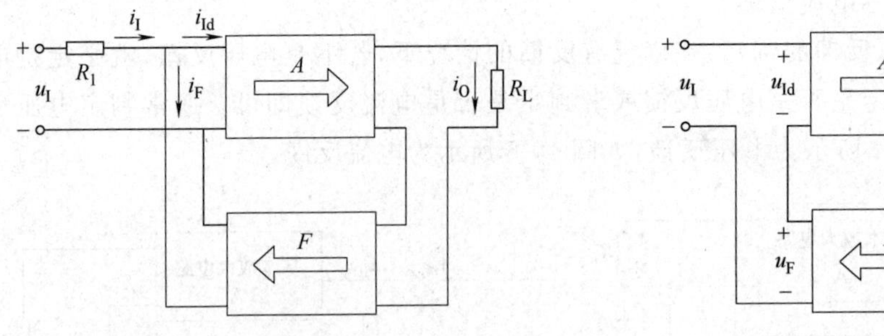

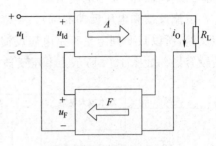

图 10-10 电流并联负反馈　　　　图 10-11 电流串联负反馈

（4）负反馈对放大电路性能的影响

① 降低放大倍数：负反馈信号与输入信号比较，使净输入信号减小，而基本放大电路的放大倍数不变，由于负反馈的作用导致输出信号减小。因此，具有负反馈的放大电路的放大倍数比不加负反馈时要低。

② 提高放大倍数的稳定性：引入负反馈后，使输出信号的变化得到遏制，放大倍数趋于不变，因此提高了放大倍数的稳定性。

③ 减小非线性失真：引入负反馈后，反馈电路将输出失真的信号送回到输入电路，使净输入信号产生与输出失真相反的预失真信号，经放大，输出信号的失真得到一定程度的补偿，如图 10-12 所示为负反馈减小非线性失真。

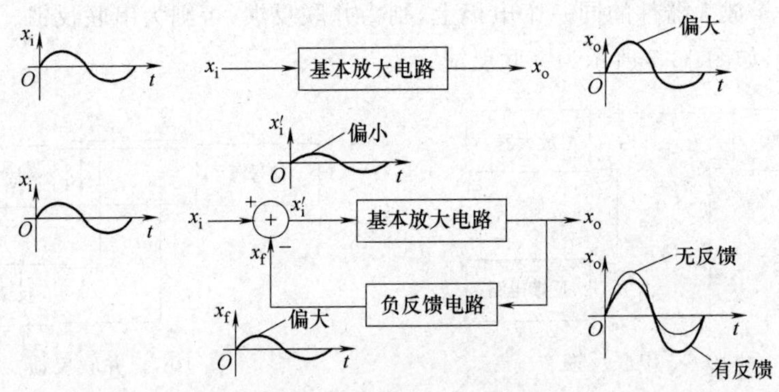

图 10-12 负反馈减小非线性失真

10.1.3 理想运算放大器

1. 理想化条件

开环差模增益 A_{vd} 为无穷大，即 $A_{vd} \to \infty$。

差模输入电阻 r_{id} 为无穷大，即 $r_{id} \to \infty$。

开环输出电阻 r_o 为零，即 $r_o = 0$。

共模抑制比为无穷大，$K_{CMR} \to \infty$。

2. 集成运算放大器的传输特性

表示输出电压与输入电压之间关系的特性曲线称为传输特性曲线，如图 10-13 所示。

可分为线性区和饱和区。

(1) 线性区

当集成运算放大器工作在线性区时，输出电压 U_O 与输入电压 $U_{ID}(U_- - U_+)$ 呈线性关系：

$$U_O = U_{vd}U_{ID} = A_{vd}(U_- - U_+)$$

只有引入负反馈后，才能保证输出不超过线性范围。

(2) 饱和区

集成运算放大器工作在饱和区时，这时的输出电压只有两种可能。

当 $U_+ < U_-$ 时：$U_O = -U_{OM}$。

当 $U_+ > U_-$ 时：$U_O = +U_{OM}$。

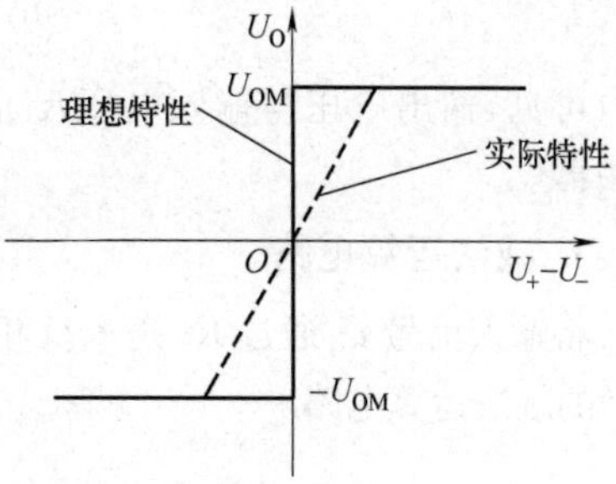

图 10-13　集成运算放大器的传输特性

10.1.4　运算放大器组成的基本运算电路

1. 比例运算电路

(1) 反相比例运算电路

输入信号 u_I 通过 R_1 送到集成运算放大器的反相输入端，输出信号 u_O 经 R_f 反馈至反相输入端，同相端接地，如图 10-14 所示为反相比例运算电路。电压增益为

$$A_v = \frac{u_O}{u_I} = \frac{-i_F R_f}{i_I R_1} = -\frac{R_f}{R_1}$$

电压增益 A_v 为负值，u_O 与 u_I 反相，故称为反相放大器。A_v 的大小仅与 R_1 和 R_f 有关，选取阻值稳定、精度高的电阻 R_1 和 R_f，是提高电压增益精度的重要途径。

(2) 同相比例运算电路

输入信号 u_I 通过 R_2 馈送到集成运算放大器的同相输入端，输出信号 u_O 经 R_f 反馈至反相输入端，如图 10-15 所示为同相比例运算电路。电压增益为

$$A_v = \frac{u_O}{u_I} = 1 + \frac{R_f}{R_1}$$

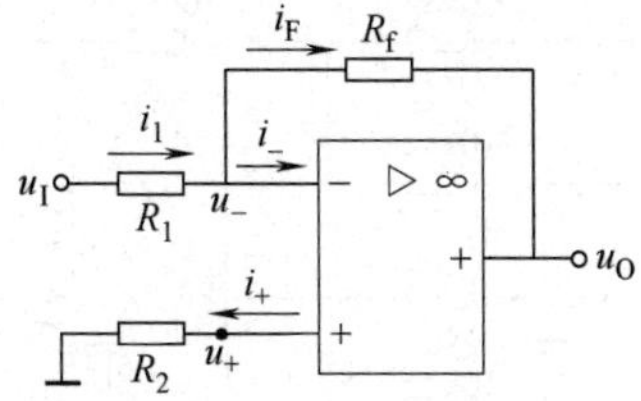

图 10-14　反相比例运算电路

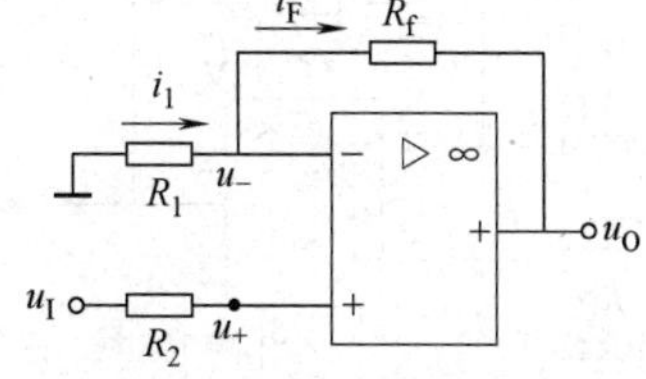

图 10-15　同相比例运算电路

电压增益 A_v 为正值，输出电压 u_O 与输入 u_I 同相，故称为同相放大器。若取 $R_f = 0$，则有 $A_v = 1$，$u_O = u_I$，则电路成为电压跟随器。

2. 加法运算电路

两输入端的反相加法电路，如图 10-16 所示，电路输出电压为

$$u_O = -\left(\frac{R_f}{R_1}u_{I1} + \frac{R_f}{R_2}u_{I2}\right)$$

可见，输出电压与输入电压反相，且 u_O 是两输入信号加权后的负值相加，故称反相加法器。

3. 减法运算电路

将输入信号 u_{I1} 通过 R_1 送入反相输入端，u_{I2} 通过 R_2 送到同相输入端，即组成如图 10-17 所示的减法运算电路。

$$u_O = \left(1+\frac{R_f}{R_1}\right)\left(\frac{R_3}{R_2+R_3}\right)u_{I2} - \frac{R_f}{R_1}u_{I1}$$

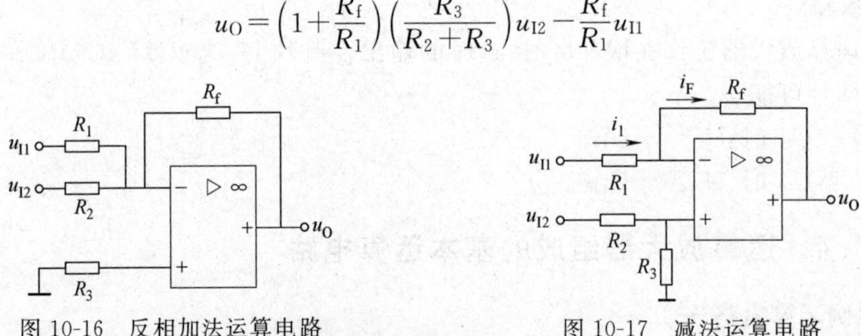

图 10-16　反相加法运算电路　　图 10-17　减法运算电路

10.1.5　基本运算电路的制作与测试

1. 测试器材

(1) 测试仪器仪表：万用表、示波器、直流可调稳压电源、函数信号发生器、模拟电子实验箱。

(2) 元器件：集成运算放大器芯片 LM741×1，电位器 680kΩ×1，电阻 10kΩ/0.25W×3、100kΩ/0.25W×1，电容 100nF/25V×1、200pF/25V×1。

2. 测试电路

如图 10-18 所示为反相比例运算放大电路，如图 10-19 所示为反相加法运算电路。电路采用±12V 电源供电。

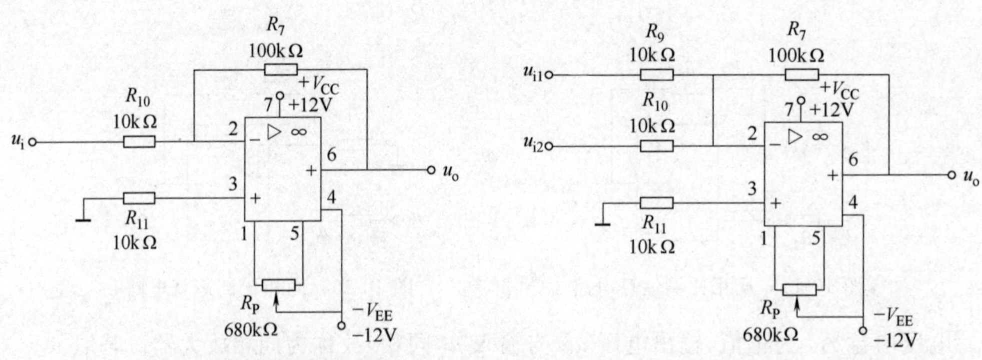

图 10-18　反相比例运算放大电路　　图 10-19　反相加法运算电路

3. 测试程序

(1) 电路组装。组装之前先检查各元器件的参数是否正确，检查集成运算放大器的各个引脚。按照上面的电路图在实验箱或面包板上分别搭接各功能电路。组装完毕后，应认真检查连线是否正确、牢固。

(2) 测试电路功能。确认电路组装无误后，方可接通直流稳压电源。将接入端接地，用示波器观察输出电压波形是否有振荡，如有振荡应接入适当的消振电容，直至完全消失振荡为止。

反相比例运算放大电路输入直流信号，按表 10-1 要求进行测量。

表 10-1 反相比例运算电路测试

u_i/V	−0.2	−0.1	0.1	0.2
u_o/V				
$\frac{u_o}{u_i}$				

反相加法运算电路，输入直流信号电压，按表 10-2 要求进行测量。

表 10-2 反相加法运算电路测试

u_{i1}/V	+0.2	+0.4
u_{i2}/V	+0.1	+0.2
u_o/V		

(3) 根据上面测试结果，将实测值与计算值相比较，分析产生误差的原因，并分析各个基本运算电路是否符合相应运算关系。

(4) 总结集成运算放大器的消振、调零过程。

任务 10.1 在线练习

任务 10.2 拓展与训练：负反馈对放大器的影响

实训目的：掌握放大器的放大倍数、输入电阻、输出电阻的测量方法。

实训器材：示波器、万用表、晶体管毫伏表、电路板等。

负反馈在电子线路中应用十分广泛，几乎所有实用的放大器都要引入负反馈。负反馈虽然会使放大倍数降低，但却能提高放大倍数的稳定性；串联负反馈可使输入电阻增大，并联负反馈可使输入电阻减小；电压负反馈使放大电路的输出电阻减小，电流负反馈使输出电阻增大。

另外，负反馈还可以减小电路的非线性失真，扩展电路的频带宽度，因此得到广泛的应用。如图 10-20 所示为负反馈对放大电路的影响电路。

1. 调整静态工作点

检查实验电路，连接正确无误后，接通+12V 电源。

调节电位器 R_P，使 VT_2 管集电极电流为 1.5mA。测量 VT_1、VT_2 的静态工作点的

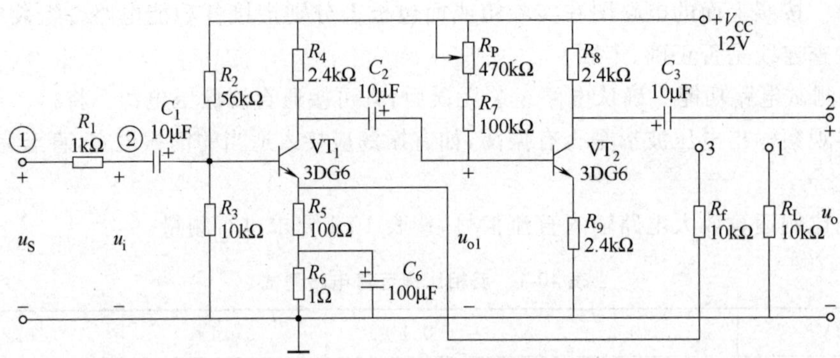

图 10-20 负反馈对放大电路的影响电路

数值，记录在表 10-3 中。

表 10-3 静态工作点的测量

晶体管 \ 测量值	U_B	U_E	U_C	I_C
VT$_1$				
VT$_2$				

2. 研究负反馈对放大电路放大倍数的影响

设置信号发生器，给电路输入幅度为 2mV，频率为 1kHz 的正弦信号。

（1）测量没有反馈时的输入电压、输出电压，通过计算可得到放大倍数，将实验结果记录在表 10-4 中。

（2）用短接线连接 2 端与 3 端，测量有负反馈时的输出电压，计算出此时的放大倍数，并将实验结果记录在表 10-4 中。

注意比较两种不同情况下放大倍数的变化。

表 10-4 负反馈对放大电路放大倍数的影响

反馈情况 \ 测量值	输入电压	输出电压	电压放大倍数
无负反馈			
有负反馈			

3. 通过负载的变动，观察负反馈对放大倍数稳定性的影响

（1）测试输入、输出电压，计算无负反馈、负载开路时的放大倍数。

（2）用短接线连接 2 端与 1 端，测试输入、输出电压，计算负反馈、带负载时的电压放大倍数。

（3）用短接线连接 2 端与 3 端，测试输入、输出电压，计算有负反馈、负载开路时的电压放大倍数。

(4) 用短接线连接 2 端、3 端与 2 端、1 端，测试输入、输出电压，计算有负反馈、带负载时的电压放大倍数。

注意比较两种不同情况下放大倍数的相对变化量。将实验结果记录于表 10-5 中。

表 10-5 负反馈对放大倍数稳定性的影响的测量

测试条件＼测量值		输入电压	输出电压	放大倍数	放大倍数相对变化量
无负反馈	负载开路				
	带负载				
有负反馈	负载开路				
	带负载				

4. 观察负反馈对输入电阻的影响

(1) 在不带负反馈的情况下，在电路中加入频率为 1kHz 的正弦信号，调节电位器 R_P 的大小，用示波器监视放大器输出电压波形。在波形不失真的条件下，用毫伏表测量信号源电压，再测量放大器输入电压，通过计算可得到无负反馈时电路的输入电阻，将实验结果记录在表 10-6 中。

(2) 用短接线连接 2 端与 3 端，重复上述步骤，通过计算可得到有负反馈时电路的输入电阻。将实验结果记录在表 10-6 中，并比较。

表 10-6 负反馈对输入电阻的影响

测试条件＼测量值	输入信号源电压	放大器输入电压	输入电阻
无负反馈			
有负反馈			

5. 观察负反馈对输出电阻的影响

(1) 电路不带负载和负反馈的情况下，在电路加入频率为 1kHz 的正弦信号，调节电位器 R_P 的大小，用示波器监视放大器输出电压波形。在波形不失真的条件下，用毫伏表测量无负载时的输出电压，用短接线连接 2 端与 1 端，用毫伏表测量有负载时的输出电压，通过计算可得到无负反馈时电路的输出电阻，将实验结果记录在表 10-7 中。

(2) 用短接线连接 2 端与 3 端，重复上述步骤，通过计算可得到有负反馈时电路的输出电阻。将实验结果记录在表 10-7 中，并比较。

表 10-7 负反馈对输出电阻的影响

测试条件＼测量值	无负载时的输出电压	有负载时的输出电压	输出电阻
无负反馈			
有负反馈			

实训评分：任务 10.2 评分参考表 10-8。

表 10-8 任务 10.2 评分表

序号	考核内容与要求	考核情况记录	评分标准	得分
1	(1) 注意安全，严禁带电操作。 (2) 会调整静态工作点。 (3) 会测量输入电阻、输出电阻		10	
2	能在电路板上正确连接电路		5	
3	能正确回答负反馈对放大电路放大倍数、输入电阻、输出电阻的影响		5	

工程案例：集成功率放大器

习　　题

一、判断题

1. 负反馈可以提高放大电路放大倍数的稳定性。（　　）
2. 多级放大电路的级数越多，其放大倍数越大，且其通频带越宽。（　　）
3. 要稳定放大电路工作点，可以引入交流负反馈。（　　）
4. 三极管放大电路的三种基本组态中，共集极电路带负载的能力最强。（　　）
5. 只要在放大电路中引入反馈，就一定能使其性能得到改善。（　　）
6. 集成运算放大器工作在非线性区的两个特点是虚短和虚断。（　　）
7. 射极输出器为电压串联负反馈电路。（　　）
8. 阻容耦合和变压器耦合放大电路能够放大交流信号，但是不能放大缓慢变化的信号和直流信号。（　　）
9. 直接耦合放大电路能够放大缓慢变化的信号和直流信号，但是不能放大交流信号。（　　）
10. 当理想运放工作在线性区时，可以认为其两个输入端“虚断”而且“虚地”。（　　）
11. 与接入反馈前相比较，接入负反馈后，净输入量增大了。（　　）
12. 反相比例运算电路中引入一个负反馈，而同相比例运算电路中引入一个正反馈。（　　）
13. 要稳定放大电路的静态工作点，可以引入直流负反馈。（　　）
14. 多级放大电路的级数越多，其放大倍数越大，且其通频带越宽。（　　）
15. 既然电流负反馈稳定输出电流，那么必然稳定输出电压。（　　）
16. 只有电路既放大电流又放大电压，才称其有放大作用。（　　）
17. 对于负反馈电路，由于负反馈作用使输出量变小，则输入量变小，又使输出量更小，最后就使输出为零，无法放大。（　　）

18. 反相求和电路中集成运算放大器的反相输入端为虚地点，流过反馈电阻的电流等于各输入电流之代数和。 （ ）

19. 直接耦合放大电路只能放大直流信号。 （ ）

20. 若放大电路的放大倍数为正，则引入的反馈一定为正反馈。 （ ）

二、单项选择题

1. 负反馈放大电路的一般表达式为 $A_f=\dfrac{A}{1+AF}$，当 $|1+AF|>1$ 时，表明放大电路引入了（ ）。

A. 负反馈 B. 正反馈 C. 自激振荡 D. 干扰

2. 负反馈放大电路产生自激振荡的条件是（ ）。

A. $AF=1$ B. $AF=-1$ C. $AF>1$ D. $AF<1$

3. 在放大电路中，为稳定输出电压、增大输入电阻、减小输出电阻、展宽通频带，可引入（ ）。

A. 电压串联负反馈 B. 电压并联负反馈

C. 电流串联负反馈 D. 电流并联负反馈

4. 在反馈放大电路中，如果反馈信号和输出电压成正比，称为（ ）反馈。

A. 电流 B. 串联 C. 电压 D. 并联

5. 欲从信号源获得更大的电流，并稳定输出电流，应在放大电路中引入（ ）。

A. 电压串联负反馈 B. 电压并联负反馈

C. 电流串联负反馈 D. 电流并联负反馈

6. 放大电路的频率特性在低频区主要受（ ）影响。

A. 偏置电阻 B. 三极管的极间电容

C. 管子内部结电容 D. 耦合电容和射极旁路电容

7. 为了增大放大电路的输入电阻，应引入（ ）负反馈。

A. 电压 B. 电流 C. 串联 D. 并联

8. 在输入量不变的情况下，若引入反馈后（ ），则说明引入的是负反馈。

A. 输入电阻增大 B. 输出量增大

C. 净输入量增大 D. 净输入量减小

9. 集成放大电路采用直接耦合方式的原因是（ ）。

A. 便于设计 B. 放大交流信号

C. 不易制作大电容 D. 消除干扰

10. 对于放大电路，在输入量不变的情况下，若引入反馈后（ ），则说明引入的反馈是正反馈。

A. 净输入量增大 B. 净输入量减小

C. 输入电压增大 D. 输出电流增大

11. 共模抑制比 K_{CMR} 是（ ）之比。

A. 差模输入信号与共模成分 B. 输出量中差模成分与共模成分

C. 差模放大倍数与共模放大倍数 D. 共模放大倍数与差模放大倍数

12. 为了稳定放大电路的静态工作点,应引入(　　)。

A. 直流负反馈　　B. 交流负反馈

C. 正反馈　　D. 电压负反馈

13. 为了稳定放大电路的输出电流,应引入(　　)负反馈。

A. 电压　　B. 电流　　C. 串联　　D. 并联

14. 共模抑制比越大表明电路(　　)。

A. 放大倍数越稳定　　B. 交流放大倍数越大

C. 输入信号中差模成分越大　　D. 抑制温漂能力越大

15. 负反馈所能抑制的干扰和噪音是(　　)。

A. 输入信号所包含的干扰和噪音　　B. 反馈环外的干扰和噪音

C. 反馈环内的干扰和噪音　　D. 输出信号中的干扰和噪音

16. 对某一级晶体管放大电路,要其对前一级的影响小(吸取的电流小),对后级带负载能力强,宜采用(　　)。

A. 共基极放大电路　　B. 共发射极放大电路

C. 共集电极放大电路　　D. 以上电路都可以

17. 共发射极电路中采用恒流源做有源负载是利用其(　　)的特点以获得较高增益。

A. 直流电阻大、交流电阻小　　B. 直流电阻小、交流电阻大

C. 直流电阻和交流电阻都小　　D. 直流电阻大和交流电阻都大

18. 在运算放大器电路中,引入深度负反馈的目的之一是使运放(　　)。

A. 工作在线性区,降低稳定性　　B. 工作在非线性区,提高稳定性

C. 工作在线性区,提高稳定性　　D. 工作在非线性区,降低稳定性

19. 希望放大器输入端向信号源索取的电流比较小,应引入(　　)负反馈。

A. 电压　　B. 电流　　C. 串联　　D. 并联

项目 11

电源电路制作与测试

任务 11.1　三端集成稳压电源的分析、制作与测试

11.1.1　整流电路分析

单相桥式整流电路分析如下。

如图 11-1 所示为桥式整流电路原理图，如图 11-2 所示为桥式整流电路波形图，如图 11-3 所示为桥式整流电路简化画法，如图 11-4 所示为全桥外形图，是 4 个二极管集成的全桥整流电路的外形图。由于电路中 4 只二极管接成电桥形式，所以称为桥式整流电路。

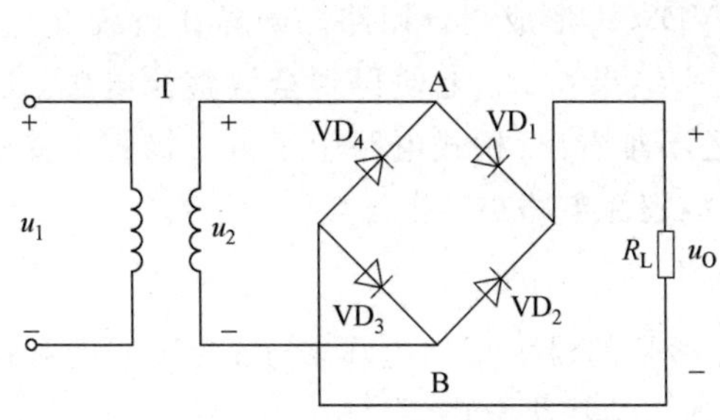

图 11-1　桥式整流电路原理图

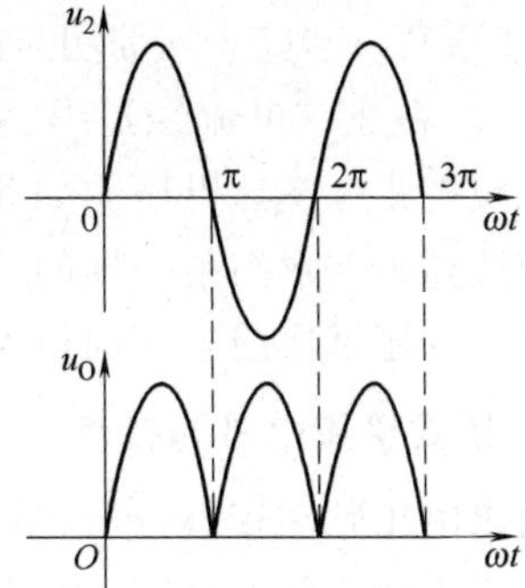

图 11-2　桥式整流电路波形图

1. 桥式整流电路的连接特点

二极管的一正一负相异端接交流，同负端输出直流电压正极，同正端输出直流电压负极。

2. 各元器件的作用

电源变压器 T 起降压、隔离市电电源的作用。

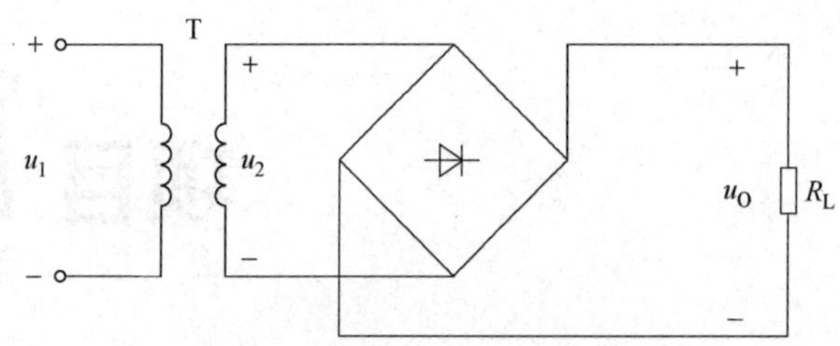

图 11-3 桥式整流电路简化画法

图 11-4 全桥外形图

二极管 VD_1～VD_4 起整流作用,将交流电转换为脉动直流电,所以称为整流元件。

整流电路的负载电阻 R_L,实现能量转换,将电能转换成其他形式的能量,如灯将电能转换成光能和热能。

3. 工作原理

桥式整流电路的工作原理:输入交流电为正半周时,二极管 VD_1、VD_3 加正向电压,VD_1、VD_3 导通;二极管 VD_2、VD_4 加反向电压,VD_2、VD_4 截止。电流经过 A、VD_1、R_L、VD_3、B 形成闭合回路。在负载 R_L 上形成上正下负的半波整流电压,输入交流电为负半周时,二极管 VD_2、VD_4 加正向电压,VD_2、VD_4 导通;二极管 VD_1、VD_3 加反向电压,VD_1、VD_3 截止。电流经过 B、VD_2、R_L、VD_4、A 形成闭合回路。同样在负载 R_L 上形成上正下负的半波整流电压。如此重复下去,结果在 R_L 上便得到全波整流电压。其波形图和全波整流波形图是一样的。从图中还不难看出,桥式电路中每只二极管承受的反向电压等于变压器次级电压的最大值,比全波整流电路小一半。

4. 桥式整流电路的特点

输出电压脉动较小;每只整流二极管承受的最大反向电压较小;变压器的利用效率高。正因为桥式整流电路具有上述优点,所以应用十分广泛。

11.1.2 滤波电路分析

1. 电容滤波电路分析

(1) 电容滤波

利用电容器两端电压不能突变的特点,将电容器和负载电阻并联,以达到使输出波形平滑的目的称电容滤波。电容滤波电路如图 11-5 所示。

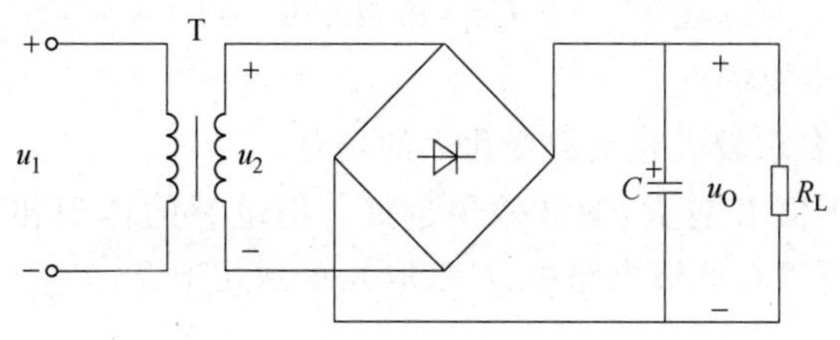

图 11-5　电容滤波电路

（2）工作原理

滤波电容容量大，因此一般采用电解电容，在接线时要注意电解电容的正、负极。电容滤波电路利用电容的充、放电作用，使输出电压趋于平滑。

整流电路的输出电压 u_O 在向负载电阻 R_L 供电的同时，也给电容 C 充电。当电容 C 的充电电压达到输入电压 u_2 的最大$\sqrt{2}u_2$ 后，变压器二次电压 u_2 开始下降，造成整流电路中的二极管截止，电容器开始向负载电阻 R_L 放电。如果滤波电容 C 足够大，而负载 R_L 的电阻值又不太小的情况下，不但使输出电压的波形变平滑，而且使输出电压 u_O 的平均值增大。

只要选择合适的电容器容量 C 和负载电阻 R_L 的阻值就可得到良好的滤波效果。如图 11-6 所示为电容滤波电路波形图，曲线 3、2、1 是对应不同容量滤波电容的曲线。负载 R_L 两端电压的平均值估算公式为

$$u_O=1.2u_2$$

电路特点：电容滤波电路负载不能过大，不能向负载提供较大的电流。

2. 电感滤波电路分析

（1）电感滤波

利用流过电感线圈的电流不能突变的特点，将电感线圈与负载电阻串联，以达到使输出波形基本平滑的目的称电感滤波。电感滤波电路如图 11-7 所示。

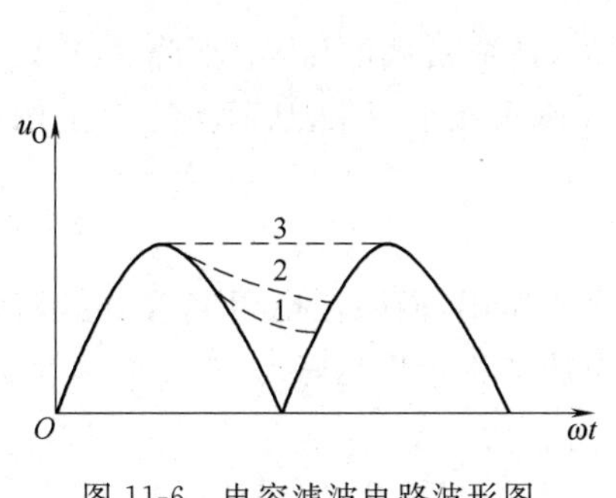

图 11-6　电容滤波电路波形图

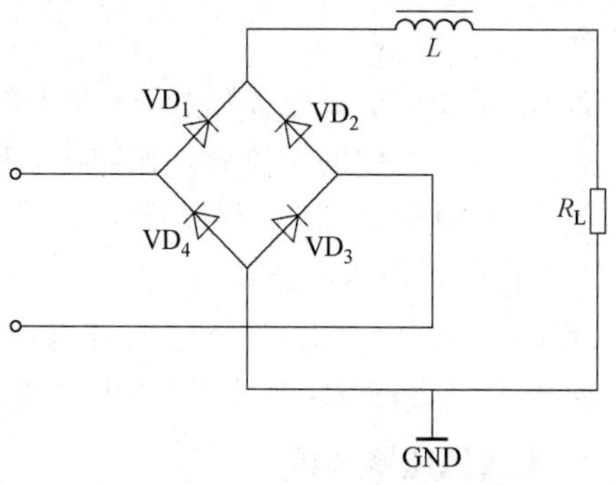

图 11-7　电感滤波电路

（2）工作原理

桥式整流电路的输出电压是脉动直流电压，它是直流分量与交流分量的叠加，交流成分频率较高，电压大部分降在线圈上，直流成分感抗为零，电压降在负载 R_L 上。桥式整流电路电感滤波电路中，输出直流电压的平均值与桥式整流电路相同，即

$$U_o = 0.9U_2$$

(3) 电感滤波电路的特点

适用于负载电流要求较大且负载变化大的场合。

一般情况下,电感值 L 越大,滤波效果越好。但电感的体积和重量增加、成本上升,且输出电压会下降,所以在滤波电路中,L 常取几亨到几十亨。

11.1.3 稳压电路分析

1. 稳压管稳压电路分析

(1) 稳压管稳压

稳压管稳压电路如图 11-8 所示。经过桥式整流和电容滤波得到的直流电压 U_i 再经电阻 R 和稳压管 D_Z 组成的稳压电路接到负载电阻 R_L 上,在负载上得到稳定的直流电压 U_o。显然,$U_o = U_Z$。

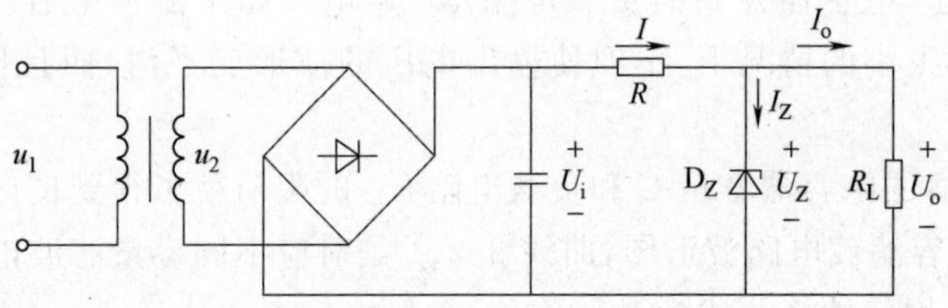

图 11-8 稳压管稳压电路

(2) 工作原理

若电网电压升高,整流电路的输出电压 U_i 也随之升高,引起负载电压 U_o 升高。由于稳压管 D_Z 与负载 R_L 并联,U_i 只要有很少一点增长,就会使流过稳压管的电流急剧增加,使得 I 也增大,限流电阻 R 上的电压降增大,从而抵消了 U_i 的升高,保持负载电压 U_o 基本不变。反之,若电网电压降低,引起 U_i 下降,造成 U_o 也下降,则稳压管中的电流急剧减小,使得 I 减小,R 上的压降也减小,从而抵消了 U_i 的下降,保持负载电压 U_o 基本不变。

若 U_i 不变而负载电流增加,则 R 上的压降增加,造成负载电压 U_o 下降。U_i 只要下降一点点,稳压管中的电流就迅速减小,使 R 上的压降再减小下来,从而保持 R 上的压降基本不变,使负载电压 U_o 得以稳定。

(3) 稳压管稳压电路特点

综上所述可以看出,稳压管起着电流的自动调节作用,而限流电阻起着电压调整作用。稳压管的动态电阻越小,限流电阻越大,输出电压的稳定性越好。

2. 集成稳压器分析

(1) 集成稳压器

集成稳压器具有体积小、可靠性高,使用方便等优点,因而获得广泛应用。集成稳压器的类型很多,如图 11-9 所示为 W7800 系列稳压器。

(2) 工作原理

W7800 是一种串联调整式稳压器,它与一般分立元件组成的稳压器的电路结构、工作原理是十分相似的，不同的是增加了启动电路、恒流源以及各种保护电路。电源接通后，启动电路工作，为恒流源、基准电压、比较放大电路建立工作点。恒流源的设置，为基准电压和比较放大电路提供了稳定的工作条件，使其不受输入电压的影响，保证稳压 IC 能在较大的电压变化范围内正常工作。W7800 稳压器外部有输入端 1、输出端 2 和公共端 3 三个引出端，故称为三端集成稳压器。使用时需接入电容 C_i 和 C_o，C_i 用以防止旁路高频脉冲，也可防止自激振荡，一般取 0.33μF 左右。C_o 是为了改善负载变化时的瞬态特性，减小输出电压的波动。

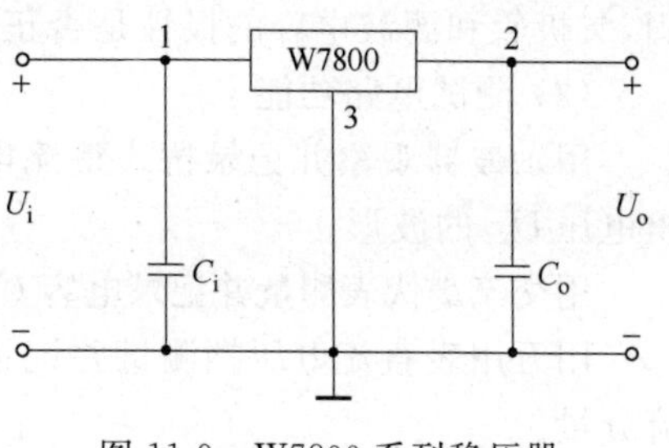

图 11-9　W7800 系列稳压器

11.1.4　三端集成稳压电源的设计、制作与测试

1. 测试器材

(1) 测试仪器仪表、工具：万用表、示波器、交流毫伏表、电烙铁等安装工具。

(2) 元器件：集成稳压块 1 片，整流二极管 4 只，电源变压器 1 只，印制电路板 1 块，电容器若干。

2. 测试电路

测试电路为三端集成稳压电源，需要自行设计。其指标要求：输入交流电压 220V，频率为 50Hz；输出直流电压＋12V，最大输出电流 1.5A。

如图 11-10 所示为三端集成稳压器电路，关于元器件选择，本设计用电源变压器是根据稳压电源的输出电压和输出电流来决定的。滤波电路则根据输出电压和电流的大小来选择，为了获得好的稳压性能，容量尽量大一些。对固定输出电压场合，可选用对应等级的三端稳压片。

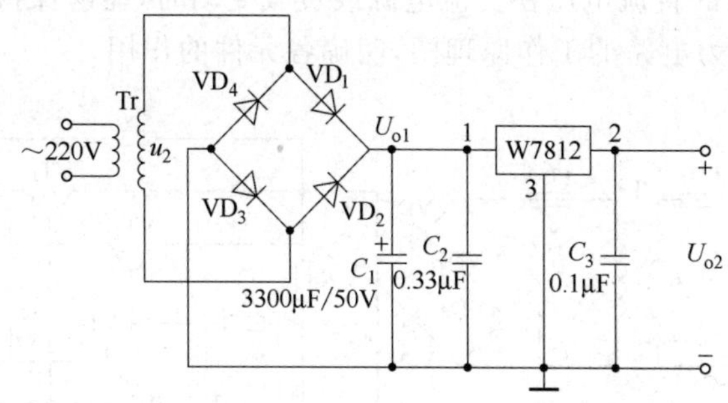

图 11-10　三端集成稳压器电路

3. 测试程序

(1) 电路组装

电路组装前，先对元器件进行测试或目测元器件的参数标识是否符合要求，检查集成稳压块的各个引脚。

在印制板上安装并焊接电路。安装完毕后，应认真检查各焊点及连接是否正确、牢固,二极管和滤波电容的极性是否正确。

(2) 测试电路功能

用示波器观察并记录桥式整流电路输入电压 U_2、电容 C_1 两端电压 U_{o1} 和稳压器输出电压 U_{o2} 的波形。

用交流毫伏表测量并记录电容 C_1 两端电压 U_{o1} 和稳压器输出电压 U_{o2} 中的交流分量。

任务 11.1
在线练习

用万用表直流电压挡测量并记录电容 C_1 两端电压 U_{o1} 和稳压器输出电压 U_{o2} 中的直流分量。

将上面测量值与理论计算值进行比较,分析误差产生的原因。

任务 11.2 拓展与训练:串联型直流稳压电源的组装调试与维修

实训目的:

(1) 掌握稳压电源的安装技术。

(2) 掌握稳压电源的调试方法。

(3) 掌握稳压电源常见故障的维修。

实训器材: 万用表、实验电路板、电子元器件等。

串联型直流稳压电源是将交流电变成直流电的电路,它由电源变压器、桥式整流电路、电容滤波电路、串联稳压电路等部分组成。

电源变压器的作用是将电网供给的 220V 交流电压变换为符合整流器需要的交流电压。

由四只二极管组成的桥式整流电路将交流电变换成单方向的直流电,其特点是方向不变,而大小却随时间波动,这种直流电称为脉动直流电。

电容滤波电路是将脉动的直流电压变为平直、脉动直流电。

稳压电路使输出的直流电压在交流电源或负载变动时,能够保持基本稳定。

如图 11-11 所示为电路的工作原理图,明确各元件的作用。

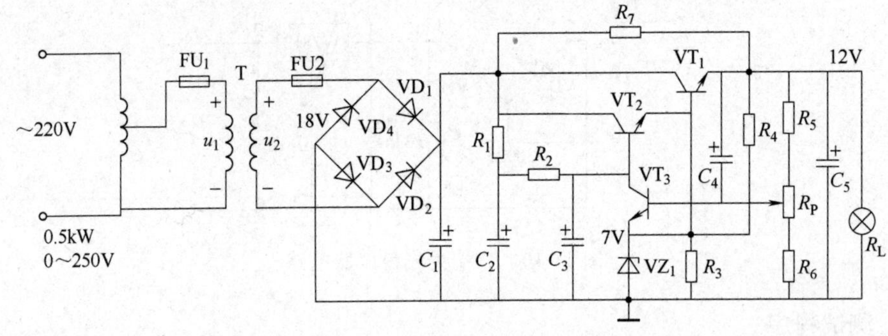

图 11-11 电路的工作原理图

1. 电路的组装

(1) 电路板的加工制作

按照图 11-12 所示安装图,将单面敷铜板多余的铜箔用钢锯条小心刮去,只留阴影部分，再用手电钻在相应位置打上直径 1mm 的透孔。用细砂纸将铜箔表面的氧化物轻轻擦拭干净，在其表面涂上一层松香，并在焊接孔周围焊上一层锡。

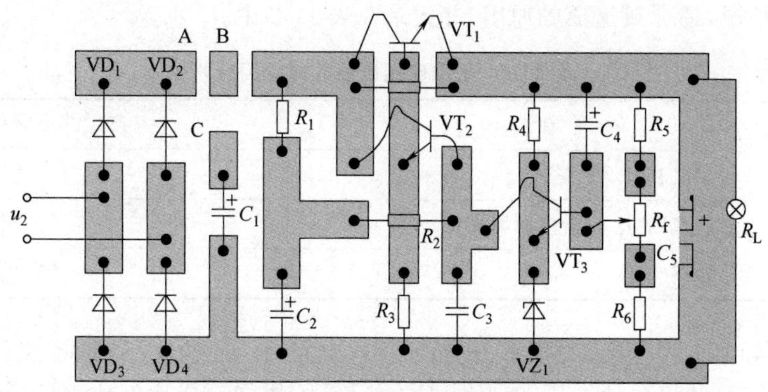

图 11-12　直流稳压电源实物安装图

（2）元件的安装

先将电阻、电容器、二极管、三极管等的电极表面氧化物用细砂纸擦拭干净，并用万用表确认其质量好坏。对照图 11-11 所示电路图和图 11-12 所示实物安装图，按相应位置将各元件电极插入焊接孔中焊牢，避免出现漏焊、虚焊。在焊接二极管、三极管等电极时焊接时间一般控制在 3s 以内。反复确认安装焊接无误后将电极多余的部分用斜口钳剪掉，对 VT1 等大功率元件可考虑加装散热片并加以固定。

2. 检测与调试

（1）整流电路的检测与调试

按图 11-12 所示将电路连接好。将自耦变压器输出电压 u_1 从 0V 开始逐渐增加至 220V，u_2 也从 0V 逐渐增加至 18V。正常情况下整流电路输出的电压也应该跟随增加至 16V 左右。若出现以下故障现象，请分析造成的原因，并记录在表 11-1 中。

表 11-1　整流电路故障原因分析

故 障 现 象	产生的原因
整流电路输出电压增大至 2V 时 FU2 即烧断	
u_1 增大至 150V 左右时 FU2 烧断	
整流电路输出的电压对地是负值	

（2）滤波电路的检测与调试

断电后，将电路板上 A、C 处焊接连通，即将 C_1 接入电路中。让 u_2 从 0V 逐渐增加至 220V 并检测 C_1 正、负极之间的电压 U_{C1}。正常情况下 U_{C1} 应随之升高。若当 u_2 增大至 180V 左右时发现 U_{C1} 上升减慢，用手摸其表面发现温度在逐渐升高，请分析造成此故障现象的原因。

（3）稳压电路的检测与调试

基准电压电路。将电路板上 B 处焊接连通，将三极管 VT_1 发射极 E_1 焊开，让 u_2 从

0V逐渐增加至150V,这时用万用表测量VT_3发射极电位V_{E3},观察其变化的规律。正常情况下,应该是从0V开始随u_2逐渐升高至7.5V左右,然后稳定在7.5V左右。若出现以下故障情况,请分析造成的原因,并记录在表11-2中。

表11-2 基准电压电路故障原因分析

故障现象	产生的原因
V_{E3}始终在0.7V左右	
V_{E3}一直随u_2的增大而增大	
V_{E3}始终为零	

电压取样电路。VT_1发射极E_1仍然不接入电路,让u_2从0V逐渐增加至170V,这时万用表测量VT_3基极对地电压,正常情况下应随u_2增加而成比例地增长。调整u_2的大小,让电容器C_5两端的电压U_o为12V,此时检测VT_3基极电位V_{B3}。当调整电位器R_P时,V_{E3}应该随之增大或减少。若出现以下故障现象,请分析原因,并记录在表11-3中。

表11-3 电压取样电路故障原因分析

故障现象	产生的原因
当u_2增大时,V_{E3}不变,始终为0V	
当U_o为12V,调整R_P,V_{E2}的变化范围为0~4V	
当U_o为12V,V_{E3}也为12V	

实训评分:任务11.2评分参考表11-4。

表11-4 任务11.2评分表

序号	考核内容与要求	考核情况记录	评分标准	得分
1	(1) 注意安全,严禁带电操作。 (2) 能正确组装稳压电源电路。 (3) 能检测整流电路、滤波电路、稳压电路		10	
2	能对基准电压电路故障原因进行分析		5	
3	能对电压取样电路故障进行分析		5	

习　题

一、判断题

1. 直流电源是一种能量转换电路,它将交流能量转换为直流能量。( )
2. 直流电源是一种将正弦信号变换为直流信号的波形变换电路。( )
3. 稳压二极管是利用二极管的反向击穿特性进行稳压的。( )

4. 在变压器二次电压和负载电阻相同的情况下，桥式整流电路的输出电流是半波整流电路输出电流的2倍。 ( )

5. 桥式整流电路在接入电容滤波后，输出直流电压会升高。 ( )

6. 用集成稳压器构成稳压电路，输出电压稳定，在实际应用时，不需考虑输入电压大小。 ( )

7. 直流稳压电源中的滤波电路是低通滤波电路。 ( )

8. 在单相桥式整流电容滤波电路中，若有一只整流管断开，输出电压平均值变为原来的一半。 ( )

9. 滤波电容的容量越大，滤波电路输出电压的纹波就越大。 ( )

二、单项选择题

1. 若要求输出电压 $U_o=9V$，则应选用的三端稳压器为( )。

A. W7809 B. W7909 C. W7912 D. W7812

2. 若要求输出电压 $U_o=-18V$，则应选用的三端稳压器为( )。

A. W7812 B. W7818 C. W7912 D. W7918

3. 直流稳压电源滤波电路中，滤波电路应选用( )滤波器。

A. 高通 B. 低通 C. 带通 D. 带阻

4. 若单相桥式整流电容滤波电路中，变压器副边电压有效值为10V，则正常工作时输出电压平均值 $U_{O(AV)}$ 可能的数值为( )V。

A. 4.5 B. 9 C. 12 D. 14

5. 在单相桥式整流电容滤波电路中，若有一只整流管接反，则( )。

A. 变为半波整流

B. 并接在整流输出两端的电容 C 将过压击穿

C. 输出电压约为 $2U_D$

D. 整流管将因电流过大而烧坏

6. 关于串联型直流稳压电路，带放大环节的串联型稳压电路的放大环节放大的是( )。

A. 基准电压

B. 取样电压

C. 取样电压与滤波电路输出电压之差

D. 基准电压与取样电压之差

7. 集成三端稳压器 CW7815 的输出电压为( )V。

A. 15 B. −15 C. 5 D. −5

8. 变压器二次电压有效值为40V，整流二极管承受的最高反向电压为( )V。

A. 20 B. 40 C. 56.6 D. 80

9. 用一只直流电压表测量一只接在电路中的稳压二极管的电压，读数只有0.7V，这表明该稳压管( )。

A. 工作正常 B. 接反 C. 已经击穿 D. 无法判断

10. 直流稳压电源中滤波电路的目的是( )。

A. 将交流变为直流

B. 将交直流混合量中的交流成分滤掉

C. 将高频变为低频

D. 将高压变为低压

11. 两个稳压二极管，稳压值分别为 7V 和 9V，将它们组成如图 11-13 所示电路，设输入电压 U_I 值是 20V，则输出电压 U_O =（　　）V。

A. 20　　B. 7　　C. 9　　D. 16

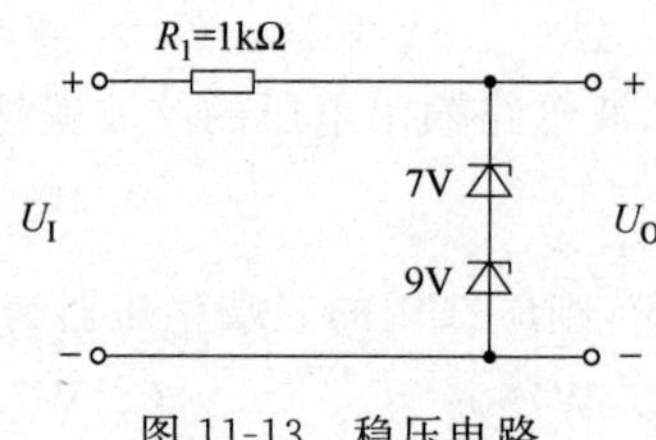

图 11-13　稳压电路

12. 稳压电源电路中，整流的目的是（　　）。

A. 将交流变为直流

B. 将高频变为低频

C. 将正弦波变为方波

D. 将交、直流混合量中的交流成分滤掉

13. 具有放大环节的串联型稳压电路在正常工作时，若要求输出电压为 18V，调整管压降为 6V，整流电路采用电容滤波，则电源变压器次级电压有效值应为（　　）V。

A. 12　　B. 18　　C. 20　　D. 24

14. 串联型稳压电源正常工作的条件是：其调整管必须工作于放大状态，即必须满足（　　）。

A. $U_I = U_O + U_{CES}$　　B. $U_I < U_O + U_{CES}$

C. $U_I \neq U_O + U_{CES}$　　D. $U_I > U_O + U_{CES}$

15. 三端集成稳压器 W79L18 的输出电压、电流等级为（　　）。

A. 18V/500mA　　B. 18V/100mA

C. −18V/500mA　　D. −18V/100mA

16. 若桥式整流电路变压器二次电压为 $u_2 = 10\sqrt{2}\sin\omega t$，则每个整流管承受的最大反向电压为（　　）V。

A. $10\sqrt{2}$　　B. $20\sqrt{2}$　　C. 20　　D. $\sqrt{2}$

第 4 单元　数字电子技术

项目12

基本逻辑电路

数字电路是计算机和许多自动控制系统的基础。在现代家庭中，数字电路控制着各种用具、报警系统和加热系统。在数字电路和微处理器的控制下，新一代自动化设备具有安全、节能的特点，便于技术人员诊断并排除故障。

在诸如数控机床的自动化设备中还能找到一些数字电路的使用场合。这些机器可按设计工程师设定的程序加工零部件，其加工的零部件可达到非常高的精度。数字电路的另一个使用场合是能量监测和控制。随着能源价格的上涨，大型工商企业用户将其能源消耗量控制在一定限度内是非常重要的。有效地控制供热、通风和空调运行状态可以明显降低能源消耗成本。大型商品仓库采用通用产品编码（UPC）来自动控制库存和进货数量，满足检查及统计商品库存的需要。在医疗电子领域，数字技术在数字温度计、生命支持系统和医疗监护等许多领域得到广泛应用。数字产品不易受噪声干扰，可以用于高保真音响设备。

数字电视、数字手机、数码相机、数控机床、计算机等，这一切都是数字产品。产品的数字化，使产品的性能提高，体积减小，重量变轻，成本下降，功耗降低。

任务 12.1　认识数字电路

数字电路是近代电子技术的重要基础，其发展日新月异。随着数字集成工艺的日臻完善，数字技术已渗透到国民经济和人民生活的各个领域，例如，计算机、手机、计算器、数字电视等。因此，了解和掌握数字电子技术的基本理论及其分析方法，对于学习和掌握当代电子技术是非常重要的。

12.1.1　模拟信号与数字信号

电子技术中的电信号可分为两大类：模拟信号和数字信号。

前面第 3 单元讲述的模拟电子技术所处理的信号就是模拟信号，如图 12-1(a)所示。

其特征是在最小值和最大值之间可取任何值。在时间上、数量上均是连续变化的信号，称为模拟信号。例如，水银温度计指示的温度、动圈式电流表指示的电流、汽车测速计指示的速度。

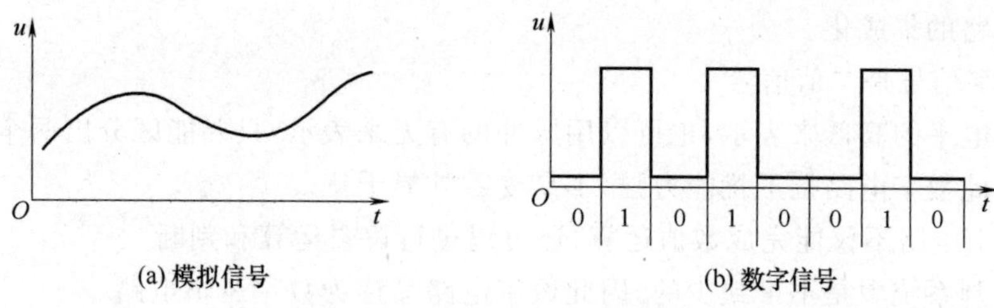

(a) 模拟信号 (b) 数字信号

图 12-1 模拟信号和数字信号

古老的中国算盘就是数字信号的例子。通常，在算盘上有一个代表 5 的算盘上珠和 4 个代表 1 的算盘下珠纵向排列着，在上珠和下珠之间有一根横杠，每个算盘珠都只有两种状态，一种是被拨向横杠，另一种是反方向(即离开横杠的方向)，5 个珠子用这两种状态就可以表示出从 0 到 9 的分散数值。

其他数字信号的例子：

用电子表(无指针)指示时间，至少每分钟(或每秒)变一个数字。

当温度高于或低于某一确定的预置值时，室内恒温器的开或关信号传送到中央热水器。

由继电器的吸合或释放表示电路中的电流(有电流或无电流)。

在所有这些情况中，测量仪器跟随被测量的几种变化，以跳变量的形式将其显示出来。这些仪器给出的信号仅是以限定的数字出现的，而在每两个数字之间则没有任何值。

因而，数字信号的特征是它可以假设出一组有限的、仅有确定值的数字，而不可能有中间值，即离散的信号。在时间上和数值上都是离散的、不连续的信号，称为数字信号。数字信号常用抽象出来的二值信息 1 和 0 表示。反映在电路上就是高电平和低电平两种状态，如图 12-1(b)所示。

12.1.2 数字电路概述

1. 数字电路的概念

数字电路是用来处理数字信号的电路。数字电路常用来研究数字信号的产生、变换、传输、储存、控制、运算等。数字电路可以分为组合逻辑电路和时序逻辑电路两大类。

(1) 组合逻辑电路

组合逻辑电路是指任意时刻的输出信号仅取决于该时刻的输入信号，而与信号作用前电路原来的状态无关(如门电路、编码器、译码器等)。

(2) 时序逻辑电路

时序逻辑电路是指任意时刻的输出信号不仅取决于当时的输入信号，还取决于电路原来的状态(如触发器、计数器、寄存器等)。

2. 数字电路的特点

（1）电路结构简单，稳定可靠

数字电路只要能区分高电平和低电平就可以，对元器件的精度要求不高，因此有利于实现数字电路的集成化。

（2）数字信号是二值信号

可以用电平的高低来表示，也可以用脉冲的有无来表示，只要能区分出两个相反的状态即可。因此数字电路抗干扰能力强，不易受到外界干扰。

（3）数字电路不仅能完成数值运算，还可以进行逻辑运算和判断

这在控制系统中是不可缺少的，因此数字电路又称为数字逻辑电路。

（4）数字电路中元器件处于开关状态，功耗较小

由于数字电路具有上述特点，故发展十分迅速，在计算机、数字通信、自动控制、数字仪表及家用电器等领域中得到广泛的应用。

12.1.3 数制

我们通常习惯用十进制进行计算，而计算机却只能处理计算 0 和 1。如何只用 0 和 1，对几亿甚至几十亿这些庞大的数字进行处理呢？这就是本节要介绍的数制内容。

数制是计数进位制的简称。当我们用数字量表示一个物理量的数量时，用一位数字量是不够的，因此必须采用多位数字量。把多位数码中每一位的构成方法和低位向高位的进位规则称为数制。日常生活中采用的是十进制数，在数字电路中和计算机中采用的有二进制、八进制、十六进制等。

1. 十进制

十进制数是用 0～9 十个不同数码，按照一定规律排列起来表示的数。10 是十进制的基数。向高位数的进位规则是“逢十进一”，给低位借位的规则是“借一当十”，数码处于不同位置（或称数位），它代表的数量的含义是不同的。

例如 123.45，数码 1 处于百位，它代表的数为 1×10^2；2 处于十位，它代表的数为 2×10^1；3 处于个位，它代表的数为 3×10^0；4 处于小数点后第一位，它代表的数为 4×10^{-1}；5 处于小数点后第二位，它代表的数为 5×10^{-2}。某一数位上，单位有效数字代表的实际数值称为位权，简称权。十进制数的权是以 10 为底的幂。十进制数 123.45 的权的大小顺序为 $10^2,10^1,10^0,10^{-1},10^{-2}$。数位上的数码称为系数。权乘以系数称为加权系数。

任意一个十进制数都可以用加权系数展开式来表示。n 位整数、m 位小数的十进制数可写为

$$
\begin{aligned}
(N)_{10} &= a_{n-1}a_{n-2}\cdots a_1a_0.a_{-1}a_{-2}\cdots a_{-m} \\
&= a_{n-1}\times10^{n-1}+a_{n-2}\times10^{n-2}+\cdots+a_1\times10^1+a_0\times10^0+a_{-1}\times10^{-1} \\
&\quad +a_{-2}\times10^{-2}+\cdots+a_{-m}\times10^{-m} \\
&= \left[\sum_{i=-m}^{n-1} a_i\times10^i\right]_{10}
\end{aligned}
$$

式中，a_i——第 i 位的十进制数码；

10^i——第 i 位的位权；

$(N)_{10}$——下标 10 表示十进制数。

2. 二进制

二进制的数码只有两个：0 和 1，二进制数的基数为 2，每个数位的位权值是 2 的幂。计数方式遵循“逢二进一”和“借一当二”的规则。按照十进制数的一般表示法，把 10 改为 2 就可得到二进制数的一般表达式。例如 n 位整数，m 位小数的二进制数及其相应的二进制数值可写成

$$
\begin{aligned}
(N)_2 &= a_{n-1}a_{n-2}\cdots a_1 a_0 . a_{-1}a_{-2}\cdots a_{-m} \\
&= a_{n-1}\times 2^{n-1}+a_{n-2}\times 2^{n-2}+\cdots+a_1\times 2^1+a_0\times 2^0+a_{-1}\times 2^{-1}+a_{-2}\times 2^{-2} \\
&\quad +\cdots+a_{-m}\times 2^{-m} \\
&= \left(\sum_{i=-m}^{n-1} a_i \times 2^i\right)_2
\end{aligned}
$$

式中，a_i——第 i 位的二进制数码；

2^i——第 i 位的位权；

$(N)_2$——下标 2 表示二进制数。

3. 数制转换

(1) 二进制数转换为十进制数

由二进制数转换成十进制数的方法：将二进制数按位按权展开后相加就得到等值的十进制数。

(2) 十进制数转换为二进制数

十进制数转换为二进制数的方法，是采用“除 2 取余倒记数”法。即用 2 去除十进制整数，可以得到一个商和余数，再用 2 去除商，又会得到一个商和余数，如此进行，直到商为零时为止，然后把先得到的余数作为二进制数的低位，后得到的余数作为二进制数的高位，依次排列起来。

12.1.4　编码

计算机是使用二进制数进行运算处理的，处理的对象有数字、文字、图像以及符号等，而计算机只能处理 0 和 1 这两个二进制数，对于数字、文字、图像、符号等不能直接进行处理。这些信息只有用二进制数来表示，计算机才能接受。因此，对信息采用二进制编码的形式进行处理。表示数字、文字、图像以及符号等信息的二进制数码称为代码。建立代码与数字、文字、图像、符号或其他特定对象之间一一对应关系的过程，称为编码。

在电子计算机和数字式仪器中，往往采用二进制码表示十进制数。通常，把用一组 4 位二进制码来表示 1 位十进制数的编码方法称为二-十进制码，也称 BCD 码。

常用 BCD 编码表见表 12-1。

表 12-1 常用 BCD 编码表

十进制数 \ 编码类型	8421BCD 码	5421BCD 码	2421BCD 码	余 3 码	格雷码
0	0000	0000	0000	0011	0000
1	0001	0001	0001	0100	0001
2	0010	0010	0010	0101	0011
3	0011	0011	0011	0110	0010
4	0100	0100	0100	0111	0110
5	0101	1000	0101	1000	0111
6	0110	1001	0110	1001	0101
7	0111	1010	0111	1010	0100
8	1000	1011	1110	1011	1100
9	1001	1100	1111	1100	1101
（权码）	8421	5421	2421		

由表 12-1 可看出，4 位二进制码共有 16($2^4=16$)种组合来表示 0～9 这 10 个数。根据不同的选取方法，可以编制出很多种 BCD 码。如 8421BCD 码、5421BCD 码、2421BCD 码、余 3 码和格雷码。通过观察表 12-1，你发现规律了吗？

1. 8421BCD 码(有权码)

从表 12-1 第二列中可看出 8421BCD 码是用 4 位二进制数来表示一个等值的十进制数，但二进制码 1010～1111 没有用，也没有意义。

8421BCD 码和十进制数间的转换直接按位权转换。因此

$$(N)_{10}=a_3\times 8+a_2\times 4+a_1\times 2+a_0\times 1$$

2. 5421BCD 码和 2421BCD 码

5421BCD 码和 2421BCD 码与 8421BCD 码的分析方法相同，仅仅是三者的最高位的位权不同。5421BCD 码的最高位位权是 5，2421BCD 码的最高位位权是 2，8421BCD 码的最高位位权是 8。

任务 12.1 在线练习

3. 格雷码

格雷码是一种无权码。它有很多种编码方式，但各种格雷码都有一个共同特点，即任意两个相邻码之间只有 1 位不同。表 12-1 第六列中给出了典型格雷码的编码顺序。

任务 12.2 认识逻辑门电路

“逻辑”是指事件的前因后果所遵循的规律。逻辑分为正逻辑和负逻辑，如果用 0 表示低电平，1 表示高电平，则为正逻辑；如果用 1 表示低电平，用 0 表示高电平，则为负逻

辑。一般情况下采用正逻辑。

如果把数字电路的输入信号看作“条件”，把输出信号看作“结果”，那么数字电路的输入与输出信号之间存在着一定的因果关系，即存在逻辑关系，能实现一定逻辑功能的电路称为逻辑门电路。基本逻辑门电路有与门、或门和非门，复合逻辑门电路有与非门、或非门、与或非门、异或门等。

12.2.1 与逻辑及与门

按图 12-2(a)所示连接电路，分别拨动开关 S_1、S_2，仔细观察灯的变化情况。只有当开关 S_1 和 S_2 同时闭合时，灯 HL 才亮，否则灯 HL 不亮。

如果把开关闭合作为条件，灯亮作为结果，则上述逻辑关系为：当决定某一事件的所有条件都具备时，该事件才会发生，否则不发生，这种逻辑关系称为逻辑与，也称为逻辑乘。

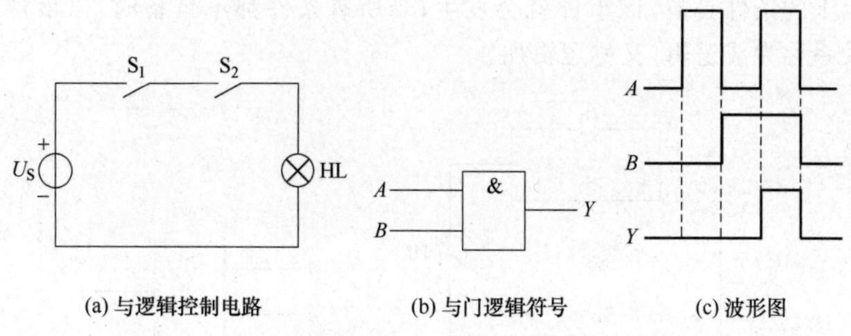

图 12-2　与门电路、符号、波形图

(1) 与逻辑代数式

$$Y=A\cdot B \quad 或 \quad Y=AB$$

式中，A、B——输入逻辑变量；

Y——输出逻辑变量。

“$A\cdot B$”读作“A 与 B”。

(2) 与门定义

实现与逻辑运算的电路称为与门。

(3) 与门的逻辑符号

如图 12-2(b)所示，符号图中 A、B 表示输入逻辑变量，Y 表示输出逻辑变量，& 表示与逻辑。多输入逻辑变量的逻辑符号可类推。

(4) 波形图

图 12-2(c)为与门电路对不同输入逻辑变量时对应输出的逻辑函数波形图。

(5) 真值表

用符号 0 表示低电平或条件不具备或事件不发生，用符号 1 表示高电平或条件具备或事件发生。将输入变量可能的取值组合状态及其对应的输出状态列成表格，这个表格称为真值表。与门的真值表见表 12-2。

表 12-2 与门真值表

A	B	Y	A	B	Y
0	0	0	1	0	0
0	1	0	1	1	1

从真值表可以看出，与门电路的逻辑功能是输入全部为高电平时，输出才是高电平，否则为低电平。即“有 0 出 0，全 1 出 1”。

12.2.2 或逻辑及或门

按图 12-3(a)所示连接电路，分别拨动开关 S_1、S_2，仔细观察灯的变化情况。只要开关 S_1 或 S_2 其中任一个闭合，灯 HL 就亮；S_1、S_2 同时断开时，灯 HL 才不亮。

如果把开关闭合作为条件，灯亮作为结果，则上述逻辑关系为：多个条件中，只要有一个或一个以上的条件具备，该事件就会发生；当所有条件都不具备时，该事件才不发生。这种逻辑关系称为或逻辑，又称逻辑加。

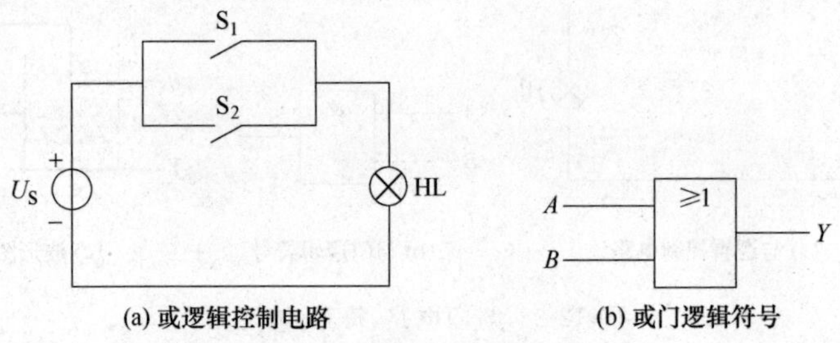

图 12-3 或逻辑关系及符号

(1) 或门电路

实现或逻辑运算的电路称为或门电路。或门的逻辑符号如图 12-3(b)所示，其中 A，B 为输入逻辑变量，Y 为输出逻辑变量，≥1 表示或逻辑。

(2) 逻辑表达式

$$Y=A+B$$

式中，Y——输出逻辑变量；

A、B——输入逻辑变量。

“$A+B$”读作“A 加 B”或者“A 或 B”。

(3) 或门的真值表

或门的真值表见表 12-3。

表 12-3 或门真值表

A	B	Y	A	B	Y
0	0	0	1	0	1
0	1	1	1	1	1

从真值表可以看出,或门的逻辑功能是,输入有一个或一个以上为高电平,输出就是高电平;输入全为低电平时,输出才是低电平。即"有 1 出 1,全 0 出 0"。

12.2.3　非逻辑及非门

按如图 12-4(a)所示连接电路,拨动开关 S,仔细观察灯 HL 的变化情况。当开关 S 闭合时,灯 HL 灭;当开关 S 断开时,灯 HL 亮。

如果把开关闭合作为条件,灯亮作为结果,则上述逻辑关系为:决定某事件的唯一条件不满足时,该事件就发生;而条件满足时,该事件不发生,这种逻辑关系称为非逻辑。

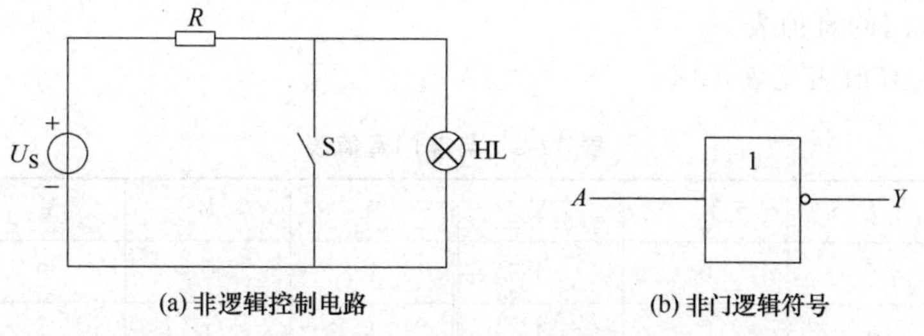

(a) 非逻辑控制电路　　(b) 非门逻辑符号

图 12-4　非逻辑关系及符号

(1) 非门

实现非逻辑运算的电路称为非门,非门的逻辑符号如图 12-4(b)所示,A 为输入逻辑变量,Y 为输出逻辑变量。

(2) 非门逻辑表达式

$$Y=\overline{A}$$

式中,Y——输出逻辑变量;

A——输入逻辑变量;

$\overline{A}$——输入逻辑变量 A 的非,读作 A 非或 A 反。

(3) 非门的真值表

非门的真值表见表 12-4。

表 12-4　非门真值表

A	Y	A	Y
0	1	1	0

从真值表可以看出,非门的逻辑功能是"入 0 出 1,入 1 出 0"。

12.2.4　复合逻辑门

1. 与非门

(1) 结构

在与门后面串联一个非门即组成与非门,如图 12-5(a)所示,与非门电路的逻辑符号如图 12-5(b)所示。

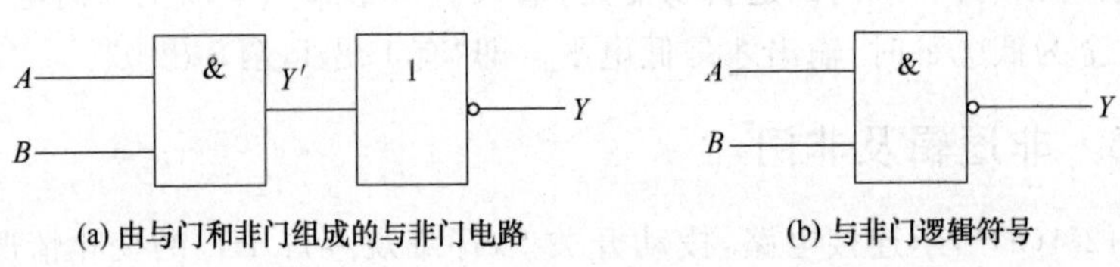

(a) 由与门和非门组成的与非门电路　　(b) 与非门逻辑符号

图 12-5　与非门

（2）与非门的逻辑表达式

$$Y=\overline{A\cdot B}=\overline{AB}$$

（3）与非门的真值表

与非门的真值表见表 12-5。

表 12-5　与非门真值表

A	B	Y'	Y	A	B	Y'	Y
0	0	0	1	1	0	0	1
0	1	0	1	1	1	1	0

从真值表可以看出与非门电路的逻辑功能是“有 0 出 1，全 1 出 0”。

2. 或非门

（1）结构

在或门后面串联一个非门就构成或非门，如图 12-6(a)所示，或非门的逻辑符号如图 12-6(b)所示。

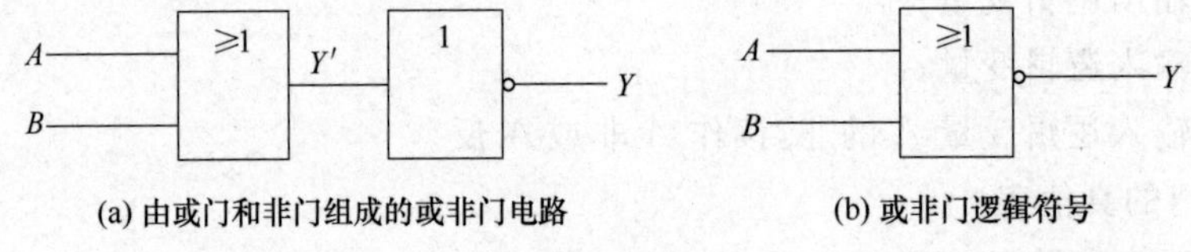

(a) 由或门和非门组成的或非门电路　　(b) 或非门逻辑符号

图 12-6　或非门

（2）或非门的表达式

$$Y=\overline{A+B}$$

（3）或非门的真值表

或非门的真值表见表 12-6。

表 12-6　或非门真值表

A	B	Y'	Y	A	B	Y'	Y
0	0	0	1	1	0	1	0
0	1	1	0	1	1	1	0

从真值表可以看出或非门电路的逻辑功能是“有 1 出 0，全 0 出 1”。

3. 与或非门电路

与或非门是由多个基本门电路组合在一起构成的复合逻辑门，一般由两个或多个与门和一个或门，再加一个非门串联而成，如图 12-7(a)所示。与或非门的逻辑符号如图 12-7(b)所示。

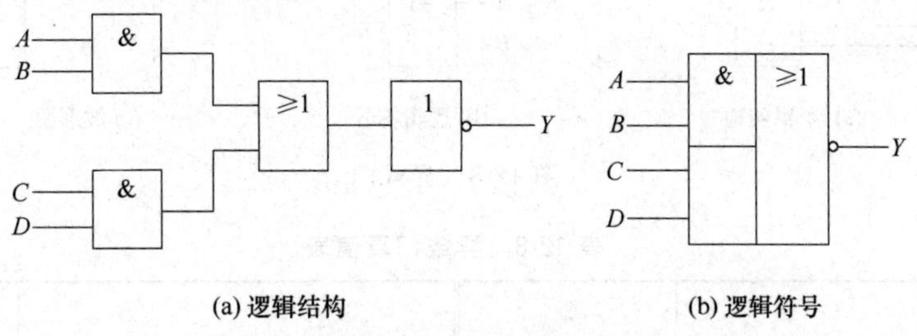

(a) 逻辑结构　　(b) 逻辑符号

图 12-7　与或非门

与或非门的逻辑关系是：输入端分别先与，然后再或，最后是非。

根据上述逻辑关系，与或非门的逻辑函数表达式为

$$Y=\overline{AB+CD}$$

与或非门的真值表见表 12-7。

表 12-7　与或非门真值表

A	B	C	D	Y	A	B	C	D	Y
0	0	0	0	1	1	0	0	0	1
0	0	0	1	1	1	0	0	1	1
0	0	1	0	1	1	0	1	0	1
0	0	1	1	0	1	0	1	1	0
0	1	0	0	1	1	1	0	0	0
0	1	0	1	1	1	1	0	1	0
0	1	1	0	1	1	1	1	0	0
0	1	1	1	0	1	1	1	1	0

从表 12-7 可以看出，与或非门的逻辑功能是：当输入端任何一组全为 1 时，输出即为 0，只有各组至少有一个为 0 时，输出才是 1。

4. 异或门电路

如图 12-8 所示，图 12-8(a)为异或门的逻辑结构，图 12-8(b)为逻辑符号。

异或门的逻辑函数式是

$$Y=\overline{A}B+A\overline{B} \quad 或 \quad Y=A\oplus B$$

异或门的真值表见表 12-8。

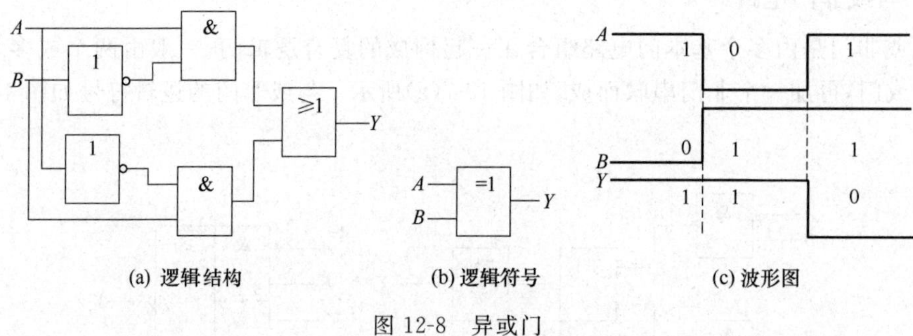

(a) 逻辑结构　(b) 逻辑符号　(c) 波形图

图 12-8　异或门

表 12-8　异或门真值表

A	B	Y	A	B	Y
0	0	0	1	0	1
0	1	1	1	1	0

从真值表可看出，异或门的逻辑功能是：当两个输入端一个为 0，另一个为 1 时，输出为 1；而两个输入端均为 0 或均为 1 时，输出为 0。即为“同出 0，异出 1”。

异或门的工作波形图如图 12-8(c)所示。

12.2.5　逻辑函数的表示法

1. 逻辑函数

从上面学习过的各种逻辑关系中可以看到，若输入逻辑变量 $A,B,C,\cdots$ 取值确定后，输出逻辑变量 Y 的值也随之确定，则称 Y 为 $A,B,C,\cdots$ 的逻辑函数，记作

$$Y=F(A,B,C,\cdots)$$

因为变量的取值只有 0 和 1 两种状态，所以我们讨论的都是二值逻辑函数。

2. 逻辑函数的表示方法

常用的逻辑函数表示方法有逻辑表达式、真值表、逻辑图、工作波形图和卡诺图。本节只介绍前 4 种方法。

(1) 逻辑表达式

把输出与输入之间的逻辑关系写成与、或、非 3 种运算组合起来的表达式，称为逻辑表达式。用它表示逻辑函数，形式简单，书写方便，便于推演。同一个逻辑函数可以有多种逻辑表达式。例如

$$Y=A\oplus B=\overline{A}B+A\overline{B}=\overline{\overline{AB+\overline{A}\overline{B}}}$$

(2) 真值表

将输入逻辑变量的各种取值对应的输出值找出来，列成表格，称为真值表。表 12-8 就是异或逻辑函数式的真值表。

(3) 逻辑图

将逻辑函数中各变量之间的与、或、非等逻辑关系用图形符号表示出来，就可以画出

表示逻辑关系的逻辑图。例如异或逻辑函数式 $Y=\overline{A}B+A\overline{B}$ 可用图 12-8(a)所示的逻辑图表示。

(4) 工作波形图

把一个逻辑电路输入变量的波形和输出变量的波形,依时间顺序画出来的图称为波形图。如图 12-8(c)所示是异或逻辑门的波形图。

3. 各种表示法之间的相互转换

(1) 由逻辑表达式求真值表

将输入变量取值的所有组合状态逐一代入逻辑式求出函数值,列成表,即得到真值表。表 12-8 就是异或逻辑函数式 $Y=\overline{A}B+A\overline{B}$ 的真值表。

(2) 由真值表写逻辑表达式

将真值表中函数值等于 1 的变量组合选出来;对于每一个组合,凡取值为 1 的变量写成原变量(A,B,C),取值为 0 的变量写成反变量($\overline{A},\overline{B},\overline{C}$),各变量相乘后得到一个乘积项;最后,把各个函数值等于 1 的变量组合对应的乘积项相加,就得到了相应的逻辑表达式。

(3) 逻辑函数和逻辑图的转换

① 由逻辑图求得逻辑函数。

方法:根据已知逻辑图,由逻辑图逐级写出逻辑表达式。

② 根据逻辑函数画出逻辑图。

与、或、非的运算组合可以实现逻辑函数表达式,相应地,通过基本门电路的组合就能得到与给定逻辑表达式相对应的逻辑图。

任务 12.2
在线练习

例如,图 12-8(a)就是异或门逻辑函数式 $Y=\overline{A}B+A\overline{B}$ 对应的逻辑图。

任务 12.3 化简逻辑代数及逻辑函数

12.3.1 逻辑代数基本公式

数字电路是一种开关电路,开关的两种状态“开通”与“关断”,常用电子器件的“导通”与“截止”来实现,并用二元常量 0 和 1 来表示。就整体而言,数字电路输出量与输入量之间的关系是一种因果关系,它可以用逻辑关系来描述,因而数字电路又称逻辑电路。

逻辑代数,又称布尔代数,是研究逻辑电路的数学工具,它为分析和设计逻辑电路提供了理论基础。逻辑代数研究的内容是逻辑函数与逻辑变量之间的关系。本节介绍的是逻辑代数的基础知识。

1. 逻辑代数的基本公式

(1) 变量和常量的逻辑加

$$A+0=A,\quad A+1=1$$

(2) 变量和常量的逻辑乘

$$A\cdot 0=0,\quad A\cdot 1=A$$

(3) 变量和反变量的逻辑加和逻辑乘

$$A+\overline{A}=1,\quad A\cdot\overline{A}=0$$

上述公式可用真值表证明，见表 12-9。

表 12-9　真值表

A	$\overline{A}$	$A+\overline{A}$	$A\cdot\overline{A}$	A	$\overline{A}$	$A+\overline{A}$	$A\cdot\overline{A}$
0	1	1	0	1	0	1	0

2. 逻辑代数基本定律

(1) 交换律

$$A+B=B+A,\quad A\cdot B=B\cdot A$$

(2) 结合律

$$A+B+C=(A+B)+C=A+(B+C)$$

$$A\cdot B\cdot C=(A\cdot B)\cdot C=A\cdot(B\cdot C)$$

(3) 重叠律

$$A+A=A,\quad A\cdot A=A$$

(4) 分配律

$$A+B\cdot C=(A+B)\cdot(A+C)$$

$$A\cdot(B+C)=A\cdot B+A\cdot C$$

(5) 吸收律

$$A+AB=A,\quad A\cdot(A+B)=A$$

(6) 非非律

$$\overline{\overline{A}}=A$$

(7) 反演律(又称摩根定律)

$$\overline{A+B}=\overline{A}\cdot\overline{B}\quad 或\quad \overline{A+B+C+\cdots}=\overline{A}\cdot\overline{B}\cdot\overline{C}\cdot\cdots$$

$$\overline{A\cdot B}=\overline{A}+\overline{B}\quad 或\quad \overline{A\cdot B\cdot C\cdot\cdots}=\overline{A}+\overline{B}+\overline{C}+\cdots$$

反演律可用真值表证明，见表 12-10。

表 12-10　反演律真值表

A	B	$\overline{A+B}$	$\overline{A}\cdot\overline{B}$	A	B	$\overline{A+B}$	$\overline{A}\cdot\overline{B}$
0	0	1	1	1	0	0	0
0	1	0	0	1	1	0	0

3. 逻辑代数的几个常用公式

(1) $A+\overline{A}\cdot B=A+B$

(2) $A\cdot(A+B)=A$

(3) $A \cdot B+\overline{A} \cdot C+B \cdot C=A \cdot B+\overline{A} \cdot C$

(4) $A \cdot B+\overline{A} \cdot C+B \cdot C \cdot D \cdot E \cdot F=A \cdot B+\overline{A} \cdot C$

(5) $A \cdot \overline{A \cdot B}=A \cdot \overline{B}$

(6) $\overline{A} \cdot \overline{A \cdot B}=\overline{A}$

本节所列出的基本公式反映了逻辑关系，而不是数量关系，在运算中不能简单套用初等代数的运算规则。如初等代数中的移项规则就不能用，这是因为逻辑代数中没有减法和除法的缘故。

12.3.2 逻辑函数的化简

用逻辑代数的基本定律可以对逻辑函数式进行恒等变换和化简。

逻辑表达式的化简，是指通过一定方法把逻辑表达式化为最简单的式子。常用的化简方法有代数法和卡诺图法，这里对代数法作简要介绍。

1. 化简的意义——最简式

由于每一个逻辑函数式都对应着一个具体电路；又由于同一逻辑函数的逻辑表达式不是唯一的，那么在反映同一逻辑函数的表达式中，逻辑表达式越简单，则与之对应的电路也必然越简单。

用化简后的表达式构成逻辑电路，可节省器件，降低成本，提高工作可靠性。因此，化简时必须使逻辑表达式为最简式。最简式必须是乘积项最少，其次在乘积项最少的条件下，每个乘积项中的变量个数为最少。

2. 化简的方法

在运用代数法化简时常采用以下几种方法。

(1) 并项法

利用 $A+\overline{A}=1$，$AB+\overline{AB}=A$ 两个等式，将两项合并为一项，并消去一个变量。例如：

$$\overline{A}\,\overline{B}C+\overline{A}\,\overline{B}\,\overline{C}=\overline{A}\,\overline{B}(C+\overline{C})=\overline{A}\,\overline{B}$$

(2) 吸收法

利用公式 $A+AB=A$ 吸收多余项。例如：

$$\overline{A}B+\overline{A}BCDEFG=\overline{A}B$$

(3) 消去法

利用公式 $A+\overline{A}B=A+B$ 消去多余因子。例如：

$$AB+\overline{A}C+\overline{B}C=AB+C\,\overline{\overline{(\overline{A}+\overline{B})}}=AB+\overline{AB}C=AB+C$$

(4) 配项法

一般是在适当项中，配上 $A+\overline{A}=1$ 的关系式，再同其他项的因子进行化简。例如：

$$\begin{aligned}A\overline{B}+B\overline{C}+\overline{B}C+\overline{A}B &=A\overline{B}+B\overline{C}(A+\overline{A})\overline{B}C+(C+\overline{C})\overline{A}B\\&=A\overline{B}+B\overline{C}+A\overline{B}C+\overline{A}\,\overline{B}C+\overline{A}BC+\overline{A}B\overline{C}\\&=A\overline{B}+A\overline{B}C+B\overline{C}+\overline{A}B\overline{C}+\overline{A}\,\overline{B}C+\overline{A}BC\\&=A\overline{B}(1+C)+B\overline{C}(1+\overline{A})+\overline{A}C(\overline{B}+B)\\&=A\overline{B}+B\overline{C}+\overline{A}C\end{aligned}$$

任务 12.3 在线练习

任务 12.4 拓展与训练

实训目的：

（1）学会与非门逻辑电路测试的方法。

（2）学会逻辑电路逻辑关系测试的方法。

12.4.1 集成逻辑电路型号和引脚识别

1. 集成电路型号的识别

要全面了解一块集成电路的用途、功能、电特性，必须知道该块集成电路的型号与产地。电视、音响、录像机用集成电路与其他集成电路一样，其正面印有型号或标记，从而根据型号的前缀或标志就能初步知道它是哪个生产厂或公司的集成电路，根据其数字就能知道属哪一类的电路。例如 AN5620，前缀 AN 说明是松下公司双极型集成电路，数字"5620"前二位区分电路主要功能，"56"说明是电视机用集成电路，而 70～76 属音响方面的用途，30～39 属录像机用电路。详细情况请参阅部分生产厂集成电路型号的命名。但要说明，在实际应用中常会出现 A4100，到底属于日立公司的 HA、三洋公司的 LA、日本东洋电具公司的 BA、东芝公司的 TA、韩国三星公司的 KA、索尼公司的 CXA、欧洲联盟、飞利浦、摩托罗拉等公司的 TAA、TCA、TDA 的哪一产品。

一般来说，把前缀代表生产厂的英文字母省略掉的集成路，通常会把自己生产厂或公司的名称或商标打印上去，如打上 SONY，说明该集成电路型号是 XAI034；如果打上 SANYO，说明是日本三洋公司的 LA4100；C1350C 一般印有 NEC，说明该集成电路是日本电气公司生产的 uPC1350C 集成电路。有的集成电路型号前缀连一个字母都没有，例如东芝公司生产的 KT-4056 型存储记忆选台自动倒放微型收放机，其内部集成电路采用小型扁平封装，其中两块集成电路正面主要标记印有 2066JRC 和 2067JRC，显然 2066 和 2067 是型号的简称。要知道该型号的前缀或产地就必须找该块集成电路上的其他标记，那么 JRC 是查找的主要线索，经查证是新日本无线电公司制造的型号为 NJM2066 和 NJM2067 集成电路，JRC 是新日本无线电公司英文缩写，其原文是 New Japan Radio Co.，Ltd.，它把 New 省略后写成 JRC（生产厂的商标的公司缩写请参阅有关内容）。但要注意的是，有的电源图或书刊中标明的集成电路型号也有错误，如常把 uPCI018C 误印刷为 UPCI018C 或 MPCI018C 等。

2. 集成电路引脚的识别

各种不同的集成电路引脚有不同的识别标记和识别方法，掌握这些标记及识别方法，对于使用、选购、维修测试是极为重要的。

（1）缺口。在 IC 的一端有一半圆形或方形的缺口。

（2）凹坑、色点或金属片。在 IC 一角有一凹坑、色点或金属片。

（3）斜面切角。在 IC 一角或散热片上有一斜面切角。

(4) 无识别标记。在整个IC无任何识别标记，一般可将IC型号面对自己，正视型号，从左下向右逆时针依次为1，2，3，…。

(5) 有反向标志“R”的IC。某些IC型号末尾标有“R”字样，如HAXXXXA、HAXXXXAR。以上两种IC的电气性能一样，只是引脚相反。

(6) 金属圆壳形IC。此类IC的引脚不同厂家有不同的排列顺序，使用前应查阅有关资料。

12.4.2 与非门逻辑功能测试

1. 测试器材

(1) 测试仪器仪表：数字万用表、示波器、直流可调稳压电源、逻辑电平开关盒。

(2) 元器件：两输入与非门74LS00×1。

2. 测试电路

测试电路如图12-9所示。其中图12-9(a)为测试与非门逻辑功能的电路，图12-9(b)为测试与非门对脉冲信号控制作用的电路。先用数字万用表的直流电压20V挡位，测量电源V_{CC}的电压是不是5V，如果相差大于±5%，则需要将电源的输出电压先调整至TTL集成门电路的工作电压5V，然后再接电路。将数字万用表调到直流电压20V挡位，再并接到逻辑电路输出端测量输出电位。

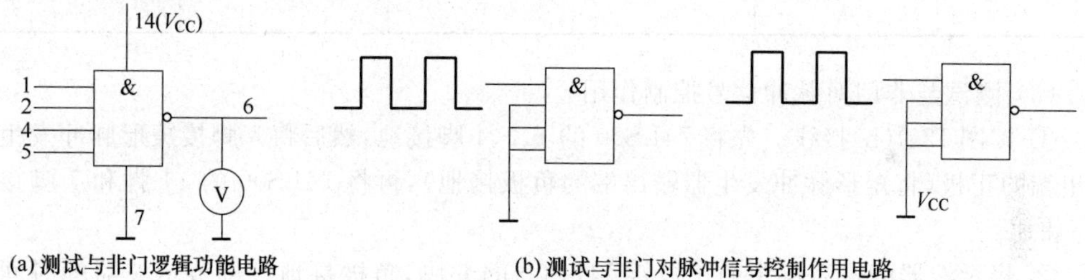

(a) 测试与非门逻辑功能电路　　(b) 测试与非门对脉冲信号控制作用电路

图12-9 与非门逻辑功能测试电路

接电路时，要断开电源，待检查确认接线正确后方可通电。

3. 测试程序

(1) 识别IC的型号和引脚

① 型号识别。将IC表面有半圆缺口的一侧放在左边，如图12-10所示，用肉眼观察其表面字迹，便能发现标有“74LS00”的字样，即为该IC的型号。

② 引脚识别。从有半圆缺口的一侧的正下方的第一个引脚开始，逆时针数过去依次是1脚，2脚，…。

(2) 测试与非门逻辑功能

① 按图12-9(a)接线。先将74LS00的1、2、4和5脚接上逻辑电平开关盒的输出，再分别将逻辑电平开关盒的电源线及74LS20的14脚和7脚接上V_{CC}和地，令$V_{CC}=5V$。

② 将数字万用表的黑表笔接地，红表笔接74LS00的6脚，并将6脚接逻辑电平开关盒的输入。按表12-11调节逻辑电平开关盒的输出电平，测量出对应的6脚电位，并观察

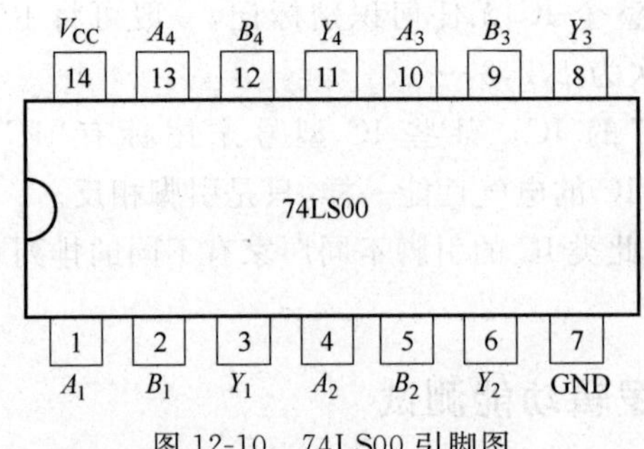

图 12-10 74LS00 引脚图

逻辑电平开关盒的输入指示灯，将数据列于表12-11中。

表 12-11 与非门逻辑功能的测试

输入端				输出端 6	
1	2	4	5	电位/V	逻辑状态
1	1	1	1		
0	1	1	1		
0	0	1	1		
0	0	0	1		
0	0	0	0		

（3）测试与非门对脉冲信号控制作用

① 按图 12-9(b)接线。先将 74LS00 的 1、2、4 脚接地，然后将 5 脚接矩形脉冲发生器输出端的正极（将矩形脉冲发生器输出端的负极接地），再将 74LS00 的 14 脚和 7 脚接上 V_{CC}和地。

② 将示波器的输入探头的正极接 74LS00 的 6 脚，负极接地。调节示波器的时间扫描和电压扫描，观察输出波形，并在坐标纸上记录下波形。

③ 将 74LS00 的 1、2、4 脚接 V_{CC}，其他不变，在示波器上观察输出波形，并在坐标纸上记录下波形。

12.4.3 逻辑电路逻辑关系测试

1. 测试器材

（1）测试仪器仪表：数字万用表、示波器、直流可调稳压电源、逻辑电平开关盒。

（2）元器件：两输入与非门 74LS00×2。

2. 测试电路

测试电路如图 12-11 所示。先用数字万用表的直流电压 20V 挡位测量电源 V_{CC}的电压是不是 5V，如果相差大于±5%，则需要将电源的输出电压先调整至 TTL 集成门电路的工作电压 5V，然后再接电路。将数字万用表调到直流电压 20V 挡位，再并接到逻辑电路输出端测量输出电位。

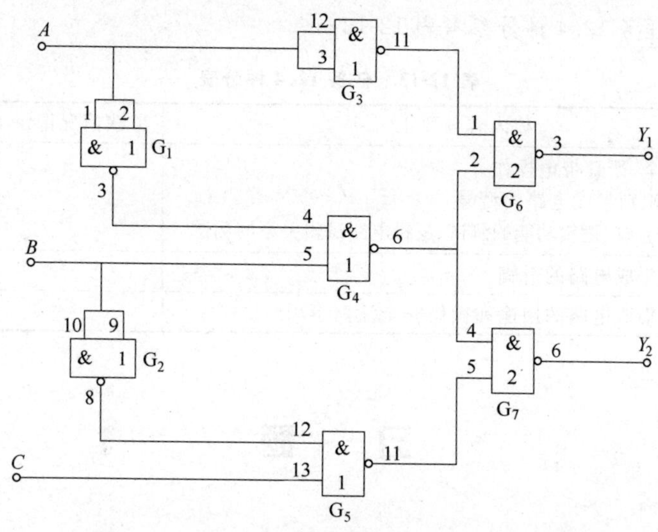

图 12-11 2 片 74LS00 组成的逻辑电路逻辑关系测试

3. 测试程序

(1) 识别 IC 的型号和引脚

① 型号识别。将 IC 表面有半圆缺口的一侧放在左边，用肉眼观察其表面字迹，便能发现标有"74LS00"的字样，即为该 IC 的型号。

② 引脚识别。从有半圆缺口一侧的正下方的第一个引脚开始，逆时针数过去依次是 1 脚，2 脚，…，如图 12-10 所示。

(2) 测试逻辑电路关系

① 按图 12-11 接线，用 2 片 74LS00 组成测试电路。为便于接线和检查，在图中要注明芯片编号及各引脚对应的编号。再分别将逻辑电平开关盒的电源线及 74LS00 的14 脚和 7 脚接上 V_{CC}和地，令 $V_{CC}=5V$。

② 图 12-11 中 A、B、C 接电平开关，Y_1、Y_2 接发光管电平显示。

③ 按表 12-12 要求，改变 A、B、C 的状态填表并写出 Y_1、Y_2 逻辑表达式。

④ 将运算结果与实验比较。

表 12-12 逻辑功能测试表

输入			输出	
A	B	C	Y_1	Y_2
0	0	0	0	0
0	0	1		
0	1	1		
1	1	1		
1	1	0		
1	0	0		
1	0	1		
0	1	0		

实训评分:任务 12.4 评分参考表 12-13。

表 12-13　任务 12.4 评分表

序号	考核内容与要求	考核情况记录	评分标准	得分
1	(1) 注意安全,严禁带电操作。 (2) 能正确识别集成电路的型号。 (3) 会进行与非门逻辑功能的测试、逻辑电路逻辑关系的测试		10	
2	能正确识别集成电路的引脚		5	
3	能正确回答集成电路的用途和操作安全注意事项		5	

习　题

一、判断题

1. 凡是 TTL 门,都不可以将多个门的输出端直接并联。(　　)
2. 在非门电路中,输入为高电平时,输出为低电平。(　　)
3. TTL 门电路输入端悬空相当于输入高电平。(　　)
4. CMOS 门电路闲置输入端可以悬空。(　　)
5. 三态门是指门电路有三种输入状态。(　　)
6. 与非门闲置输入端可以接地。(　　)
7. 两个三态门输出端并联,实现的是逻辑与关系。(　　)
8. 与非门的逻辑功能是"全 1 出 1,有 0 出 0"。(　　)
9. 所有门电路都可以用于总线传输。(　　)

二、单项选择题

1. 下列几种逻辑门中,能用作反相器的是(　　)。
   A. 与门　　B. 或门　　C. 与非门
2. 下列几种逻辑门中,不能将输出端直接并联的是(　　)。
   A. 三态门　　B. 与非门　　C. OC 门
3. TTL 与非门的输入端在以下 4 种接法中,逻辑上属于输入高电平的是(　　)。
   A. 输入端接地　　B. 输入端接同类与非门的输出电压 0.3V
   C. 输入端经 10kΩ 电阻接地　　D. 输入端经 51Ω 电阻接地
4. TTL 与非门的输入端在以下 4 种接法中,在逻辑上属于输入低电平的是(　　)。
   A. 输入端经 10kΩ 电阻接地　　B. 输入端接同类与非门的输出电压 3.6V
   C. 输入端悬空　　D. 输入端经 51Ω 电阻接地
5. 门电路使用时需要外接负载电阻和电源的是(　　)。
   A. 与门　　B. 与非门　　C. 异或门　　D. OC 门
6. 以下各种接法不正确的是(　　)。
   A. 与非门闲置输入端接 1　　B. 或非门闲置输入端接地
   C. TTL 与非门闲置输入端悬空　　D. CMOS 门闲置输入端悬空

项目 13

组合逻辑电路和时序逻辑电路

本项目主要学习组合逻辑电路和时序逻辑电路。学习编码器、译码器、显示器、触发器、寄存器等各种不同的数字电路的有关基础知识。通过学习，应当了解组合逻辑电路的分析方法；了解编码器、译码器、显示器、触发器、寄存器等数字逻辑部件是怎样工作的，它们的功能是什么，在日常生活当中怎样利用这些功能。

在项目 12 中讨论了数字电路的基本知识和基本概念，分析了基本逻辑门的逻辑功能及几种组合(复合)逻辑门电路，它们都是本项目学习各种数字逻辑部件的基本电路。逻辑门电路广泛应用于数字处理电路中。

任务 13.1 认识集成门电路

用来实现基本逻辑关系的电子电路称为门电路。项目 12 介绍了与门、或门、非门、与非门、或非门、与或非门、异或门等。

按构成门电路的形式不同，可分为分立元器件的门电路和集成门电路两类。集成门电路具有体积小、重量轻、工作可靠性高、抗干扰能力强及价格低等优点，目前已得到广泛使用。

13.1.1 TTL 集成逻辑门电路

1. TTL 集成逻辑门电路

TTL 集成逻辑门电路是三极管—三极管逻辑门电路的简称，是一种三极管集成电路。由于 TTL 集成电路生产工艺成熟、产品参数稳定、工作可靠、开关速度高，因此获得了广泛的应用。我国 TTL 系列产品型号较多，如 T4000、T3000、T2000 等。下面介绍几种常用的 TTL 集成门。

(1) 集成与非门

如图 13-1 所示为集成四 2 输入与非门 T4000(74LS00)的引脚排列图，该集成电路内部有 4 个独立的两输入与非门电路。其逻辑表达式为 $Y=\overline{AB}$。

在图 13-1 中，A、B 为输入逻辑变量，Y 是逻辑函数，V_{CC}接电源正极，GND 接电源负极（GND 又称公共端）。

（2）集成与门

如图 13-2 所示为集成三 3 输入与门 74LS11 的引脚排列图，其逻辑表达式为 $Y=ABC$。

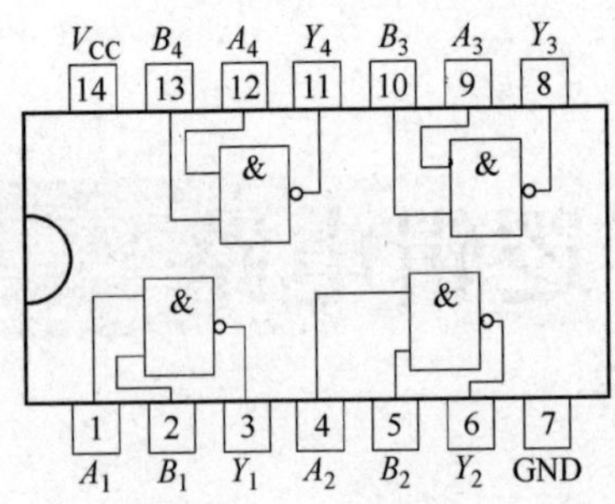

图 13-1　74LS00 的引脚排列图

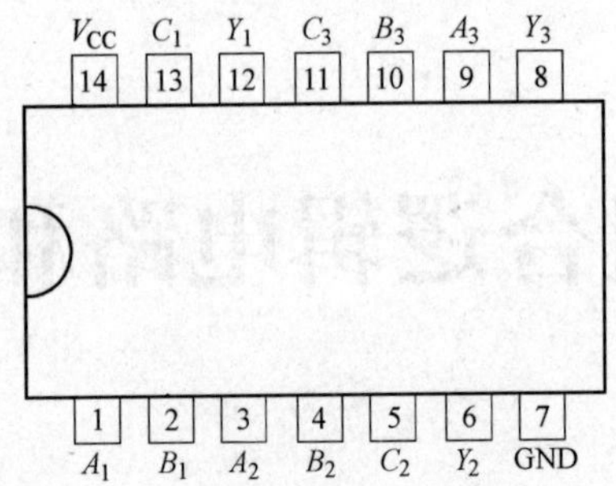

图 13-2　74LS11 的引脚排列图

（3）集成非门

如图 13-3 所示为集成六反相器（非门）74LS04 的引脚排列图，其逻辑表达式为 $Y=\overline{A}$。

（4）或非门

如图 13-4 所示为集成四 2 输入或非门 74LS02 的引脚排列图，其逻辑表达式为 $Y=\overline{A+B}$。

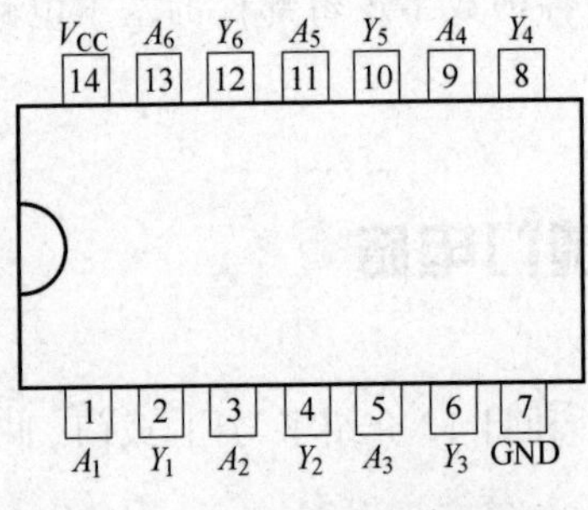

图 13-3　74LS04 的引脚排列图

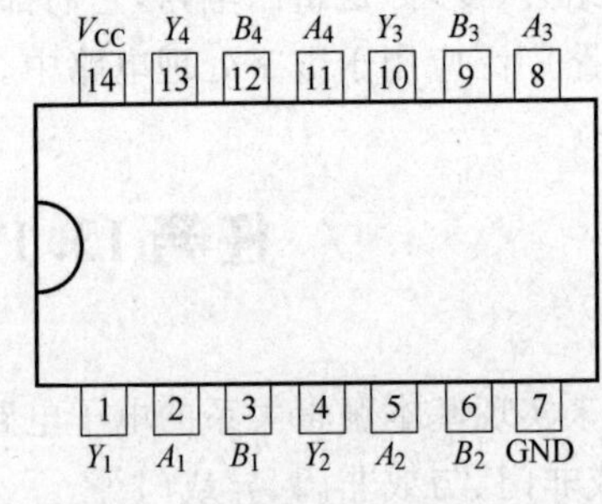

图 13-4　74LS02 的引脚排列图

2. 其他类型 TTL 逻辑门

在 TTL 电路中，还有其他功能的门电路，例如 OC 门、三态输出门等。

（1）OC 门

在实际工程中常常需要将两个或两个以上的与非门的输出并联在一起，但前面介绍的 TTL 与非门不能将两个或两个以上门的输出端并联在一起。因为若一个门的输出端是高电平而另一个门的输出端是低电平，则输出端并联以后必然有很大的负载电流同时流过这两个门的输出级。这个电流的数值将远远超过正常工作电流，可能使门电路损坏。

将与非门的集电极开路，可以解决这个问题。集电极开路的与非门称为 OC 门。如图 13-15(a)所示为 OC 门的引脚排列图，如图 13-15(b)所示为 OC 门的逻辑符号。

几个 OC 门的输出端并联在一起使用，称为线与。OC 门正常工作，必须在输出端接一个上拉电阻 R_L 与电源 V_{CC}相连。

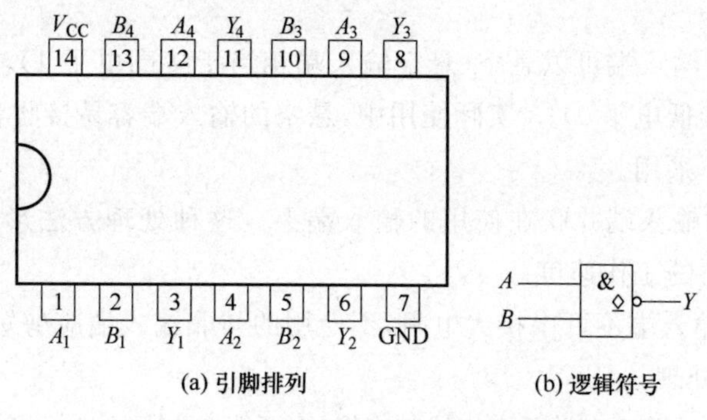

(a) 引脚排列 (b) 逻辑符号

图 13-5 OC 门的引脚排列及逻辑符号

(2) 三态输出门(TS 门)

具有 3 种输出状态:高电平、低电平、高电阻的门电路称为三态门电路。如图 13-6 所示为三态门的逻辑符号,是在普通门电路的基础上,多了一个控制端$\overline{EN}$或 EN,称为使能端。

图 13-6(a)中,$\overline{EN}$低电平有效。即当$\overline{EN}=0$ 时,其逻辑功能与普通与非门功能相同。而当$\overline{EN}=1$ 时,输出呈现高阻状态,输出端相当于断路状态。

图 13-6(b)中,EN 高电平有效,即当 $EN=1$ 时,其逻辑功能与普通与非门功能相同。而当$\overline{EN}=0$ 时,输出呈现高阻状态,输出端相当于断路状态。

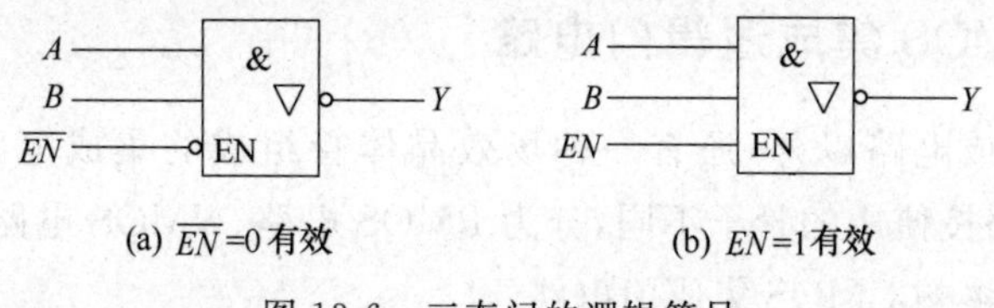

(a) $\overline{EN}=0$ 有效 (b) $EN=1$ 有效

图 13-6 三态门的逻辑符号

3. TTL 门电路使用注意事项

(1) TTL 集成电路引脚排列方法

如图 13-7(a)所示为 TTL 集成门电路外形图,如图 13-7(b)所示为引脚排列图。TTL 集成电路通常是双列直插式,不同功能的集成电路,其引脚个数不同。引脚编号排列方法是:把凹槽标志置于左方,引脚向下,逆时针自下而上顺序排列。

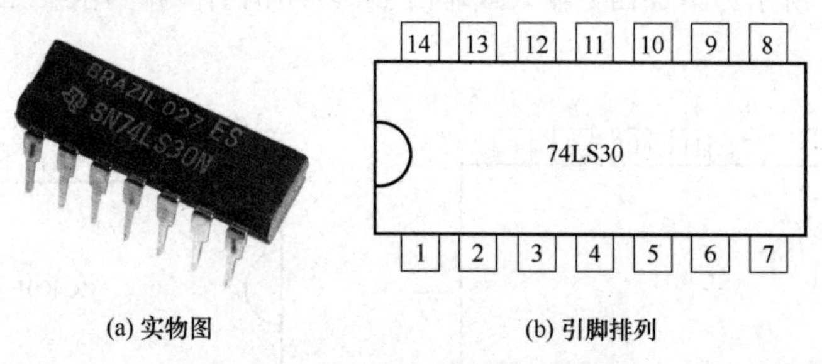

(a) 实物图 (b) 引脚排列

图 13-7 TTL 集成电路的引脚识别

(2) 多于或暂时不用的输入端处理

① 暂时不用的与输入端可以通过 1kΩ 电阻接电源,若电源电压小于等于 5V 可直接

接电源。

② 不使用的与输入端可以悬空(悬空输入端相当于接高电平 1),不使用的或输入端接地(接地相当于接低电平 0)。实际使用中,悬空的输入端容易接收各种干扰信号,导致工作不稳定,一般不采用。

③ 将不使用的输入端并联在使用的输入端上。这种处理方法影响前级负载及增加输入电容,影响电路的工作速度。

④ TTL 电路输入端不可串接大电阻,不使用的与非输入端应剪短。

(3) 输出端的处理

① TTL 一般门电路输出端不允许线与连接,也不能和电源或地短接,否则将损坏器件。

② OC 门和三态门电路可以实现线与连接。

(4) 其他注意事项

① 安装时要注意集成块外引脚的排列顺序,接插集成块时用力适度,防止引脚折伤。

② 焊接时用 25W 电烙铁比较合适,焊接时间不宜过长。

③ 调试使用时,要注意电源电压的大小和极性,尽量稳定在+5V,以免损坏集成块。

④ 引线要尽量短,若引线不能缩短时,要考虑加屏蔽措施。要注意防止外界电磁干扰的影响。

13.1.2 CMOS 集成逻辑门电路

除了三极管集成电路以外,还有一种场效晶体管组成的集成电路,这就是 MOS 电路。MOS 集成电路按使用的管子不同,分为 PMOS 电路、NMOS 电路和 CMOS 电路,这里主要介绍应用最多的 CMOS 集成门电路。

1. CMOS 集成逻辑门电路

(1) CMOS 与非门

如图 13-8 所示为集成四 2 输入与非门 CC4011 的引脚排列图。其逻辑表达式为 $Y=\overline{A\cdot B}$。

(2) CMOS 或非门

如图 13-9 所示为集成四 2 输入或非门 CC4001 的引脚排列图。其逻辑表达式为 $Y=\overline{A+B}$。

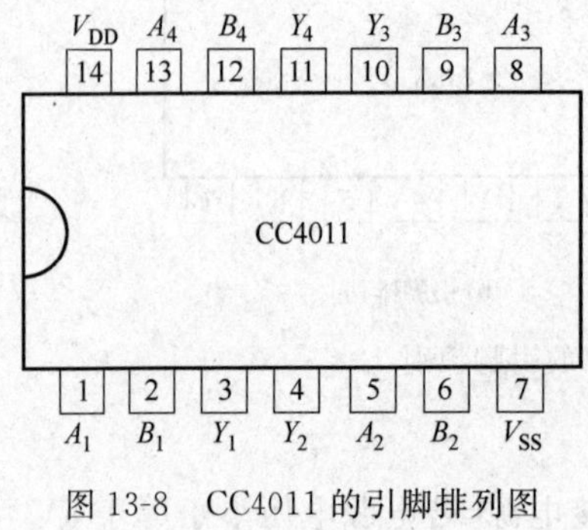

图 13-8 CC4011 的引脚排列图

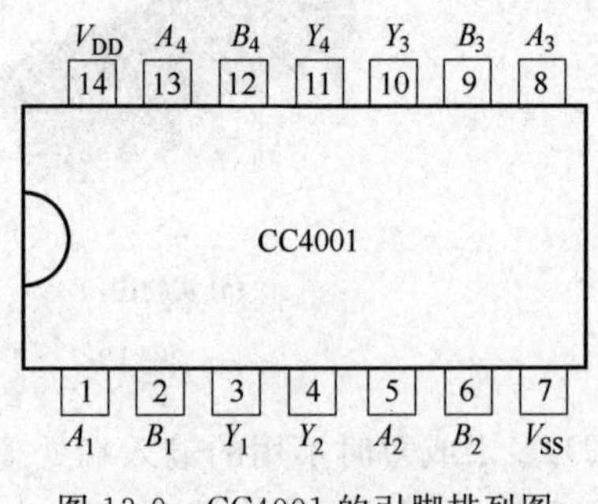

图 13-9 CC4001 的引脚排列图

2. CMOS数字集成电路的特点

CMOS数字集成电路主要有如下特点。

(1) 静态功耗低

电源电压 $V_{DD}=5V$ 时，中规模数字集成电路功耗小于 25～100μW。

(2) 工作电源电压范围宽

对电源电压基本不要求稳压，CC4000系列的电源电压为3～15V，HCMOS电压为2～6V。

(3) 逻辑摆幅大

输出的低电平接近为0V，输出的高电平接近电源电压 V_{DD}，所以输出逻辑电平幅度的变化接近电源电压 V_{DD}。

(4) 输入阻抗高

在正常工作电源电压范围内，输入阻抗可达 10^5 kΩ 以上。因此，其驱动功率极小，可忽略不计。

3. CMOS门电路使用注意事项

(1) 测试CMOS电路时，禁止在CMOS本身没有接通电源的情况下输入信号。

(2) 电路接通期间不应把器件从测试座上插入或拔出；电源电压为3～5V，电源极性不能倒接。

(3) 焊接CMOS电路时，电烙铁功率不得大于20W，并要有良好的接地线。

(4) 输出端不允许直接接地或接电源；除具有OC结构和三态输出结构的门电路外，不允许把输出端并联使用以实现线与逻辑。

(5) 同TTL门电路一样，多余的输入端不能悬空，与门的多余输入端应接电源 V_{DD}，或门的多余输入端应接低电平或 V_{SS}。也可将多余输入端与使用输入端并联，但这样会影响信号传输速度。

任务13.1
在线练习

任务13.2 分析组合逻辑电路

逻辑电路按其逻辑功能和结构特点可分为组合逻辑电路和时序逻辑电路。本任务学习组合逻辑的分析方法，时序逻辑电路将在任务13.6介绍。

单一的与门、或门、非门、与非门、或非门等逻辑门不足以完成复杂的数字系统设计要求。组合逻辑电路是采用两个或两个以上基本逻辑门来实现更实用、复杂的逻辑功能。

1. 组合逻辑电路的基本特点

组合逻辑电路是由与门、或门、非门、与非门、或非门等逻辑门电路组合而成的，组合逻辑电路不具有记忆功能，它某一时刻的输出直接由该时刻电路的输入状态决定，与输入信号作用前的电路状态无关。

2. 组合逻辑电路的分析方法

组合逻辑电路的分析方法一般按以下步骤进行。

（1）根据逻辑电路图，由输入到输出逐级推导出输出逻辑函数式。

（2）对逻辑函数式进行化简和变换，得到最简式。

（3）由化简的逻辑函数式列出真值表。

（4）根据真值表分析、确定电路所完成的逻辑功能。

任务 13.2 在线练习

3. 组合逻辑电路的种类

组合逻辑电路在数字系统中应用非常广泛，为了实际工程应用的方便，常把某些具有特定逻辑功能的组合电路设计成标准化电路，并制造成中小规模集成电路产品，常见的有编码器、译码器、数据选择器、数据分配器、运算器等。下面主要介绍编码器、译码器。

任务 13.3 认识编码器

将十进制、文字、字母等转换成若干位二进制信息符号的过程称为编码，能够完成编码功能的组合逻辑电路称为编码器。常见的有二进制编码器、二-十进制编码器（BCD 编码器）和优先编码器。

13.3.1 二进制编码器

把各种有特定意义的输入信息编成二进制代码的电路称为二进制编码器。如图 13-10所示电路是 3 位二进制编码器。

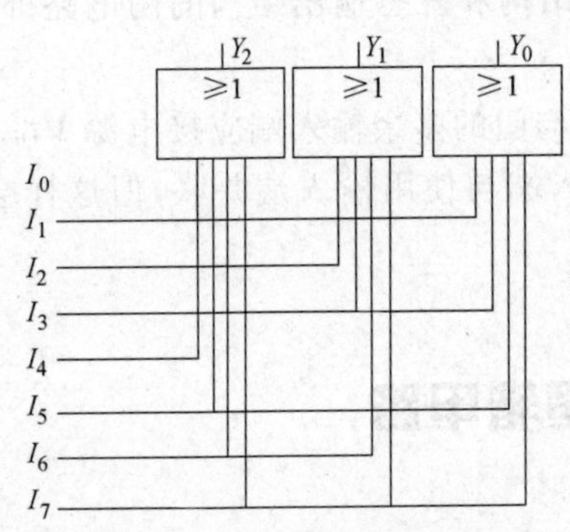

图 13-10 3 位二进制编码器

由图可知 $I_0, I_1, \cdots, I_7$ 表示 8 路输入，分别代表十进制数 0,1,…,7 共 8 个数字，编码的输出是 3 位二进制代码，用 Y_0、Y_1、Y_2 表示。编码器在任何时刻只能对 0,1,…,7 中的一个输入信号进行编码，不允许同时输入两个 1。由图可知，当编码器 I_0 输入为高电平，其余输入为低电平时，输出 $Y_2Y_1Y_0=000$；当编码器 I_1 输入为高电平，其余输入为低电平时，输出 $Y_2Y_1Y_0=001$；以此类推，当编码器 I_7 输入为高电平，其余输入为低电平时，输出 $Y_2Y_1Y_0=111$。可见，该电路实现了 3 位二进制编码器的功能。其真值表见表 13-1。

表 13-1 3 位二进制编码器的真值表

十进制数	输入变量								输出值		
	I_7	I_6	I_5	I_4	I_3	I_2	I_1	I_0	Y_2	Y_1	Y_0
0	0	0	0	0	0	0	0	1	0	0	0
1	0	0	0	0	0	0	1	0	0	0	1
2	0	0	0	0	0	1	0	0	0	1	0
3	0	0	0	0	1	0	0	0	0	1	1
4	0	0	0	1	0	0	0	0	1	0	0

续表

十进制数	输入变量								输出值		
	I_7	I_6	I_5	I_4	I_3	I_2	I_1	I_0	Y_2	Y_1	Y_0
5	0	0	1	0	0	0	0	0	1	0	1
6	0	1	0	0	0	0	0	0	1	1	0
7	1	0	0	0	0	0	0	0	1	1	1

13.3.2　二-十进制编码器

将0～9的10个十进制数字信号I_0～I_9编成二进制代码的电路，称为二-十进制编码器，也称为10线-4线编码器。电路如图13-11所示。

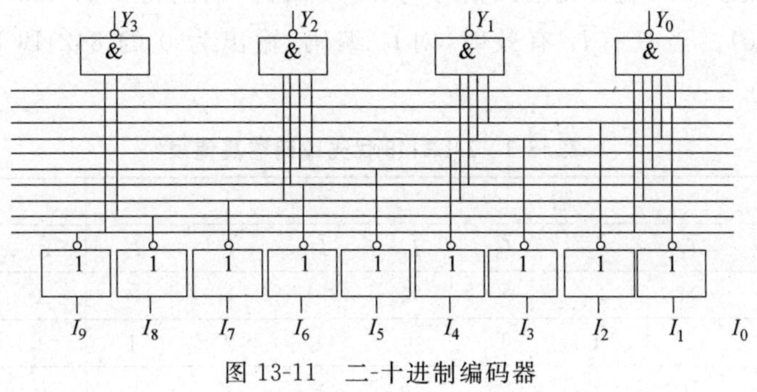

图13-11　二-十进制编码器

由图可知，当编码器I_0输入为高电平，其余输入为低电平时，输出$Y_3Y_2Y_1Y_0=0000$；当编码器I_1输入为高电平，其余输入为低电平时，输出$Y_3Y_2Y_1Y_0=0001$；以此类推，当编码器I_9输入为高电平，其余输入为低电平时，输出$Y_3Y_2Y_1Y_0=1001$。可见，该电路实现了二-十进制编码器的功能。其真值表见表13-2。

表13-2　二-十进制编码器的真值表

十进制数	输入变量	8421码				十进制数	输入变量	8421码			
		Y_3	Y_2	Y_1	Y_0			Y_3	Y_2	Y_1	Y_0
0	I_0	0	0	0	0	5	I_5	0	1	0	1
1	I_1	0	0	0	1	6	I_6	0	1	1	0
2	I_2	0	0	1	0	7	I_7	0	1	1	1
3	I_3	0	0	1	1	8	I_8	1	0	0	0
4	I_4	0	1	0	0	9	I_9	1	0	0	1

13.3.3　优先编码器

前面讨论的编码器中，在同一时刻仅允许有一个输入信号，如有两个或两个以上信号同时输入，输出就会出现错误的编码。而优先编码器中则不存在这样的问题。允许同时输入两个或两个以上输入信号，电路将对优先级别高的输入信号编码，这样的电路称为优

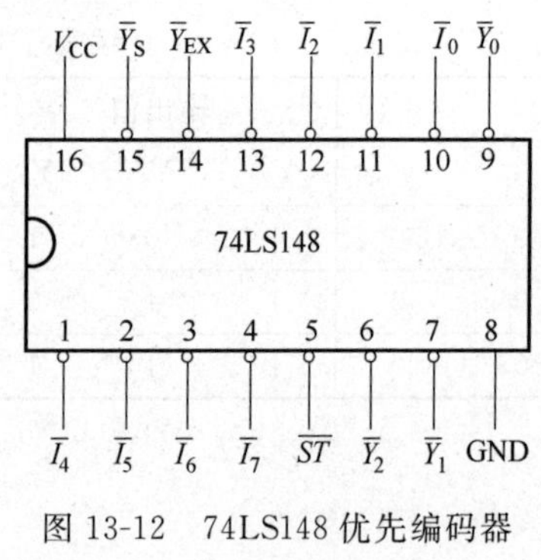

图 13-12 74LS148 优先编码器引脚排列图

先编码器。

如图 13-12 所示为 8 线-3 线 74LS148 优先编码器的引脚排列图。

74LS148 优先编码器的真值表见表 13-3。

表中$\overline{I}_0 \sim \overline{I}_7$ 为输入端，$\overline{I}_7$ 的优先权最高，其余输入优先级依次为$\overline{I}_6$，$\overline{I}_5$，$\overline{I}_4$，$\overline{I}_3$，$\overline{I}_2$，$\overline{I}_1$，$\overline{I}_0$。$\overline{Y}_0$，$\overline{Y}_1$，$\overline{Y}_2$ 为输出端。输入低电平 0 有效，即 0 表示有信号，1 表示无信号，输出均为反码。当$\overline{I}_7=0$ 时，无论其他输入端有无输入信号（表中以×表示），输出端只对$\overline{I}_7$ 编码，输出为 7 的 8421BCD 码的反码，即$\overline{Y}_2\ \overline{Y}_1\ \overline{Y}_0=000$。当$\overline{I}_7=1$、$\overline{I}_6=0$ 时，无论其余输入端有无输入信号，只对$\overline{I}_6$ 编码，输出为 6 的 8421BCD 码的反码，即$\overline{Y}_2\ \overline{Y}_1\ \overline{Y}_0=001$。当只有$\overline{I}_0$ 有效时，对$\overline{I}_0$ 编码，输出为 0 的 8421BCD 码的反码，即$\overline{Y}_2\ \overline{Y}_1\ \overline{Y}_0=111$。

表 13-3 74LS148 优先编码器真值表

输入									输出		
$\overline{ST}$	$\overline{I}_0$	$\overline{I}_1$	$\overline{I}_2$	$\overline{I}_3$	$\overline{I}_4$	$\overline{I}_5$	$\overline{I}_6$	$\overline{I}_7$	$\overline{Y}_2$	$\overline{Y}_1$	$\overline{Y}_0$
1	×	×	×	×	×	×	×	×	1	1	1
0	1	1	1	1	1	1	1	1	1	1	1
0	×	×	×	×	×	×	×	0	0	0	0
0	×	×	×	×	×	×	0	1	0	0	1
0	×	×	×	×	×	0	1	1	0	1	0
0	×	×	×	×	0	1	1	1	0	1	1
0	×	×	×	0	1	1	1	1	1	0	0
0	×	×	0	1	1	1	1	1	1	0	1
0	×	0	1	1	1	1	1	1	1	1	0
0	0	1	1	1	1	1	1	1	1	1	1

$\overline{ST}$为输入控制端（或称选通输入端），低电平有效，即当$\overline{ST}=0$ 时允许编码，当$\overline{ST}=1$ 时禁止编码。

任务 13.3 在线练习

$\overline{Y}_S$ 为选通输出端，$\overline{Y}_{ES}$为扩展端，可用于扩展编码器的功能，如用 2 片 8 线-3 线编码器可扩展为 16 线-4 线优先编码器。计算机的键盘输入逻辑电路就是由编码器组成的。

任务 13.4 认识译码器

13.4.1 译码器

计算机电路的运算输出是二进制数，但日常生活中是以十进制数为基础的，因此在输出这些运算结果时，必须将二进制变成十进制。把二进制代码“翻译”成一个相对应的输出信号的过程称为译码，译码是编码的逆过程，实现译码的电路称为译码器。常用的译码器有二进制译码器、二-十进制译码器和显示译码器。

1. 二进制译码器

将 n 位二进制数译成 M 个输出状态的电路称为二进制译码器。现以 74LS138 集成电路为例介绍 3 线-8 线译码器。

74LS138 的逻辑电路图和引脚排列图如图 13-13 所示，A_0、A_1、A_2 为输入线，输入为二进制原码，即十进制数“0”的编码为 000，“1”的编码为 001；$\overline{Y}_0 \sim \overline{Y}_7$ 为 8 条输出线，输出低电平表示有信号，高电平表示无信号。

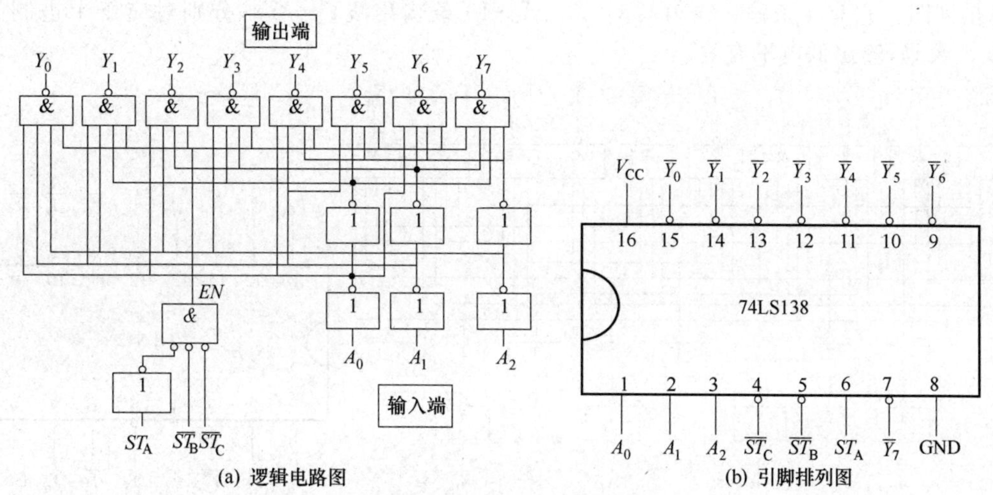

(a) 逻辑电路图 (b) 引脚排列图

图 13-13 74LS138 集成译码器

74LS138 集成译码器的真值表见表 13-4。

表 13-4 74LS138 集成译码器的真值表

输入					输出							
ST_A	$\overline{ST}_B+\overline{ST}_C$	A_2	A_1	A_0	$\overline{Y}_0$	$\overline{Y}_1$	$\overline{Y}_2$	$\overline{Y}_3$	$\overline{Y}_4$	$\overline{Y}_5$	$\overline{Y}_6$	$\overline{Y}_7$
×	1	×	×	×	1	1	1	1	1	1	1	1
0	×	×	×	×	1	1	1	1	1	1	1	1
1	0	0	0	0	0	1	1	1	1	1	1	1
1	0	0	0	1	1	0	1	1	1	1	1	1
1	0	0	1	0	1	1	0	1	1	1	1	1
1	0	0	1	1	1	1	1	0	1	1	1	1
1	0	1	0	0	1	1	1	1	0	1	1	1
1	0	1	0	1	1	1	1	1	1	0	1	1
1	0	1	1	0	1	1	1	1	1	1	0	1
1	0	1	1	1	1	1	1	1	1	1	1	0

由 74LS138 的逻辑电路图和真值表可知：

(1) $EN=ST_A \cdot \overline{ST}_B \cdot \overline{ST}_C$，当 $ST_A=1$，$\overline{ST}_B=\overline{ST}_C=0$ 时，$EN=1$，允许译码，$\overline{Y}_0 \sim \overline{Y}_7$ 由输入变量 A_0、A_1、A_2 决定，电路处于译码工作状态。

(2) 当 $ST_A=0$ 或 $\overline{ST}_B=\overline{ST}_C=1$ 时，$EN=0$，译码禁止，$\overline{Y}_0 \sim \overline{Y}_7$ 均为 1，即封锁了译码器的输出，所有输出均为高电平。ST_A、$\overline{ST}_B$、$\overline{ST}_C$ 称为使能控制端。

2. 二-十进制译码器

将 BCD 码翻译成对应的 10 个十进制输出信号的电路称为二-十进制译码器。下面以 74LS42 译码器为例说明其工作原理。

如图 13-14 所示为 74LS42 集成译码器的逻辑电路图，如图 13-15 所示为集成电路引脚排列图。它有 4 条输入线 A_3、A_2、A_1、A_0；10 条输出线 $\overline{Y}_0 \sim \overline{Y}_9$，分别对应于十进制的 10 个数码，输出低电平有效。

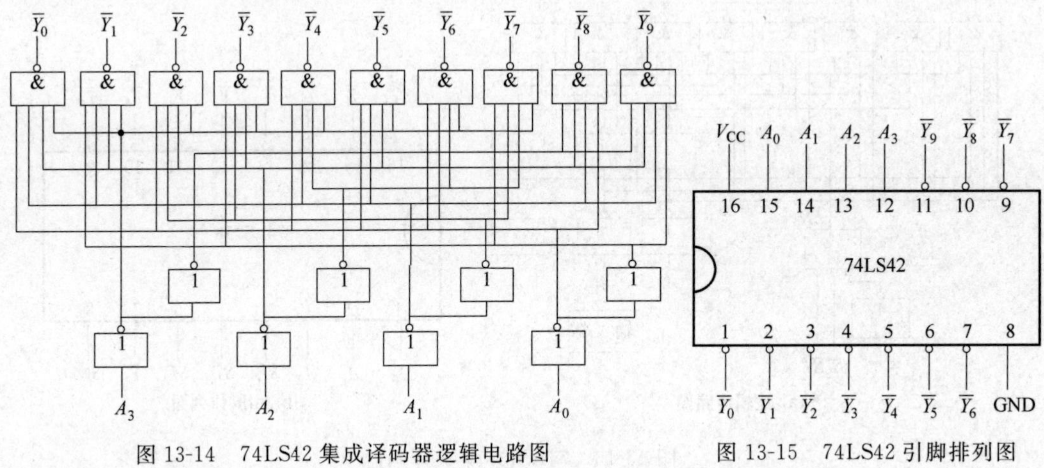

图 13-14 74LS42 集成译码器逻辑电路图　　图 13-15 74LS42 引脚排列图

74LS42 集成译码器真值表见表 13-5，由表可见编码 1010～1111 为 6 个无效状态（称为伪码），当输入 1010～1111 伪码时，输出端 $\overline{Y}_0 \sim \overline{Y}_9$ 均为 1，即译码器具有拒绝伪码输入的能力。

表 13-5 74LS42 集成译码器的真值表

输入				输出									
A_3	A_2	A_1	A_0	$\overline{Y}_0$	$\overline{Y}_1$	$\overline{Y}_2$	$\overline{Y}_3$	$\overline{Y}_4$	$\overline{Y}_5$	$\overline{Y}_6$	$\overline{Y}_7$	$\overline{Y}_8$	$\overline{Y}_9$
0	0	0	0	0	1	1	1	1	1	1	1	1	1
0	0	0	1	1	0	1	1	1	1	1	1	1	1
0	0	1	0	1	1	0	1	1	1	1	1	1	1
0	0	1	1	1	1	1	0	1	1	1	1	1	1
0	1	0	0	1	1	1	1	0	1	1	1	1	1
0	1	0	1	1	1	1	1	1	0	1	1	1	1
0	1	1	0	1	1	1	1	1	1	0	1	1	1
0	1	1	1	1	1	1	1	1	1	1	0	1	1
1	0	0	0	1	1	1	1	1	1	1	1	0	1

续表

输入				输出									
A_3	A_2	A_1	A_0	$\overline{Y}_0$	$\overline{Y}_1$	$\overline{Y}_2$	$\overline{Y}_3$	$\overline{Y}_4$	$\overline{Y}_5$	$\overline{Y}_6$	$\overline{Y}_7$	$\overline{Y}_8$	$\overline{Y}_9$
1	0	0	1	1	1	1	1	1	1	1	1	1	0
1	0	1	0	1	1	1	1	1	1	1	1	1	1
1	0	1	1	1	1	1	1	1	1	1	1	1	1
1	1	0	0	1	1	1	1	1	1	1	1	1	1
1	1	0	1	1	1	1	1	1	1	1	1	1	1
1	1	1	0	1	1	1	1	1	1	1	1	1	1
1	1	1	1	1	1	1	1	1	1	1	1	1	1

13.4.2 译码显示器

在实际工程中,常需要将测量数据和运算结果用十进制数码显示出来,译码显示电路的功能是将输入的BCD码译成能用于显示器件的十进制信号,并驱动显示器显示数字。译码显示器通常由译码器、驱动器和显示器三部分组成。

常用的数码显示器件主要有半导体数码管(LED)和液晶数码管(LCD)等,下面主要以半导体七段数码管为例,说明显示器的工作原理。

半导体数码管是将7个发光二极管排列成“日”字形状制成的,如图13-16(a)所示。发光二极管分别用a、b、c、d、e、f、g 7个小写字母代表,一定的发光线段组合,就能显示相应的十进制数字,如图13-16(b)所示。例如,当b、c发光二极管发光时,就能显示数字“1”,当a、b、c、d、e、f、g发光二极管均发光时,就能显示数字“8”。如表13-6所示为$a \sim g$发光线段的10种发光组合情况,分别显示0～9 10个数字。表中输出1表示发光线段,0表示不发光线段。

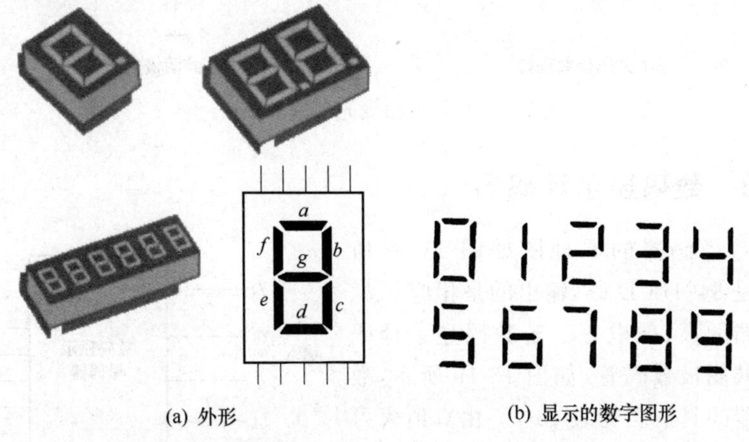

(a) 外形 (b) 显示的数字图形

图13-16 半导体数码管的外形和显示的数字图形

表 13-6 半导体数码管发光线段的发光组合情况

输入(BCD码)				输　出							显示数字
D	C	B	A	a	b	c	d	e	f	g	
0	0	0	0	1	1	1	1	1	1	0	0
0	0	0	1	0	1	1	0	0	0	0	1
0	0	1	0	1	1	0	1	1	0	1	2
0	0	1	1	1	1	1	1	0	0	1	3
0	1	0	0	0	1	1	0	0	1	1	4
0	1	0	1	1	0	1	1	0	1	1	5
0	1	1	0	1	0	1	1	1	1	1	6
0	1	1	1	1	1	1	0	0	0	0	7
1	0	0	0	1	1	1	1	1	1	1	8
1	0	0	1	1	1	1	1	0	1	1	9

半导体数码管的7个发光二极管内部接法可分为共阴极和共阳极两种。

(1) 共阳极数码管

7个发光二极管的阳极连接在一起作为一个引出端，如图13-17(a)所示。

(2) 共阴极数码管

7个发光二极管的阴极连接在一起作为一个引出端，如图13-17(b)所示。

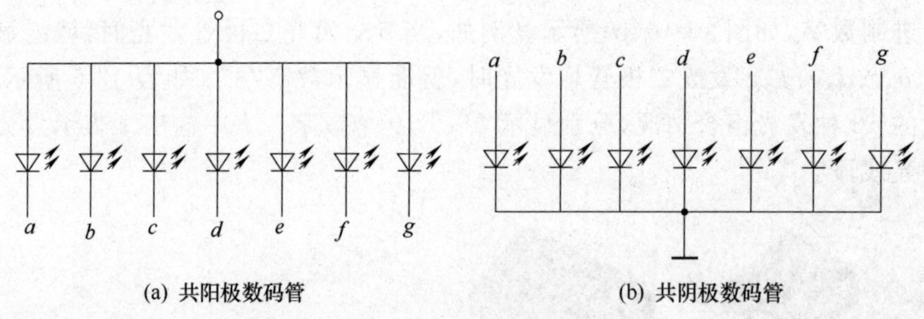

(a) 共阳极数码管　　(b) 共阴极数码管

图13-17 七段发光二极管接法

13.4.3 数码显示译码器

数码显示译码器的原理图如图13-18所示。输入的是8421BCD码，输出的是相应 a、b、c、d、e、f、g 端的高、低电平。若数码显示译码器驱动的是共阴极数码管，如图13-19所示，数码显示译码器的真值表见表13-7。由真值表可知，当输入 $DCBA=0000$ 时，输出 $abcdefg=1111110$，七段数码显示器显示0；当输入

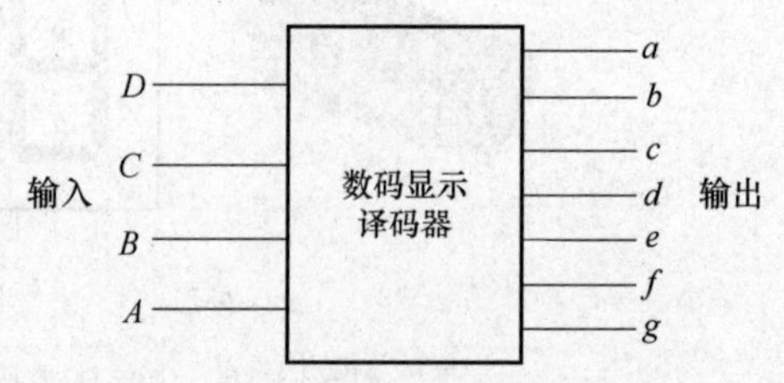

图13-18 数码显示译码器的原理图

$DCBA$=0001时，输出$abcdefg$=0110000，七段数码显示器显示1；以此类推，当输入$DCBA$=1001时，输出$abcdefg$=1111011，七段数码显示器显示9，可见，该电路完成了将输入的8421BCD码译码显示为对应的十进制数。

下面以集成显示译码器CT74LS247为例，对它的功能做一些简单的分析。

CT74LS247的引脚排列图如图13-20所示。图中$A_3 \sim A_0$是8421BCD码输入端；$\overline{a} \sim \overline{g}$为输出端，低电平有效。另外，还有3个控制端。

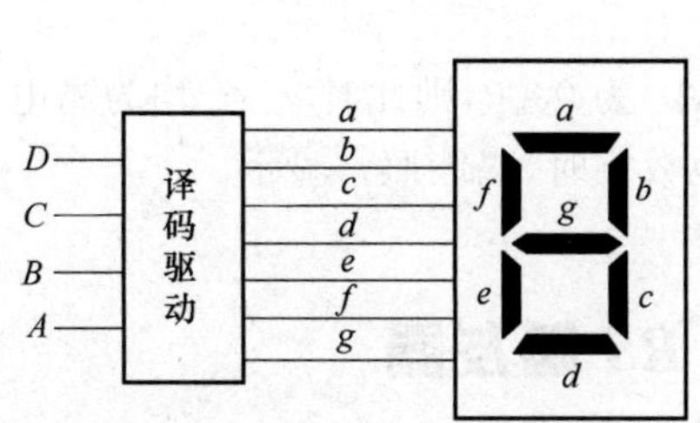

图13-19　译码、显示原理电路

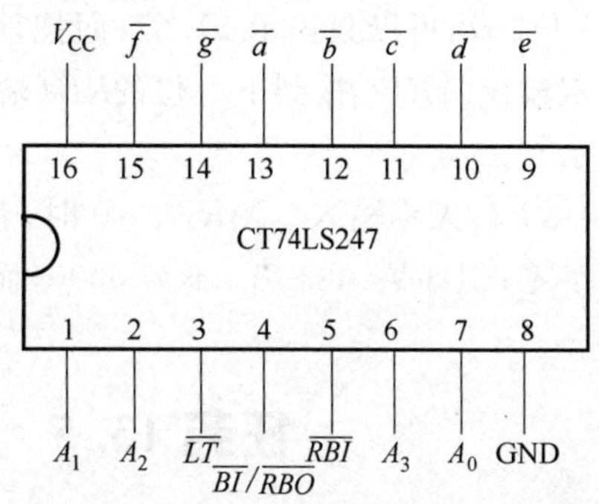

图13-20　CT74LS247引脚排列图

CT74LS247功能表见表13-7。

表13-7　CT74LS247功能表

$\overline{LT}$	$\overline{RBI}$	$\overline{BI}/\overline{RBO}$	A_3	A_2	A_1	A_0	$\overline{a}$	$\overline{b}$	$\overline{c}$	$\overline{d}$	$\overline{e}$	$\overline{f}$	$\overline{g}$	说明
0	×	1	×	×	×	×	0	0	0	0	0	0	0	试灯
×	×	0	×	×	×	×	1	1	1	1	1	1	1	熄灭
1	0	0	0	0	0	0	1	1	1	1	1	1	1	灭0
1	1	1	0	0	0	0	0	0	0	0	0	0	1	显示0
1	×	1	0	0	0	1	1	0	0	1	1	1	1	显示1
1	×	1	0	0	1	0	0	0	1	0	0	1	0	显示2
1	×	1	0	0	1	1	0	0	0	0	1	1	0	显示3
1	×	1	0	1	0	0	1	0	0	1	1	0	0	显示4
1	×	1	0	1	0	1	0	1	0	0	1	0	0	显示5
1	×	1	0	1	1	0	0	1	0	0	0	0	0	显示6
1	×	1	0	1	1	1	0	0	0	1	1	1	1	显示7
1	×	1	1	0	0	0	0	0	0	0	0	0	0	显示8
1	×	1	1	0	0	1	0	0	0	0	1	0	0	显示9

由表13-7可知：

(1) $A_3 \sim A_0$：8421码输入端。

(2) $\overline{a} \sim \overline{g}$：译码字段输出端，低电平有效。

(3) $\overline{LT}$：试灯输入，低电平有效，当$\overline{LT}=0$且$\overline{BI}=1$时，译码各字段$\overline{a}\sim\overline{g}$均输出低电平，点亮各字段，以检查七段字形数码管是否完好无损，不用时，$\overline{LT}$应置1。

(4) $\overline{BI}/\overline{RBO}$：既是输入端，又是输出端。

$\overline{BI}/\overline{RBO}$作为输入端时，用作熄灭输入端，在该输入端加低电平，则无论其他端（如$\overline{LT}$、$\overline{RBI}$、$A_3\sim A_0$）为何种状态，$\overline{a}\sim\overline{g}$均为高电平，各段均不显示而熄灭。

$\overline{BI}/\overline{RBO}$作为输出端时，用作串行灭零输出。当$\overline{RBI}=0$且$A_3\sim A_0$均为0时，本来要显示011.67，可以只显示11.67，而把前面一个零去掉。为此，令第1位$\overline{RBI}=0$，而把它的灭零输出端$\overline{RBO}$接到下一位的$\overline{RBI}$端，当该位为零时不显示，如该位不为零，则仍能照常显示。

任务13.4
在线练习

(5) $\overline{RBI}$：灭零输入。当$\overline{RBI}=0$时，若$A_3\sim A_0$为0000，则此时$\overline{a}\sim\overline{g}$均为高电平，不显示数字零；但如果$A_3\sim A_0$不为0000，而为其他数字时，仍能照常显示。

任务13.5 认识RS触发器

在工程系统中，需要具有记忆和存储功能的逻辑部件，触发器就是组成这类逻辑部件的基本单元。触发器在某一时刻的输出不仅和当时的输入状态有关，而且与在此之前的电路状态有关。当输入信号消失后，触发器的状态被记忆，直到再输入信号后它的状态才可能变化。

13.5.1 基本RS触发器

基本RS触发器在各种触发器中结构最简单，但它却是各种复杂结构触发器的基本组成部分。基本RS触发器可以由与非门组成，也可以由或非门组成，这里只介绍由与非门组成的基本RS触发器。

1. 电路结构

两个与非门交叉连接就构成了一个基本RS触发器，如图13-21(a)所示。图13-21(b)是它的逻辑符号。

基本RS触发器有$\overline{R}_D$和$\overline{S}_D$两个信号输入端，$\overline{R}_D$为置0端（又称复位端），$\overline{S}_D$为置1端（又称置位端），在逻辑符号中的小圆圈表示$\overline{R}_D$和$\overline{S}_D$都是低电平有效触发，而$\overline{Q}$端的小圆圈表示输出端与$\overline{Q}$输出端的状态相反。Q端的状态规定为触发器的状态，当$Q=1,\overline{Q}=0$时，称触发器为1状态；当$Q=0,\overline{Q}=1$时，称触发器为0状态。

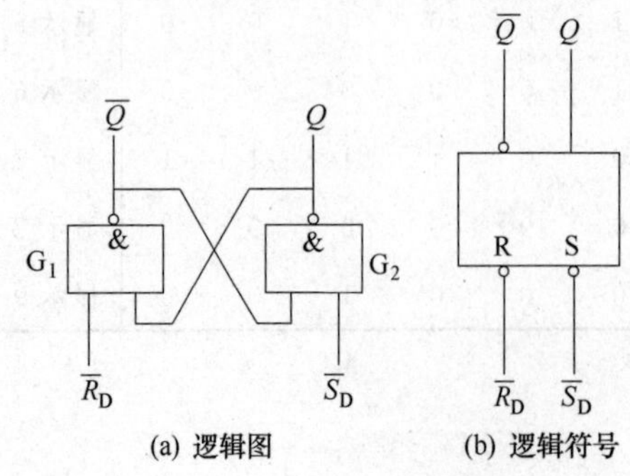

图13-21 基本RS触发器

2. 逻辑功能分析

由于触发器的输出状态不仅与输入触发信号有关，而且与触发器的原态有关，因此分析电路功能时，不仅要考虑电路当时的触发输入信号，还要考虑电路原来所处的状态。

(1) 当 $\overline{R}_D=1$、$\overline{S}_D=1$ 时，触发器保持原状态不变。

假设触发器的初态处于 0 状态，即 $Q=0$、$\overline{Q}=1$，输入信号 $\overline{R}_D=\overline{S}_D=1$ 时，门 G_1 的输出 $\overline{Q}=1$，门 G_2 的输出 $Q=0$，可见，触发器可保持 0 状态不变。同样如果触发器的初态处于 1 状态，输入信号 $\overline{R}_D=\overline{S}_D=1$ 时，触发器仍然保持初态 1 状态不变。这就是触发器“保持”的逻辑功能，也称为记忆功能。

(2) 当 $\overline{R}_D=0$、$\overline{S}_D=1$ 时，不管触发器原有的状态是 0 状态还是 1 状态，G_1 的输出 $\overline{Q}=1$；G_2 的输出 $Q=0$。不管触发器原来处于什么状态，在输入端 $\overline{R}_D=0$、$\overline{S}_D=1$ 信号后，触发器的状态为 0 状态，即 $Q=0$、$\overline{Q}=1$。这就是触发器的置 0 或复位功能。$\overline{R}_D$ 端也称为置 0 端或复位端。

(3) 当 $\overline{R}_D=1$、$\overline{S}_D=0$ 时，不管触发器原有的状态是 0 状态还是 1 状态，G_2 的输出 $Q=1$；G_1 的输出 $\overline{Q}=0$。不管触发器原来处于什么状态，在输入端 $\overline{R}_D=1$、$\overline{S}_D=0$ 信号后，触发器的状态为 1 状态，即 $Q=1$、$\overline{Q}=0$。这就是触发器的置 1 或置位功能。$\overline{S}_D$ 端也称为置 1 端或置位端。

(4) 当 $\overline{R}_D=\overline{S}_D=0$ 时，G_1、G_2 的输出都为 1，根据触发器状态的规定，它既不是 1 状态，也不是 0 状态，破坏了 Q 和 $\overline{Q}$ 的互补关系。当 $\overline{S}_D$ 和 $\overline{R}_D$ 信号同时撤除后，触发器的下一个状态是 0 状态还是 1 状态很难确定。因此，$\overline{S}_D$、$\overline{R}_D$ 同时为 0 的输入方式应禁止出现。

基本 *RS* 触发器的逻辑状态见表 13-8。如图 13-22 所示是其工作波形图。

表 13-8　基本 *RS* 触发器的逻辑状态图

$\overline{R}_D$	$\overline{S}_D$	Q	逻辑功能
0	1	0	置 0
1	0	1	置 1
1	1	原状态	保持
0	0	不定	应禁止

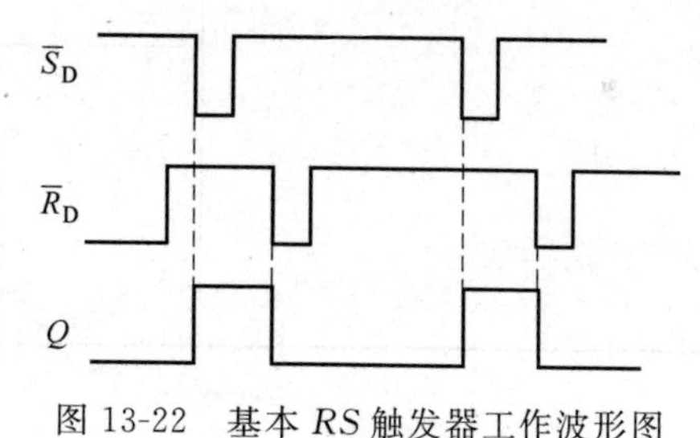

图 13-22　基本 *RS* 触发器工作波形图

基本 *RS* 触发器也可采用或非门组成，输入信号应采用正脉冲，即高电平有效。其逻辑符号中输入端靠近方框处无小圆圈。

13.5.2　同步 *RS* 触发器

在数字系统中，为保证各部分电路工作协调一致，常常要求某些触发器于同一时刻动作。因此引入同步信号，使这些触发器只有在同步信号到达时才能按输入信号改变状态。通常把这个同步控制信号称为时钟信号，简称时钟，用 *CP* 表示。把受时钟控制的触发器统称为钟控触发器或同步触发器。

1. 电路结构

如图 13-23(a)所示是同步 *RS* 触发器的电路结构图。图中与非门 G_1、G_2 组成基本

RS 触发器，与非门 G_3、G_4 构成输入控制电路。图 13-23(b)所示为同步 RS 触发器的图形符号。

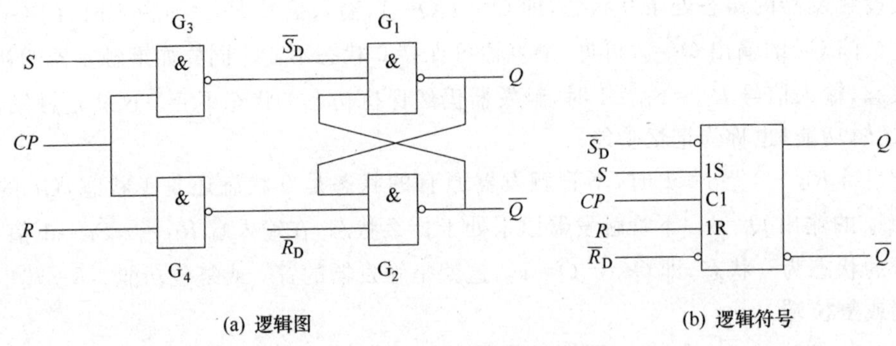

(a) 逻辑图 (b) 逻辑符号

图 13-23 同步 RS 触发器

2. 逻辑状态表

同步 RS 触发器的逻辑状态表见表 13-9。

表 13-9 同步 RS 触发器的逻辑状态表

$\overline{R}_D$	$\overline{S}_D$	CP	S	R	Q^{n+1}
0	1	×	×	×	0(置 0)
1	0		×	×	1(置 1)
1	1	0	×	×	Q^n(保持)
		1	0	0	Q^n(保持)
			0	1	0(置 0)
			1	0	1(置 1)
			1	1	不定(禁止)

任务 13.5
在线练习

任务 13.6 认识寄存器

时序逻辑电路简称时序电路，是指任意时刻的输出状态不仅取决于该时刻的输入状态，还与前一时刻的电路状态有关的电路。时序逻辑电路按电路状态转换情况不同，可分为同步时序电路和异步时序电路。其中，所有触发器状态的变化都在同一时钟信号下同时发生的，称为同步时序电路。如果触发器状态的变化不是同时发生的，则称为异步时序电路，常见的时序逻辑电路有寄存器和计数器。本任务先介绍寄存器，下一个任务再介绍计数器。

在数字装置中，常常需要将一些指令、数码存储起来，这种存储代码信号的部件就是寄存器。寄存器是计算机和其他数字系统中不可缺少的基本逻辑部件。

13.6.1　寄存器的概念

寄存：将二进制数码指令或数据暂时存储起来的操作。

寄存器：具有寄存功能的电路称为寄存器。寄存器的功能是存放二进制数码。

寄存器具有记忆功能。一个触发器有两个稳定的状态(0 和 1)，可以存储 1 位二进制代码。N 个触发器结合，就可构成 N 位二进制代码的寄存器。

寄存器存放数码的方式有并行和串行两种。并行输入方式就是数码各位从各对应的输入端同时输入到寄存器中；串行输入方式就是数码各位从一个输入端逐位输入到寄存器中。从寄存器中取出数码的方式也有并行和串行两种。并行输出方式就是数码各位从各对应的输出端同时输出；串行输出方式就是数码各位从一个输出端逐位输出。

13.6.2　数码寄存器

数时存器是仅具有接收、存储和消除原来所存数码功能的寄存器。图 13-24 为 4 个 D 触发器组成的 4 位数码寄存器。

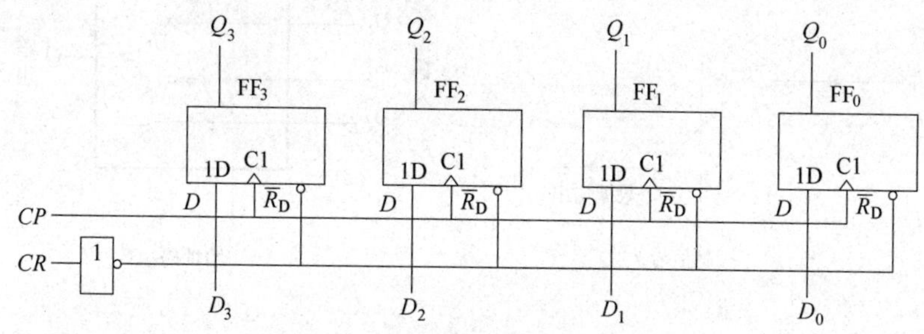

图 13-24　D 触发器组成数码寄存器

$D_0 \sim D_3$ 为并行数码输入端，$Q_0 \sim Q_3$ 为并行数码输出端，CP 是时钟信号控制端。

(1) 清零

当 $CR=1$ 时，4 个 D 触发器都全部复位：$Q_3Q_2Q_1Q_0=0000$，触发器清零。

(2) 存入数码

当 $CR=0$ 时，CP 上升沿到来，加在并行数码输入端的数码 $D_3D_2D_1D_0$ 被分别存入 $FF_3 \sim FF_0$ 触发器中，触发器存入数码。

(3) 保持

当 $CR=0$，$CP=0$ 时，各位输出端 Q 的状态与输入无关，触发器保持原态。

任务 13.7　拓展与训练

实训目的：

(1) 掌握数据选择器的功能。

(2) 掌握数据选择器的测试方法。

在数字系统和计算机中,为了减少传输线,经常采用总线技术,即在同一条线上对多路数据进行接收或传送。用来实现这种逻辑功能的数字电路就是数据选择器和数据分配器。

13.7.1 数据选择器分析

1. 数据选择器

数据选择器是能够根据需要将多路输入数据中的任意一路挑选出来的电路,又称为多路选择器,它相当于一个波段开关,其示意图如图 13-25(a)所示。常见的数据选择器有4选1、8选1和16选1电路。数据选择器在地址码(或叫选择控制)电位的控制下,从几个数据输入中选择一个并将其送到一个公共的输出端。数据选择器的功能类似一个多掷开关,如图 13-25(b)所示,图 13-25 中有 4 路数据 $D_0 \sim D_3$,通过选择控制信号 A_1、A_0(地址码)从 4 路数据中选中某一路数据送至输出端 Q。

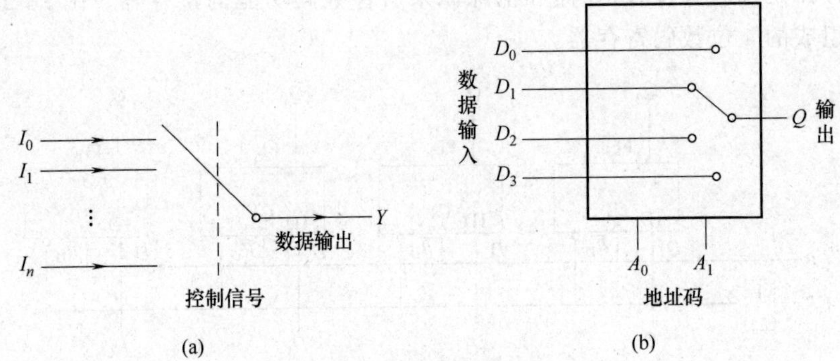

图 13-25 数据选择器示意图

数据选择器可用译码器和门电路构成,其工作原理可用图 13-26 所示电路说明。这是一个 4 选 1 的数据选择器。图中 $D_3 \sim D_0$ 为数据输入端,A_1、A_0 为地址信号输入端,Y 为数据输出端,ST 为使能端,输入低电平有效。

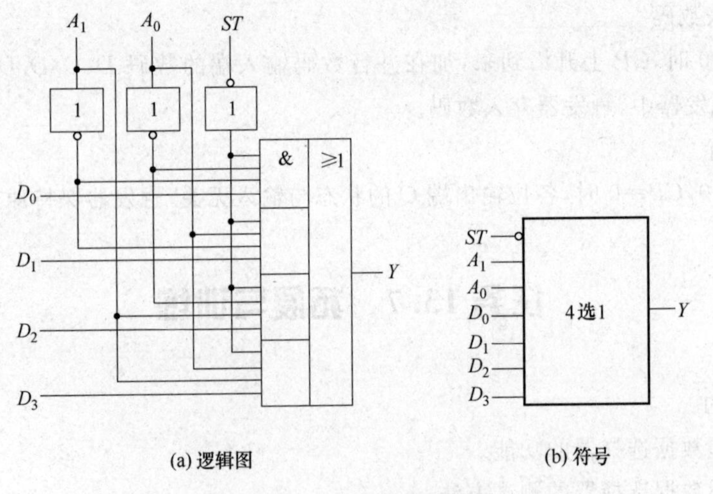

图 13-26 4 选 1 数据选择器

为了对 4 个数据源进行选择，使用两位地址码 A_1、A_0 产生 4 个地址信号，由 A_1A_0 等于 00、01、10、11 分别控制四个与门的开闭。显然，任何时候 A_1A_0 只有一种可能的取值，所以只有一个与门打开，使对应的那一路数据通过，送达 Y 端。输入使能端 ST 是低电平有效，当 $ST=1$ 时，所有与门都被封锁，无论地址码是什么，Y 总是等于 0；当 $ST=0$ 时，封锁解除，由地址码决定哪一个与门打开。

4 选 1 选择器的真值表见表 13-10。

表 13-10 4 选 1 选择器的真值表

输入			输出
ST	A_1	A_0	Y
1	×	×	0
0	0	0	D_0
0	0	1	D_1
0	1	0	D_2
0	1	1	D_3

集成数据选择器除了 4 选 1，还有 8 选 1，双 4 选 1 等类型，常用芯片有 74LS151、74LS153、74LS253 等型号。

2. 8 选 1 数据选择器 74LS151

74LS151 为互补输出的 8 选 1 数据选择器，引脚排列如图 13-27 所示，功能见表13-11。选择控制端(地址端)为 $A_2 \sim A_0$，按二进制译码，从 8 个输入数据 $D_0 \sim D_7$ 中，选择一个需要的数据送到输出端 Q，$\overline{S}$ 为使能端，低电平有效。

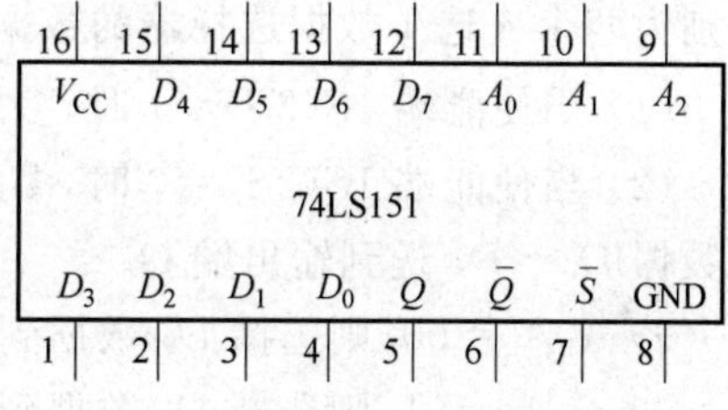

图 13-27 74LS151 引脚排列

(1) 使能端 $\overline{S}=1$ 时，无论 $A_2 \sim A_0$ 状态如何，均无输出($Q=0$，$\overline{Q}=1$)，多路开关被禁止。

表 13-11 74LS151 真值表

输入				输出	
S	A_2	A_1	A_0	Q	$\overline{Q}$
1	×	×	×	0	1
0	0	0	0	D_0	$\overline{D_0}$
0	0	0	1	D_1	$\overline{D_1}$
0	0	1	0	D_2	$\overline{D_2}$
0	0	1	1	D_3	$\overline{D_3}$
0	1	0	0	D_4	$\overline{D_4}$
0	1	0	1	D_5	$\overline{D_5}$
0	1	1	0	D_6	$\overline{D_6}$
0	1	1	1	D_7	$\overline{D_7}$

(2) 使能端 $\overline{S}=0$ 时,多路开关正常工作,根据地址码 A_2、A_1、A_0 的状态选择 $D_0\sim D_7$ 中某一个通道的数据输送到输出端 Q。

如 $A_2A_1A_0=000$,则选择 D_0 数据到输出端,即 $Q=D_0$。

如 $A_2A_1A_0=001$,则选择 D_1 数据到输出端,即 $Q=D_1$,其余类推。

3. 双4选1数据选择器74LS153

双4选1数据选择器就是在一块集成芯片上有两个4选1数据选择器。引脚排列如图13-28所示,功能见表13-12。

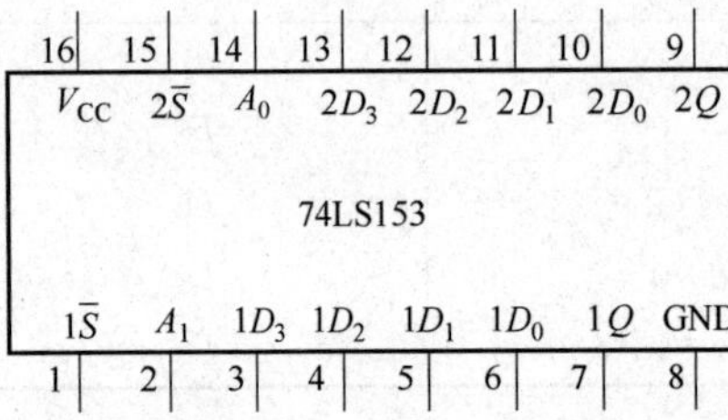

图13-28 74LS153引脚排列

表13-12 74LS153真值表

输入			输出
$\overline{S}$	A_1	A_0	Q
1	×	×	0
0	0	0	D_0
0	0	1	D_1
0	1	0	D_2
0	1	1	D_3

$1\overline{S}$、$2\overline{S}$ 为两个独立的使能端,A_1、A_0 为公用的地址输入端,$1D_0\sim 1D_3$ 和 $2D_0\sim 2D_3$ 分别为两个4选1数据选择器的数据输入端,Q_1、Q_2 为两个输出端。

(1) 当使能端 $1\overline{S}(2\overline{S})=1$ 时,多路开关被禁止,无输出,$Q=0$。

(2) 当使能端 $1\overline{S}(2\overline{S})=0$ 时,多路开关正常工作,根据地址码 A_1、A_0 的状态,将相应的数据 $D_0\sim D_3$ 送到输出端 Q。

若 $A_1A_0=00$,则选择 D_0 数据到输出端,即 $Q=D_0$。

若 $A_1A_0=01$,则选择 D_1 数据到输出端,即 $Q=D_1$,其余类推。

数据选择器的用途很多,例如多通道传输,数码比较,并行码变串行码,以及实现逻辑函数等。

13.7.2 数据选择器测试

1. 测试器材

(1) 测试仪器仪表:数字万用表、数字逻辑笔、直流可调稳压电源、数字电路实验箱。

(2) 元器件:8选1数据选择器74LS151×2,双4选1数据选择器74LS153×2。

2. 测试电路

测试电路如图13-29所示。

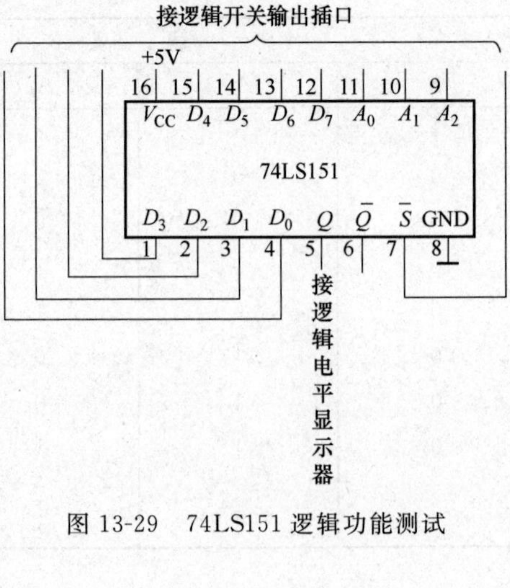

图13-29 74LS151逻辑功能测试

3. 测试程序

(1) 测试数据选择器74LS151的逻辑功能 $F(AB)=A\overline{B}+\overline{A}B+AB$。

按照图 13-29 接线，地址端 A_2、A_1、A_0、数据端 $D_0 \sim D_7$、使能端 $\overline{S}$ 接逻辑开关，输出端 Q 接逻辑电平显示器，按 74LS151 功能表逐项进行测试，将相应数据记录在自行设计的表格上。

(2) 用 8 选 1 数据选择器 74LS151 实现逻辑函数 $F=A\overline{B}+\overline{A}C+B\overline{C}$。

8 选 1 数据选择器 74LS151 可实现任意三输入变量的组合逻辑函数。做出函数 F 的功能表，见表 13-13，将函数 F 功能表与 8 选 1 数据选择器的功能表相比较，可知：①将输入变量 C、B、A 作为 8 选 1 数据选择器的地址码 A_2、A_1、A_0。②使 8 选 1 数据选择器的各数据输入 $D_0 \sim D_7$ 分别与函数 F 的输出值一一对应。

表 13-13　函数 F 的功能表

输　入			输　出
C	B	A	F
0	0	0	0
0	0	1	1
0	1	0	1
0	1	1	1
1	0	0	1
1	0	1	1
1	1	0	1
1	1	1	0

$$A_2A_1A_0=CBA$$

即

$$D_0=D_7=0$$

$$D_1=D_2=D_3=D_4=D_5=D_6=1$$

则 8 选 1 数据选择器的输出 Q 便实现了函数 $F=A\overline{B}+\overline{A}C+B\overline{C}$。

接线图如图 13-30 所示。

显然，采用具有 n 个地址端的数据选择实现 n 变量的逻辑函数时，应将函数的输入变量加到数据选择器的地址端(A)，选择器的数据输入端(D)按次序以函数 F 输出值来赋值。

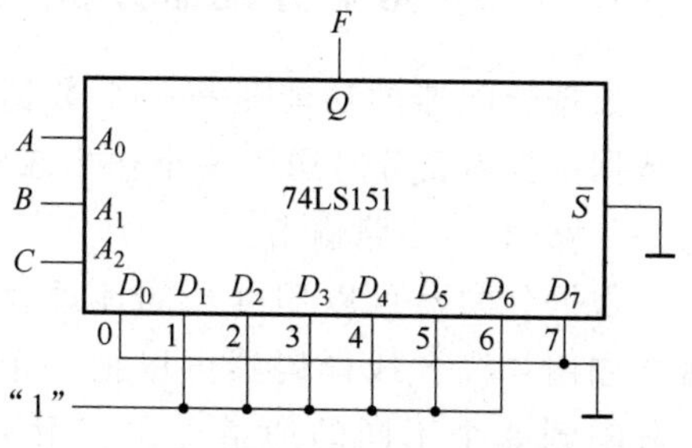

图 13-30　用 8 选 1 数据选择器实现 $F=A\overline{B}+\overline{A}C+B\overline{C}$

(3) 用双 4 选 1 数据选择器 74LS153 实现函数 $F=\overline{A}BC+A\overline{B}C+AB\overline{C}+ABC$。

函数 F 的功能见表 13-14。

函数 F 有三个输入变量 A、B、C，而数据选择器有两个地址端 A_1、A_0，少于函数输入变量个数，在设计时可任选 A 接 A_1，B 接 A_0。将函数功能表改画成表 13-15 的形式。

表 13-14　$F=\overline{A}BC+A\overline{B}C+AB\overline{C}+ABC$ 功能表

输　入			输出	中选数据端
A	B	C	F	
0	0	0	0	$D_0=0$
		1	0	
0	1	0	0	$D_1=C$
		1	1	
1	0	0	0	$D_2=C$
		1	1	
1	1	0	1	$D_3=1$
		1	1	

$D_0=0, D_1=D_2=C, D_3=1$，则 4 选 1 数据选择器的输出，便实现了函数 $F=\overline{A}BC+A\overline{B}C+AB\overline{C}+ABC$，接线图如图 13-31 所示。

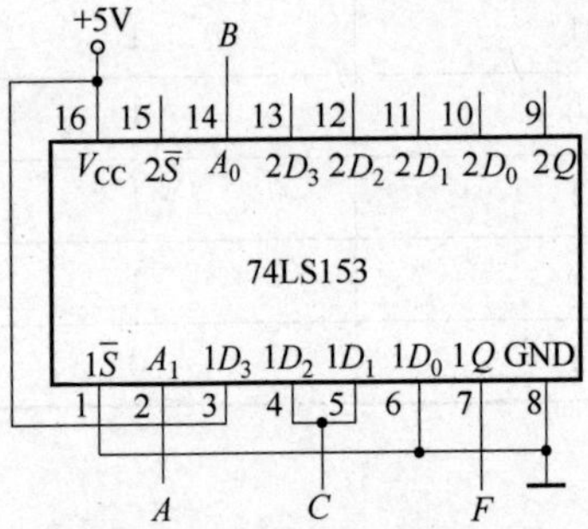

图 13-31　用 4 选 1 数据选择器实现 $F=\overline{A}BC+A\overline{B}C+AB\overline{C}+ABC$

表 13-15　改进后功能表

输　入			输出
A	B	C	F
0	0	0	0
0	0	1	0
0	1	0	0
0	1	1	1
1	0	0	0
1	0	1	1
1	1	0	1
1	1	1	1

13.7.3　数据分配器分析

数据分配器的功能是将一个数据源送来的数据根据需要分时送到多个输出端输出，也就是一路输入，多路输出。

数据分配器可以用唯一的地址译码器实现。如用 3 线-8 线译码器可以把一个数据信号分配到 8 个不同的通道上去。用 74LS138 作为数据分配器的逻辑原理图如图 13-32 所示。图 13-32 中 $A_2 \sim A_0$ 作为选择通道地址信号输入端，$Y_0 \sim Y_7$ 为数据输出端，可从使能端 ST_A、ST_B、ST_C 中选择一个作为数据输入

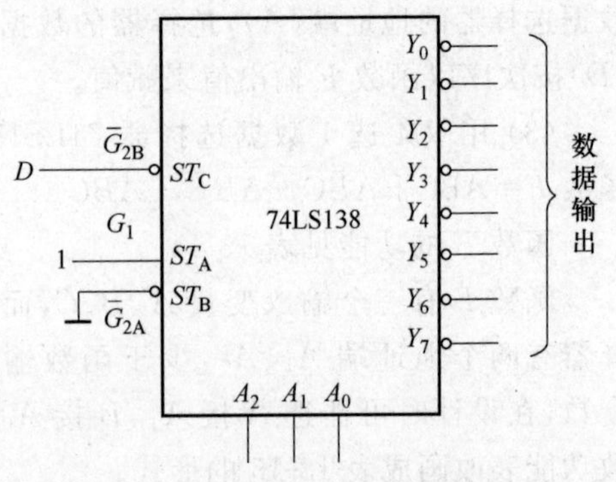

图 13-32　74LS138 作为 8 路数据分配器

端 D。

74LS138 作为数据分配器的真值表见表 13-16。例如，当 $G_1=1, A_2A_1A_0=010$ 时，由表 13-16 可知，只有输出端 Y_2 得到与输入相同的数据波形。

表 13-16 74LS138 作为数据分配器时的真值表

输入						输出							
G_1	$\overline{G}_{2A}$	$\overline{G}_{2B}$	A_2	A_1	A_0	Y_0	Y_1	Y_2	Y_3	Y_4	Y_5	Y_6	Y_7
0	0	×	×	×	×	1	1	1	1	1	1	1	1
1	0	D	0	0	0	D	1	1	1	1	1	1	1
1	0	D	0	0	1	1	D	1	1	1	1	1	1
1	0	D	0	1	0	1	1	D	1	1	1	1	1
1	0	D	0	1	1	1	1	1	D	1	1	1	1
1	0	D	1	0	0	1	1	1	1	D	1	1	1
1	0	D	1	0	1	1	1	1	1	1	D	1	1
1	0	D	1	1	0	1	1	1	1	1	1	D	1
1	0	D	1	1	1	1	1	1	1	1	1	1	D

其中，A_2、A_1、A_0 为地址输入端，$\overline{Y}_0 \sim \overline{Y}_7$ 为译码输出端，ST_A、ST_B、ST_C 为使能端，D 表示传输数据。

若利用使能端中的一个输入端输入数据信息，器件就成为一个数据分配器（又称多路分配器），如图 13-33所示。若在 S_1 输入端输入数据信息，$\overline{S}_2=\overline{S}_3=0$，地址码对应的输出是 S_1 数据信息的反码；若从 $\overline{S}_2$ 端输入数据信息，令 $S_1=1$、$\overline{S}_3=0$，地址码对应的输出就是$\overline{S}_2$ 端数据信息的原码。若数据信息是时钟脉冲，则数据分配器便成为时钟脉冲分配器。

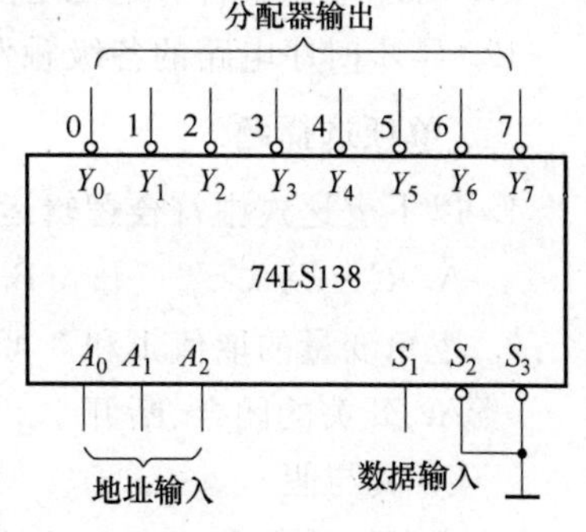

图 13-33 数据分配器

根据输入地址的不同组合译出唯一地址，故可用作地址译码器。接成多路分配器，可将一个信号源的数据信息传输到不同的地点。

$$Z=\overline{A}\overline{B}\overline{C}+\overline{A}B\overline{C}+A\overline{B}\overline{C}+ABC$$

实训评分：任务 13.7 评分参考表 13-17。

表 13-17 任务 13.7 评分表

序号	考核内容与要求	考核情况记录	评分标准	得分
1	(1) 注意安全，严禁带电操作。 (2) 能正确进行数据选择器测试。 (3) 能正确对数据分配器功能进行分析		10	
2	能正确连接数据选择器的测试电路		5	
3	能正确回答数据选择器的用途和操作安全注意事项		5	

工程案例:
简易逻状态
测试笔

习　题

一、判断题

1. 优先编码器的编码信号是相互排斥的,不允许多个编码信号同时有效。（　）

2. 编码与译码是互逆的过程。（　）

3. 二进制译码器相当于一个最小项发生器,便于实现组合逻辑电路。（　）

4. 共阴极接法发光二极管数码显示器需选用有效输出为高电平的七段显示译码器来驱动。（　）

5. 数据选择器和数据分配器的功能正好相反,互为逆过程。（　）

6. 用数据选择器可实现时序逻辑电路。（　）

7. 当时序电路存在无效循环时该电路不能自启动。（　）

8. 同步时序电路具有统一的时钟 CP 控制。（　）

9. 同步时序电路由组合电路和存储器两部分组成。（　）

10. 组合电路不含有记忆功能的器件。（　）

11. 时序电路不含有记忆功能的器件。（　）

12. 异步时序电路的各级触发器类型不同。（　）

二、单项选择题

1. 以下表达式中符合逻辑运算法则的是(　　)。

A. $C \cdot C=C^2$　　B. $1+1=10$　　C. $0<1$　　D. $A+1=1$

2. 逻辑变量的取值1和0可以表示(　　)。

A. 开关的闭合、断开　　B. 电位的高、低

C. 真与假　　D. 电流的有、无

3. 当逻辑函数有 n 个变量时,共有(　　)个变量取值组合。

A. n　　B. $2n$　　C. n^2　　D. 2^n

4. 逻辑函数的表示方法中具有唯一性的是(　　)。

A．真值表　　B. 表达式　　C. 逻辑图　　D. 卡诺图

5. $F=\overline{AB}+BD+CDE+\overline{A}D=$(　　)。

A. $\overline{AB}+D$　　B. $(A+\overline{B})D$

C. $(A+D)(\overline{B}+D)$　　D. $(A+D)(B+\overline{D})$

6. 逻辑函数 $F=A\oplus(A\oplus B)=$(　　)。

A. B　　B. A　　C. $A\oplus B$　　D. $\overline{\overline{A}\oplus B}$

7. 求一个逻辑函数 F 的对偶式,可将 F 中的(　　)。

A. “·”换成“+”,“+”换成“·”

B. 原变量换成反变量,反变量换成原变量

C. 变量不变

D. 常数中“0”换成“1”,“1”换成“0”

8. $A+BC=$(　　)。

A. $A+B$　　B. $A+C$　　C. $(A+B)(A+C)$　　D. $B+C$

9. 在(　　)的情况下,“与非”运算的结果是逻辑 0。

A. 全部输入是 0　　B. 任一输入是 0

C. 仅一输入是 0　　D. 全部输入是 1

10. 在(　　)的情况下,“或非”运算的结果是逻辑 0。

A. 全部输入是 0

B. 全部输入是 1

C. 任一输入为 0,其他输入为 1

D. 任一输入为 1

综合测试题(在线)

综合测试题 1

综合测试题 2

综合测试题 3

综合测试题 4

综合测试题 5

参考文献

[1] 文春帆．电工电子技术与技能[M]. 北京:高等教育出版社,2013.
[2] 熊幸亮．电子技术[M]. 北京:清华大学出版社,2014.
[3] 鹿学俊．电工技术基础与技能[M]. 北京:清华大学出版社,2012.
[4] 杜德昌．电工电子技术及应用技能训练[M]. 北京:高等教育出版社,2005.